消防防火安全管理研究

边昌　张勇　王红伟◎著

吉林科学技术出版社

图书在版编目（ＣＩＰ）数据

消防防火安全管理研究 / 边昌，张勇，王红伟著.

长春 ： 吉林科学技术出版社，2024. 6. -- ISBN 978-7
-5744-1572-0

Ⅰ. TU998.1

中国国家版本馆CIP数据核字第20243MU976号

消防防火安全管理研究

著	边 昌 张 勇 王红伟
出 版 人	宛 霞
责任编辑	刘 畅
封面设计	南昌德昭文化传媒有限公司
制 版	南昌德昭文化传媒有限公司
幅面尺寸	185mm×260mm
开 本	16
字 数	312 千字
印 张	14.5
印 数	1~1500 册
版 次	2024年6月第1版
印 次	2024年12月第1次印刷

出 版	吉林科学技术出版社
发 行	吉林科学技术出版社
地 址	长春市福祉大路5788号出版大厦A座
邮 编	130118
发行部电话/传真	0431-81629529 81629530 81629531
	81629532 81629533 81629534
储运部电话	0431-86059116
编辑部电话	0431-81629510
印 刷	三河市嵩川印刷有限公司

书 号	ISBN 978-7-5744-1572-0
定 价	75.00元

前　言

　　消防安全工作是社会安全的重要方面。同火灾作斗争是人类有史以来弥久不衰的话题，它不仅体现在火灾对人类社会财富的毁灭，对生灵的涂炭，有时对整个社会的稳定和发展也会带来很大的影响，尤其是在现今人们的生产、生活高度社会化、信息化，社会财富大幅提高，在我国社会全面进入小康阶段的情况下，人们对安全的需求也普遍提升，作为对人们生命和财产安全威胁最大灾害之一的火灾也越来越受到全社会的关注，消防安全尤显重要。

　　火灾作为一种灾害，它既有自然的属性，如雷击引发的火灾以及其他自然灾害产生的次生效应导致的火灾，也有人为的因素；从火灾发生的概率看，人为因素还居于主要地位。在人们的日常活动中，任何安全意识的缺失、工作生活中的疏忽、日常管理上的漏洞都可能导致火灾的发生，导致无法弥补的损失。因而，要全面贯彻"预防为主、防消结合"的方针，坚决遏制重特大火灾，最大限度地减少一般火灾的发生，着力打造一个安全、稳定、和谐的社会环境，保障人民群众安居乐业，促进经济、社会的健康发展。

　　本书围绕消防防火安全管理展开研究。首先介绍了燃烧的类型与特点、火灾的发生机制等内容，在此基础上，阐明了消防安全管理的内涵、基本方法以及重点管理内容。接着介绍了医院、学校、商场、办公场所、机场等人员密集场所以及石油化工企业的消防安全管理技术，同时对消防安全教育与安全检查做了一定的介绍。最后介绍了防火防烟分区、安全疏散、建筑设备防火等建筑防火措施，对灭火器、火灾自动报警系统等建筑防火设施以及电气防火进行了论述。本书可供从事建筑防火工程的有关科研、设计和消防管理的技术人员在工作中学习参考。

　　在本书的编写和出版过程中，参阅了大量著作和文献，在此向有关著作及文献的作者表示衷心感谢。

　　由于我们的水平有限，书中难免有疏忽及不妥之处，敬请广大读者批评指正。

目　录

第一章 消防基础知识

第一节 燃烧的类型与特点

一、燃烧概述

（一）燃烧的本质

燃烧是可燃物质与氧或其他氧化剂反应的结果，然而这种氧化反应速率不同，或成为燃烧，或成为一般氧化反应。剧烈的氧化反应，瞬时放出大量的光和热。近代链反应理论认为燃烧是一种游离基的链反应。链反应也称为链式反应，即在瞬间进行的循环连续反应。游离基又称自由基，是化合物或单质分子中的共价键在外界因素（如光、热）的影响下，分裂而成含有不成对电子的原子或原子团，它们的化学活性非常强，在通常条件下是不稳定的，容易自行结合成稳定的分子或与其他物质的分子反应生成新的游离基。当反应物产生少量的活化中心——游离基时，即可发生链反应。反应一经开始，就可经过许多链锁步骤自行加速发展下去，直到反应物燃尽为止。当活化中心全部消失时，链反应就会终止。链反应机理大致可分为以下三段：

①链引发：即生成游离基，使链式反应开始。生成的方法有热分解法、光化法、放射线照射法、氧化 – 还原法、催化法等。

②链传递：游离基作用于其他参与反应的物质分子，产生新的游离基。

③链的终止：即游离基的消失使链反应终止。终止的原因一般是由于杂质的影响、抑制剂的掺入或游离基撞击器壁等。链反应有分支链和不分支链两种。

近代燃烧理论认为，可燃物质的多数氧化反应不是直接进行的，而是经过一系列复杂的中间阶段反应；不是氧化整个分子，而是氧化链反应中间产物 —— 游离基和原子。可见，燃烧是一种极复杂的化学反应，游离基的链反应是燃烧反应的实质，发光和放热是燃烧过程中发生的物理现象。

（二）燃烧的必要条件

任何物质发生燃烧，都有一个由未燃状态转向燃烧状态的过程。这一过程的发生必须具备三个条件，即可燃物、助燃物（氧化剂）、着火源。

1. 可燃物

所有能与空气中的氧或其他氧化剂发生化学反应的物质称为可燃物。可燃物按其物理状态分为气体、液体和固体三类。

（1）气体可燃物。

凡是在空气中能燃烧的气体都称为可燃气体。可燃气体在空气中燃烧，同样要求与空气的混合比在一定范围 —— 燃烧（爆炸）范围，并且需要一定的温度（着火温度）引发反应。

（2）液体可燃物。

大多数液体可燃物是有机化合物，分子中含有碳原子、氢原子，有些还含有氧原子。液体可燃物中有不少是石油化工产品。

（3）固体可燃物。

凡遇明火、热源能在空气中燃烧的固体物质称为可燃固体，如木材、纸张、谷物等。在固体物质中，燃点较低、燃烧剧烈的称为易燃固体。

2. 助燃物（氧化剂）

能帮助支持可燃物燃烧的物质，就是能与可燃物发生反应的物质称为助燃物（氧化剂）。

3. 着火源

着火源是指供给可燃物与氧或助燃物发生燃烧反应的能量，常见的是热能。其他还有化学能、电能、机械能和核能等转变成的热能。根据着火的能量来源不同，着火源可分为：①明火；②高温物体；③化学热能；④电热能；⑤机械热能；⑥生物能；⑦光能；⑧核能。

（三）燃烧的类型

燃烧的类型有许多种，主要有闪燃、着火、自燃和爆炸。

1. 闪燃

一定温度下，液体能蒸发成蒸气或少量固体如樟脑、木材、塑料（聚乙烯、聚苯乙烯等）表面上能产生足够的可燃蒸气，遇火源能产生一闪即灭的现象。发生闪燃的最低温度称为闪点。液体的闪点越低，火险性越大。闪点是评定液体火灾危险性的主要依据。

2. 着火

可燃物质发生持续燃烧的现象叫着火，如油类、酮类。可燃物开始持续燃烧的所需要的最低温度叫燃点（又称为着火点）。燃点越低，越容易起火。根据可燃物质的燃点高低，能够鉴别其火灾危险程度。

3. 自燃

可燃物在空气中没有外来火源 – 靠自热和外热而发生的燃烧现象称为自燃。按照热的来源不同，可分为本身自燃和受热自燃。使可燃物发生自燃的最低温度叫自燃点。物质的自燃点越低，发生火灾的危险性越大。自燃有固体自燃、气体自燃及液体自燃。

自燃物品的防火与灭火：储运自燃物品时必须通风散热，远离火源、热源、电源，不要受日光暴晒，装卸时防止撞击、翻滚、倾倒和破损容器。储存或运输时严禁与其他化学危险品混放或混运；码垛时容器间应垫有木板；白磷（黄磷）必须保存于水中，且不得渗漏。浸泡过的水和容器有毒，要特别注意；油布、油纸等只许分层、分件挂置，不许成堆存放；应注意防潮湿。扑救自燃火灾一般可以用水、干粉或沙土。黄磷火灾可用雾状水，不要用高压水枪乱冲，以免黄磷四处飞溅，引起周围火灾。

4. 爆炸

因为物质急剧氧化或分解反应产生温度、压力分别增加或同时增加的现象，称为爆炸。爆炸时化学能或机械能转化为动能，释放出巨大能量，或气体、蒸气在瞬间发生剧烈膨胀等现象。

常见的爆炸分为物理爆炸和化学爆炸。其中物理爆炸由于液体变成蒸气或者气体迅速膨胀，增加的压力超过容器所能承受的极限而造成容器爆炸，如蒸汽锅炉、液化气钢瓶爆炸。化学爆炸是固体物质本身发生化学反应 – 产生大量气体和热而发生的爆炸。可燃气体和粉尘与空气混合物的爆炸属于此类化学爆炸，能发生化学爆炸的粉尘有铝粉、铁粉、聚乙烯塑料、淀粉、烟煤及木粉等。

爆炸性物质又分为爆炸性化合物和爆炸性混合物。其中爆炸性化合物按组分分为单分解爆炸物质（如过氧化物、氯酸和过氯酸化合物、氮的卤化物等）和复分解爆炸物质，比如硝化棉等。爆炸性混合物通常由两种或两种以上的爆炸组分和非爆炸组分经机械混合而成，如黑色火药、硝化甘油炸药等。

（四）火焰、烟雾

1. 火焰

火焰是指发光的气相燃烧区域，是可燃物质燃烧时所生成的发光、发热、闪烁向上的空间体积部分。火焰的存在是燃烧过程正在进行的最明显标志。气体燃烧一定存在火焰；液体燃烧实质是液体蒸发出的蒸气在燃烧，也存在火焰；固体燃烧如果有挥发性的热解产物产生，这些热解产物燃烧时同样存在火焰。无热解产物的固体燃烧，比如木炭、焦炭等，无火焰存在，只有发光现象的灼热燃烧，也称为无焰燃烧。

2. 烟雾

（1）烟的概念

物质燃烧时所产生的气状物称为烟。这种气状物是物质在燃烧或热解作用下所形成的悬浮在大气中可见的固体或液体微粒，其粒径在 $10{-}5 \sim 10{-}7\mu m$ 之间。

烟雾的主要成分大致有：

①由可燃物产生的炽热水蒸气和气体（如 H_2O、CO_2、CO 等）。

②没有燃烧的分解物和凝固物。

③冷空气被火焰加热并潜入到正在上升着的热气团里。

（2）烟雾的特征

烟雾具有毒性、复燃性，因受其高温、浓度、颜色、气味和流动性的影响，烟雾的存在直接影响灭火工作。

①有利影响。在一定条件下有阻燃作用。从化学平衡角度来看，若可燃物在一个密闭的房间内燃烧，随着燃烧的进行，燃烧产物浓度升高，燃烧速度减慢。当产物的浓度达到一定程度时，燃烧就会停止。

为火情侦察提供参考依据。根据燃烧物质燃烧时的温度，以及烟雾的颜色、气味、浓度、流动方向不同，可以判断火场情况。根据烟雾的不同颜色和气味，往往可大致辨别出是什么物质在燃烧；根据烟雾的流向，可大致判断燃烧速度和火灾发展阶段。

②不利影响。烟雾影响视线。烟具有遮光性，在火场烟雾中能看见物体的最大距离与利用减光系数表示的烟浓度成反比。起火后大约 15min，烟雾的生成量最多，浓烟弥漫距离达 200m 左右，给疏散和灭火工作带来很大困难。

高温烟雾会引起人员烫伤。火场烟雾温度通常较高，人在火灾情况下的烟雾环境中极易被烫伤。据测试，人在 100℃ 环境中会出现虚脱现象，丧失逃生能力。

烟雾有引起人员中毒、窒息的危险。烟雾中除水蒸气、CO_2 外，还含有有毒气体，对人体有窒息、刺激等作用，会严重威胁火场人员的生命安全。据资料统计，火灾过程中死亡的人数有 70% 以上由烟雾和毒气导致。

二、燃烧的特点与产物

（一）燃烧产物

由燃烧或热解后产生的全部物质叫燃烧产物。燃烧反应过程中，如生成的产物不能再发生燃烧，这种燃烧叫完全燃烧，其产物叫完全燃烧产物；如果生成的产物还能继续燃烧，那么这种燃烧叫不完全燃烧，其产物称为不完全燃烧产物。

燃烧产物的数量、组成等随物质的化学组成以及温度、空气的供给情况的变化而不同。燃烧产物的成分取决于可燃物质的化学组成以及燃烧条件。

1. 单质的燃烧产物

一般单质（如碳、氢、磷等）在空气中完全燃烧，其产物为构成该单质元素的氧化物。

2. 化合物的燃烧产物

在空气中，燃烧除生成完全燃烧产物外，还会生成未完全燃烧产物。高分子化合物会发生热裂解，并且进一步燃烧，其中一氧化碳是最典型的未完全燃烧产物。

3. 木材的燃烧产物

木材的主要成分是纤维素（$C_6H_{10}O_5$），受热后发生裂解，生成不完全燃烧产物，在200℃左右开始主要生成CO_2、H_2O、甲酸、乙酸、CO及各种可燃气体等。

4. 高分子材料的燃烧产物

塑料、橡胶、纤维等各种高分子材料的燃烧，除生成二氧化碳外，还会生成HCl、光气（$COCl_2$）、氨（NH_3）、氰化氢（HCN）以及氧化氮（NO_x）等有毒或有刺激性气体。

（二）典型燃烧产物的理化性质

1. 二氧化碳（CO_2）

CO_2为完全燃烧产物，是一种无色无臭的气体。二氧化碳毒性较小，主要危害是造成缺氧而窒息。当空气中CO_2含量为2%～3%（体积百分比）时，会使人呼吸加快；含量为4%～6%时，可使人剧烈头痛、耳鸣、心跳；含量为6%～10%时，会使人失去知觉；含量为20%以上时，会使人死亡。因此，火场上应注意安全，防止中毒。

由于CO_2不能支持燃烧，密度又比空气大，所以在消防上用作灭火剂。一般情况下CO_2是以液态的形式充装在灭火器或钢瓶中。因为CO_2在高温下能与锂、钠、钾、镁、铝、铁等金属发生燃烧反应，因此不能用它扑灭这类物质的火灾，也不能用于扑救硝化棉、赛璐珞、火药等本身含有氧化基团的化学物质火灾。

2. 一氧化碳（CO）

CO为不完全燃烧产物，是无色、无臭、难溶于水的气体，剧毒，能破坏血液的输氧功能，人体吸入少量CO就会感到头晕、头疼，并且呕吐。当空气中含有1%的CO时，就会使人中毒死亡。

火场上烟雾弥漫的房间中，CO含量比较高，在灭火抢险中，必须注意避免CO中毒和CO遇新鲜空气形成爆炸性混合物而发生爆炸事故。

3. 二氧化硫（SO_2）

SO_2是可燃物（主要是煤和石油）中硫燃烧生成的产物，是一种无色、有刺激性气味的有毒气体，人体吸入后会引起呼吸道疾病，或使喉咙水肿，造成呼吸道闭塞而窒息死亡。

4.五氧化二磷（P_2O_5）

P_2O_5 是可燃物中磷燃烧的产物，在常温常压下为白色雪花状固体，有一定毒性，能刺激呼吸器官，导致咳嗽和呕吐。

5.氯化氢（HCl）

HCl 是含氯可燃物的燃烧产物，是一种刺激性气体，吸收空气中的水分后会形成酸雾，具有较强的腐蚀性。HCl 较高浓度的场合，会强烈刺激损伤眼睛，引发呼吸道发炎和水肿。

6.氮氧化物（NO_x）

燃烧产物中氮氧化物主要是一氧化氮（NO）和二氧化氮（NO_2）。NO 为无色气体，NO_2 为棕红色气体，都具有难闻的气味，而且有毒。

硝酸和硝酸盐分解、含有硝酸盐及亚硝酸盐炸药的爆炸、硝酸纤维素及其他含氮的有机化合物等在燃烧时，都会产生 NO 和 NO_2。

各种火灾环境中，除生成上述几种主要燃烧产物外，还有苯化氢、溴化氢、氟化氢、丙烯醛等有毒气体，以及水蒸气、灰分等。

（三）可燃物的燃烧特点

1.气体的燃烧特点

气体燃烧所用热量只用于氧化或分解，或将气体加热到燃点，不需要像液体或固体那样需要蒸发或熔化。因此气体易燃烧，燃烧速度也快。

（1）燃烧方式

根据燃烧前可燃气体与氧混合状态的不同，燃烧分为预混燃烧与扩散燃烧。

扩散燃烧是指可燃气体从喷口喷出，在喷口处与空气中的氧边扩散、边混合、边燃烧。如正常使用煤气炉点火后发生的燃烧、天然气井的井喷燃烧均属于此类。

预混燃烧是指可燃气体与氧在燃烧之前混合，并形成一定浓度的可燃混合气体，被火源点燃所引起的燃烧。此类燃烧易引起爆炸。液化气泄漏，并与空气中氧气混合达到一定浓度时易造成爆炸。

（2）燃烧气体

易燃烧气体有 H_2、CO、CH_4、乙烷、乙烯等；助燃气体有 O_2、等。

2.液体燃烧的特点

液体燃烧是液体蒸发出蒸气而进行燃烧，所以燃烧与否，燃烧速率与可燃液体的蒸气压、闪点、沸点和蒸发速率有关。所有闪点低于或等于 45℃的液体为易燃液体，闪点高于 45℃的称为可燃液体；易燃和可燃液体的闪点高于储存温度时，火焰的传播速度慢。

（1）液体的分类

液体的火灾危险性是根据其闪点来划分等级的。

甲类：汽油、苯、甲醇、丙酮、乙醚、石蜡油，其闪点低于 28℃。

乙类：煤油、松节油、丁醚、溶剂油、樟脑油、蚁酸等，其闪点在 28 ~ 60℃。

丙类：柴油、润滑油、机油、菜籽油等，其闪点高于 60℃ d

（2）液体的理化性质

液体的火灾危险性是由其理化性质决定的，可以从三个方面来表述：

①密度。液体的密度越小，蒸发速度越快，闪点越低，火灾危险性就越大。密度小于水的液体不能用水扑救，应该用稀有气体或泡沫扑救。

②流动扩散性。易燃可燃液体具有流动性。液体越黏稠，流动性与扩散性就越差，自燃点较低。但伴随温度的升高，其流动性和扩散性也就越强。

③水溶性。在芳香族碳氢化合物中，大部分易燃和可燃液体是难溶于水的，但醇类、醛类、酮类能溶于水。火险由大到小的次序为醚类、醛酮类、醇类、酸类。在水溶性易燃和可燃液体的灭火中，应采用抗溶性泡沫。

（3）燃烧应注意的现象

液态烃类燃烧时，通常具有橘色火焰并散发浓密的黑色烟云。醇类燃烧，通常具有透明蓝色火焰，无烟雾。醚类燃烧时，液体表面伴有明显的沸腾状。这类火灾难以扑灭。

对在不同类型的油类敞口储罐的火灾中应特别注意三种现象：沸溢、溅出、冒泡。原油和重质石油产品在油罐中燃烧时，表面温度会逐渐被加热到 60 ~ 80℃，接着温度跳跃式上升到 250 ~ 360℃，在高温下逐渐向液体深部加热，这种现象称为热波。冷热油的分界面叫热波界面。油品燃烧 5 ~ 10min 后，在液面下 6 ~ 9cm 处形成热波界面。当热波界面热油温度上升到 149 ~ 360℃时，如果继续燃烧，温度不断上升，会发生分馏现象，轻馏分蒸发，重馏分中的沥青、树脂和焦炭产物因密度大于油会下沉，油品的热波分界面继续向深处推移，直到热波界面与含水层相遇 – 水滴变成蒸汽，体积猛烈增加 1700 多倍，被油品薄膜包围的大量蒸汽气泡形成泡沫状的石油溢流，向油罐液面移动，以至发生沸腾、喷溅冒泡现象。因此，对油罐进油和储油温度必须严格控制在 90℃以内。同时，进油管流速较高时，由高到低地进入，易产生雾状喷出，落下的油撞击油罐和液面，致使静电荷急剧增加，极易引起油罐爆炸起火。因而，油罐的进油管不能从油罐上部接入。

3. 固体的燃烧特点

固体物质燃烧的特点是必须经过受热、蒸发、热分解，使固体上方可燃气体的浓度达到燃烧的极限，方能持续不断地发生燃烧。

（1）易燃固体的分类

易燃固体按照燃烧难易程度分为一、二两级。

一级易燃固体：燃点低，易于燃烧或爆炸，燃烧速度快，并能释放出剧毒气体。它们有磷及磷的化合物，如红磷、三硫化四磷、五硫化四磷；硝基化合物，如二硝基苯及一些含氮量为 12.5% 的硝化棉闪光粉等。

二级易燃固体：燃烧性能比一级固体差，燃烧速度慢，燃烧毒性小。它们大致包括各种金属粉末；碱金属氨基化合物，如氨基化锂、氨基化钙等；硝基化合物，如硝基芳烃；硝化棉制品，如硝化纤维漆布、赛璐珞等；萘及其化合物等。

（2）固体燃烧的方式

固体可燃物由于分子结构的复杂性以及物理性质的不同，燃烧方式分为四种，有蒸发燃烧、分解燃烧、表面燃烧、阴燃。

①蒸发燃烧。熔点较低的可燃固体受热后熔融，然后与可燃液体一样蒸发称为蒸发燃烧。如硫、磷、沥青、热塑性高分子材料等。

②分解燃烧。受热能分解出组成成分与加热温度相应的热分解的产物，然后再氧化燃烧，称分解燃烧。如木材、纸张、棉、麻、丝合成橡胶等的燃烧。

③表面燃烧。蒸气压非常小或难以热分解的可燃固体，不能发生蒸发燃烧或分解燃烧，当氧气包围固体表层时，呈现炽热状态而无火焰燃烧，表现为表面发红而无火焰。如木炭、焦炭等的燃烧。

④阴燃。没有火焰的缓慢燃烧现象称为阴燃。空气不流通，加热温度较低或含水分较高时会阴燃，如成捆堆放的棉麻、纸张及大堆垛的煤、潮湿的木材。

第二节　火灾的发生及蔓延

一、火灾及其分类

（一）火灾的概念

广义来说，所有超出有效范围的燃烧称为火灾。火灾是工伤事故类别中的一类事故。在消防工作中有火灾和火警之分，两者都是超出有效范围的燃烧，当人员和财产损失较小时登记为火警。《消防基本术语》中认为，火是"以释放热量并伴有烟或火焰或两者兼有为特征的燃烧现象"，火灾就是"在时间或空间上失去控制的燃烧所造成的灾害"。

以下情况也列入火灾的统计范围：

①民用爆炸物品爆炸引起的火灾。

②易燃液体、可燃气体、蒸气、粉尘以及其他易燃易爆物品爆炸和爆炸引发的火灾。

③破坏性试验中引起非试验体燃烧的事故。

④设备因内部故障导致外部明火燃烧需要扑灭的事故，或者引起其他物燃烧的事故。

⑤车辆、船舶、飞机以及其他工具发生的燃烧事故，或由此引起的其他燃烧的事故。

（二）火灾的分类

①依据 GB/T 4968-2008《火灾分类》，按照物质燃烧的特征，可把火灾分为四类。

A 类火灾：指固体物质火灾。这种物质往往具有有机物的性质，一般在燃烧时能产生灼热的余烬，如木材、棉、毛、麻、纸张火灾等。

B 类火灾：指液体火灾和可以熔化的固体物质火灾。如汽油、煤油、柴油、原油、甲醇、乙醇、沥青、石蜡火灾等。

C 类火灾：指气体火灾，如煤气、天然气、甲烷、乙烷、丙烷、氢气火灾等。

D 类火灾：指金属火灾，如钾、钠、镁、钛、锆、锂、铝镁合金火灾等。

上述分类方法对防火和灭火，特别是对选用灭火剂有指导意义。

②按照一次火灾事故造成的人员伤亡、受灾户数和直接损失金额，火灾划分为三类。

a. 具有下列情形之一的，为特大火灾：死亡 10 人以上（含本数，下同）；重伤 20 人以上；死亡、重伤 20 人以上；受灾户 50 户以上；烧毁财物损失 50 万元以上。

b. 具有下列情形之一的，为重大火灾：死亡 3 人以上；重伤 10 人以上；死亡、重伤 10 人以上；受灾户 30 户以上；烧毁财产损失 5 万元以上。

c. 不具有前两项情形的燃烧事故，为普通火灾。

（三）火灾原因分类

①放火。有敌对分子放火、刑事放火、精神病和痴呆人放火、自焚等。

②违反电气安装安全规定。导线选用、安装不当，变电设备安装不符合规定，用电设备安装不符合规定，滥用不合格的熔断器，未安装避雷设备或安装不当，未安装排除静电设备或安装不当等。

③违反电气使用安全规定。有短路、过负载、接触不良及其他。

④违反安全操作规程。有焊割、烘烤、熬炼、化工生产、储存运输及其他。

⑤吸烟。

⑥生活用火不慎。

⑦玩火。

⑧自燃。

⑨自然原因。比如雷击、风灾、地震及其他原因。

⑩其他原因及原因不明。

二、火灾蔓延机理与途径

一般情况下，火灾都有一个由小到大、由产生到熄灭的蔓延发展过程。那么，火灾为什么会蔓延？火灾是如何蔓延的呢？

（一）火灾蔓延的机理

火灾的发生发展过程，一直伴随着热传播。热传播有热传导、热对流和热辐射三种方式。

1. 热传导

热传导是指物体一端受热，通过物体的分子热运动，把热量从温度较高部分传递到温度较低部分的过程。

影响热传导的主要因素是温差，物质导热系数，以及导热物体的厚度和截面积。温差越大、导热系数越大、厚度越小、截面积越大，传导的热量将越多。固体、液体、气体都有热传导性，其中固态物质的热传导最强，液态物质次之，气态物质则较差。

在火灾中，薄壁隔墙、楼板、金属管壁等都可以把火灾从燃烧的区域通过热传导传至另一侧的表面，使地板上或靠着墙壁堆积的可燃、易燃物质燃烧，造成火灾扩大。

2. 热对流

热对流是指热量通过流动的介质，由空间的一处传播到另一处的现象。热对流是影响初期火灾蔓延的最主要因素。

热对流速度与通风口面积和高度成正比。火场中通风孔洞面积越大，热对流的速度越快；通风孔洞所处位置越高，热对流速度越快。

3. 热辐射

热辐射是指以电磁波形式传播热量的现象。热辐射不需要任何介质，也不受气流、风速、风向的影响。通过热辐射传播的热量与其表面的绝对温度的四次方成正比。当火灾处于发展阶段时，热辐射是热传播的主要方式。

（二）火灾蔓延的途径

建筑火灾最初都发生在室内的某个房间或某个部位，然后由此蔓延到相邻的房间或区域以及整个楼层，最后蔓延到整个建筑物。建筑物内火灾蔓延的途径主要有两种：一是火灾在水平方向的蔓延，二是火灾在竖直方向的蔓延。

1. 火灾在水平方向的蔓延

火灾在水平方向的蔓延主要是通过一些竖直的孔洞进行的。般的建筑物都有室内走道、门、窗、吊顶和一些空调系统。如果门窗没有关闭，建筑内起火后，火灾将从起火房间的内门窜出，首先进入室内走道，然后通过门进入与起火房间依次相邻的房间，将室内物品引燃。如果这些房间的门没有开启，则烟火要待房间的门被烧穿以后才能进入。

对于有吊顶的建筑，吊顶上部通常为连通空间。一旦起火，火灾极易在吊顶内部蔓延，且难以及时发现，导致灾情扩大。另外建筑物中的一些孔洞也会成为火灾蔓延和烟气扩散的途径。

2. 火灾在竖直方向的蔓延

火灾在竖直方向的蔓延主要是通过一些水平方向的孔洞进行的。在现代建筑物内，有大量的电梯井、楼梯间、设备间、风竖井、管道井、电缆井、垃圾井等竖井设施，这些竖井往往贯穿整个建筑。若未作完善的防火分隔，万一发生火灾，就可以通过这些水平方向的竖井蔓延到建筑物的其他部分。

（三）建筑火灾发展阶段

建筑火灾的发展过程大致可分为初期、全面发展和下降三个阶段。

1. 初期阶段

火灾的初期阶段是指火灾发生后的开始阶段。此时火灾燃烧范围不大，只局限在着火点处的可燃物发生燃烧。

该阶段的火灾特点是在燃烧区域及其附近存在高温，燃烧的面积不大，室内平均温度低，但室内温度差别大，此时火灾发展速度较慢，火势也极不稳定。

局部燃烧形成后，可能会出现以下三种情况：一是最初着火的可燃物因烧尽而终止；二是因通风不足，火灾可能自行熄灭，或受到较弱供氧条件的支持，以缓慢的速度维持燃烧；三是有足够的可燃物，并且有良好的通风条件，火灾迅速发展至整个房间。

火灾的初期阶段是灭火的最有利时机，也是人员疏散的最有利时机。

2. 全面发展阶段

随着燃烧时间的持续，室内的可燃物在高温的作用下，不断释放出可燃气体。当房间内温度达到 400 ～ 600℃时，便会发生轰燃。轰燃是室内火灾最显著的特点之一，它标志着室内火灾已进入全面发展阶段。

轰燃发生后，室内可燃物出现全面燃烧，室温急剧上升，温度可达 800 ～ 1000℃。火焰和高温烟气在火风压的作用下，会从房间的门窗、孔洞等处大量涌出，沿走廊、吊顶迅速向水平方向蔓延扩散，同时由于烟囱效应的作用，火势会通过竖向管井等向上层迅速蔓延。

另外，室内高温还对建筑构件产生热作用，使建筑构件的承载能力下降，可能导致建筑结构发生局部或整体坍塌。所以，为了减少火灾损失，在建筑物内部需要设置具有一定耐火极限的防火分隔物，选用耐火程度较高的建筑结构作为建筑的承重体系。

3. 下降阶段

在火灾全面发展阶段的后期，随着室内可燃物数量的减少，火灾燃烧速度减慢，燃烧强度减弱，温度逐渐下降，当降到其最大值的 80% 时，火灾则进入熄灭阶段。随之房间温度下降显著，直到室内外温度达到平衡为止，火灾完全熄灭。

第三节　火灾烟气的阐述及特性

一、烟气的产生

所有火灾都会产生大量的烟气。无论是两个不同火场，还是同一火场的不同时刻，烟气的差别很大，成分也复杂。总体而言，火灾烟气是由以下三类物质组成的具有较高温度的混合物，即：①气相燃烧产物；②未完全燃烧的液、固相分解物和冷凝物微小颗粒；③未燃的可燃蒸气和卷吸混入的大量空气。火灾烟气中含有众多的有毒、有害、腐蚀性成分以及颗粒物等，加之火灾环境高温、缺氧，对生命、财产以及环境都造成很大危害。随着各种新型合成材料的大量出现和广泛应用，火灾中造成死亡的首要原因发生了明显的变化，目前烟气窒息和中毒成为火灾中致死的主要原因。此外，由于高温烟气的迅速流动和蔓延，乃至有时其中掺混着一定的未燃可燃蒸气，很容易引起火势的迅速蔓延和扩大。因而，了解火灾烟气的产生、特性和运动规律，对于火灾的研究和防治都具有重要的意义。

烟气的产生是衡量火灾环境的基本因素之一。产生烟气的燃烧状况，即明火燃烧、热解和阴燃，影响着烟气的生成量、成分和特性。明火燃烧时，可产生大量元素形态的碳，即炭黑，以微小固相颗粒的形式分布在火焰和烟气之中。由于热量作用于可燃物表面，使之温度升高并发生热解。热解过程的典型温度一般在 600 ~ 900K，大大低于气相火焰温度 1200 ~ 1700K。析出的可燃蒸气中大致包括燃料单体、部分氧化产物、聚合链等。在其析出过程中，部分组分由于低蒸气压而凝结成为微小的液相颗粒，形成白色烟雾。与需要外部加热的热解过程不同，阴燃是自我维持的无明火燃烧，其典型的温度范围为 600 ~ 1100K。

二、烟气的毒性与危害

火灾中有毒烟气对人构成危害这一事实早已被人们所认识。然而这一领域中的研究取得巨大进展却是近年的事。人们首先注意到在一些严重的火灾中烟气引发人员窒息死亡，从而开始重视烟气毒性问题。调查结果表明：对于所有的火灾，尤其是住宅火灾，相对于热量和燃烧造成的伤害而言，烟气和有毒气体所造成的伤害占很大比例。目前有将近一半的致命火灾和三分之一的非致命住宅火灾（主要是由家具火引起的）被归为烟气伤害类型的火灾。

目前，对于烟气造成伤害的增长已提出了一些解释。有些人认为这与家具中现代合成材料使用增多有关。另一种观点认为这并非与合成材料的使用直接有关，而是缘于近期居住方式的改变，例如平均每个家庭都使用了更多的家具和室内装修材料，从而造成了火灾增大。此外还有部分人认为这种增长趋势并不真实，而是由于进行毒性伤亡统计的有关机构对这一问题更为重视所导致的统计失实。有关人体病理学的数据通常是难以证明的，但许多这一领域的其他工作证实了由烟气导致的伤害的确是在增长。在英国和美国烟气毒性已被认为是火灾中导致伤亡的主要因素。

（一）烟气毒性分析的两种途径

如前所述，关于烟气毒性伤害增长的问题主要有两种解释，这两种不同的解释导致了关于烟气毒性分析的两种差异明显的观点。

一种观点认为现代合成材料燃烧产生的烟气中包含着以前从未出现的新的有毒成分。在某些情况下，这些有毒成分或许剂量很小但毒害作用却很大。因此这种毒害作用可通过简单的小尺寸毒性测试实验来探测和分析，并制定相应的标准。从某种意义上说，通过这种方法发现了两种材料，即含有磷光物质阻火剂的聚氨酯软泡沫和聚四氟乙烯（PTFE），在一些实验条件下会释放出含有巨毒物质的产物。由这种观点派生出了以材料特性为基础的、相当简化的材料毒性测试和分析方法，它将材料的毒性按啮齿动物 LC50 标准分类，即浸没在烟气中的啮齿动物被致死 50% 时，以相对每立方分米空气材料的毫克数来表示的燃烧产物浓度。按照这种观点，设计人员在进行有关设计时应该采用那些已被毒性测试证明，同时也被其他类型小尺寸火灾测试证明是毒性很小的材料。

另一种观点认为火灾中的基本有毒产物总是一样的，然而，在许多现代火灾过程中火的增长速率及基本有毒产物的释放速率较之于以前大大地增大。所以与定性确定毒性产物的做法相比，减少火灾中毒性伤害的最好方法是对诸如着火、火蔓延、烟气释放等过程加以有效控制，这种观点在美国已被广泛地接受。它通过以下途径来估算烟气毒性，即首先确定离开可燃材料表面的主要有毒产物的成分，然后在全尺寸火灾测试中做出这几种基本有毒成分的浓度—时间曲线，在此基础上，再估算造成伤亡的时间。根据这种观点，小尺寸测试的作用在于通过以动物实验为基础的火灾产物的化学分析，证明可燃材料燃烧所产生的毒性的确来源于那些基本的有毒火灾产物，并且验明那些其他毒性作用发生的情况。这种方法的优势在于它能使防火设计人员在实施设计时充分考虑防火的系统性（如宾馆卧室或飞机机舱），并且通过对小尺寸或全尺寸实验的燃烧产物进行简单的化学分析而估算出烟气毒性所造成的伤害。然而，其问题在于它是以对毒性产物的效果和作用所做的一些简化（甚至可能是错误）假设为基础的。

实际上，在烟气毒性测试和分析中，既需要以材料为着眼点的小尺寸毒性测试，又需要以几种基本的火灾毒性产物为着眼点的浓度—时间分布。当前在根据基本的火灾毒性产物估算其危害以及如何进行小尺寸毒性测试和如何证实及运用小尺寸测试结果等方面的研究取得了很大进展，但仍旧不够，如果要得到能够实际应用的数据，则还需更为定量的研究和测试标准。

（二）烟气的危害

火灾烟气主要有三种危害，即：①高温烟气携带并辐射大量的热量；②烟气中氧含量低，形成缺氧环境；③烟气中含有一定的有害物质、毒性物质和腐蚀性物质，从而对生命和财产构成威胁和损害。每种危害的程度依赖于火灾的物理特性，即释热速率、火源、供氧等，同时也与其他因素，诸如建筑结构特点、距火源距离等有关。实际火灾中，火灾的物理特性及其他有关因素随时随地变化。

根据火灾烟气的危害程度，可以将其对人的危害过程视为三个阶段。

①第一阶段为受害者尚未受到来自火区的烟气和热量影响之前的火灾增长期。这一阶段中影响人员疏散逃生的重要因素是大量的心理行为因素，诸如受害者对火灾的警惕程度、对火灾警报的反应以及对地形的熟悉程度等。

②第二阶段为受害者已被火区烟气和热量所包围的时期。这一阶段中，烟气对人的刺激和人的生理因素影响着受害者的逃生能力。因此这时火灾烟气的刺激性及毒性物质的生成对于人员逃生而言极其重要。

③第三阶段为受害者在火灾中死亡的时期。致死的主要因素可能是烟气窒息、灼烧或其他。

因此，火灾烟气的毒性作用在上述第二和第三阶段尤其重要。为了逐步认识火灾烟气的毒性及其危害，人们首先通过火灾环境气体取样分析和动物实验来研究单一有害或有毒成分对人体的毒害作用以及人体的耐受极限，包括丧失逃生能力的麻木极限和致死的死亡极限。

下面扼要地介绍火灾烟气对人的危害作用。

①热量：尽管大部分火灾伤亡缘于吸入有毒烟气，但火灾最明显的危害仍在于其产生大量的热量，其中一部分由烟气携带。火焰及高温烟气会辐射出大量的热量。人体皮肤温度约为45℃时即有痛感，吸入150℃或者更高温度的热烟气将引起人体内部的灼伤。

②缺氧：人体组织供氧量下降会造成神经、肌肉活动能力下降，呼吸困难。人脑缺氧3min以上就会损坏。火场的缺氧程度主要取决于火灾的物理特性及其环境，如火灾尺度和通风状况。一般情况下缺氧并不是主要问题，然而在轰燃发生时可能很大区域内的氧气会被耗尽，尽管轰燃只发生在某一房间之内。在一般大小的房间中，3mW的火可能会在约30s内耗尽所有室内的氧气。

③有害和有毒成分：这里，烟气的含义为可燃物热解和燃烧所产生的弥漫在大气中的全部产物，包括气相产物、液相及固相颗粒、不同络合物的有机分子团、自由基团等。烟气毒性对人体的危害程度与这些组分的作用有关。下面简要地介绍烟气中的主要有害、有毒成分对人体的毒害作用。

水蒸气：是主要的燃烧产物之一，通常情况下它对人体不造成危害，但有时酸气可溶解于液滴之中形成酸，如盐酸等，危害人体。

CO_2：是主要的燃烧产物之一，在有些火场中其浓度可达15%。它最主要的生理作用是刺激人的呼吸中枢，导致呼吸急促、烟气吸入量增加。并且还会引起头疼、嗜睡、神志不清等症状。

CO：是火灾中致死的主要燃烧产物之一，有毒性在于对血液中血红蛋白的高亲和性，其对血红蛋白的亲和力比氧气高250余倍。因而它能够阻碍人体血液中氧气的输送，引起头疼、虚脱、神志不清等症状和肌肉调节障碍。

颗粒：固相颗粒的吸入会使肺部受到损害，同时颗粒会刺激和进入眼睛，导致流泪和视力降低。此外，烟气中颗粒的存在会使火场的能见度降低。

HCN：使人体组织细胞呼吸停止，引起目眩、虚脱、神志不清等症状。

H_2S：低浓度时对眼睛和上呼吸道黏膜有刺激作用；高浓度时会引起呼吸中枢麻痹。

HCL刺激眼睛和上呼吸道黏膜，引起窒息。

NH_3：刺激眼睛和上呼吸道黏膜，引发肺气肿。

HF：对眼睛和上呼吸道有刺激作用。

SO_2：对眼睛和上呼吸道支气管黏膜有刺激作用，引起肺、声门气肿，导致气管堵塞而窒息。

Cl_2：对眼睛、上呼吸道和肺组织有刺激作用，引起流泪、打喷嚏、咳嗽和肺气肿，导致呼吸困难而窒息。

$COCl_2$：对支气管、肺泡有刺激作用，引起肺气肿，导致呼吸困难而窒息。

NO_2：对支气管、肺泡有刺激作用，引起肺气肿，导致呼吸困难而窒息。

三、建筑中的烟气蔓延及控制方法

建筑中引起烟气蔓延的主要因素来自烟囱效应、浮力、气体膨胀、外部风以及供暖、通风和空调系统。

（一）烟囱效应

当外界温度较低时，在诸如楼梯井、电梯井、垃圾井、机械管道、邮件滑运槽等建筑物中的竖井内，空气通常自然向上运动，这一现象即是烟囱效应，与外界空气相比，建筑物内的空气由于温度较高、密度较低而具有一定的浮力，浮力作用会使其在竖井内上升。在外界温度较低和竖井较高的情况下，烟囱效应也同样会发生。

建筑火灾中的烟气蔓延在一定程度上依赖于烟囱效应。在一幢受正向烟囱效应影响的建筑中，空气流动能够促使烟气从小区上升很大高度。若火灾发生在中性面以下的区域，则烟气与建筑内部空气一道蹿入竖井并迅速上升，由于烟气温度较高，其浮力大大强化了上升流动，一旦超过中性面，烟气将蹿出竖井进入楼道。

如果火灾发生在中性面以上的楼层，则烟气将由建筑内的空气气流携带从建筑外表的开口流出。如果楼层之间的烟气蔓延可以忽略，则除着火楼层以外的其他楼层均保持相对无烟，直到火区的烟生成量超过烟囱效应流动所能排放的烟量。若楼层之间的烟气蔓延非常严重，则烟气会从着火楼层向上蔓延。

（二）浮力作用

火区产生的高温烟气由于其密度降低而具有浮力。对于高度较高的着火房间，由于中性面以上的高度较大，因此可能产生很大的压差。若着火房间顶棚上有开口，则浮力作用产生的压力会使烟气经此开口向上面的楼层蔓延。同时浮力作用产生的压力还将会使烟气从墙壁上的任何开口及缝隙或是门缝中泄漏。当烟气离开火区后，由于热损失及与冷空气掺混，其温度会有所降低，所以，浮力的作用及其影响会随着与火区之间距离的增大而逐渐减小。

（三）气体热膨胀作用

除浮力作用外，火区释放的能量还可以通过气体热膨胀作用而使烟气运动。考虑一间仅有一个通向建筑内部开口的着火房间，建筑内部的空气会流入该着火房间，同时热烟气也会从该着火房间流出，忽略由于燃烧热解过快而产生的质量流率（它相对于空气流率很小），则流出与流入的体积流量比，可简单地表示成温度之比。

对于有多个门或窗敞开的着火房间，气体膨胀产生的内、外压差可以忽略，而对于密闭性较好的着火房间，气体膨胀作用产生的压差则可能极其重要。

（四）外部风作用

在许多情况下，外部风可能对建筑内部的烟气蔓延产生明显影响。在发生建筑火灾时，经常出现着火房间窗玻璃破碎的情况。如果破碎的窗户处于建筑的背风侧，则外部风作用产生的负压会将烟气从着火房间中抽出，这可以大大缓解烟气在建筑内部的蔓延。

而若破碎的窗户处于建筑的迎风侧，则外部风将驱动烟气在着火楼层内迅速蔓延，甚至蔓延到其他楼层。这种情况下外部风作用产生的压力可能会很大，而且可以轻易地驱动整个建筑内的气体流动。

（五）供暖、通风和空调系统

建筑火灾过程中，供暖、通风和空调系统能够迅速传送烟气。在火灾的起始阶段，处于工作状态的加热、通风和空调系统有助于火灾探测。当火情发生在建筑中的无人区内，供暖、通风和空调系统能够将烟气迅速传送到有人的地方，使人们能够很快发现火情，及时报警和采取扑救措施。然而，随着火势的增长，供暖、通风和空调系统也会将烟气传送到它所能到达的任何地方，加速了烟气的蔓延，并且，它还可将大量新鲜空气输入火区，促进火气发展。

（六）建筑中烟气控制的主要方式

建筑火灾中烟气控制的主要着眼点在于楼梯井和着火区域，因为这两个区域的烟气控制是保护生命财产安全的关键。下面分别对这两个区域的烟气控制进行讨论。

1. 加压楼梯井

从火灾安全的角度而言，设计和建造楼梯井的首要目的在于为火灾中人员疏散提供无烟的安全通道，其次是为消防人员提供中间装备区域。在起火楼层，加压楼梯间必须保持正压，以避免烟气侵入。

在建筑火灾过程中，人员疏散和火灾扑救造成一些楼梯间的门断断续续敞开，甚至有些门可能一直敞开。理想情况下，当起火层楼梯间的门敞开时，应该有足够强的气流穿过来防止烟气侵入。然而，由于楼梯井中所有门的开关变化，以及气象条件的影响，设计这样的系统非常困难。

楼梯井加压系统分为两类：即单点加压送风系统和多点加压送风系统。单点加压送风即指从单一地点向楼梯井输入加压空气，最常见的是从楼梯井的顶部。对于这类系统，存在烟气通过加压风机进入楼梯井的可能性，因此设计中应该考虑发生这种情况时系统的自动关机功能。

对于较高的楼梯井，当送风点附近的门敞开时，单点加压送风系统可能失去作用。因为所有的加压空气可能会从这些敞开的门中流失，从而使楼梯井中远离送风处不能保持正压。尤其是对位于建筑底部的单点加压送风系统，当底层楼梯间的门敞开时，其失效的可能性更大。因而，对于较高的楼梯井，加压空气可从沿楼梯井高度的不同地点供入，这即是所谓的多点加压送风。很明显，多点加压送风系统可以克服单点加压送风系统的局限性。

下面着重讨论建筑中加压楼梯井的简单分析方法。考虑在仅有一个楼梯井（多个楼梯井的情况可根据对称性的概念加以推广）的建筑中，假设每一楼层气体泄漏的流动面积都相同，并且气体流动的主要驱动力只限于楼梯井加压系统和楼梯间门内外温差，不考虑垂直方向上的气流泄漏。

2.区域烟气控制

楼梯井加压目的在于阻止烟气侵入。然而，在只对楼梯井加压的建筑中，烟气可能通过地板和隔墙的缝隙以及建筑中的其他竖井从火区向外四处蔓延，给生命财产造成威胁和危害。区域烟气控制正是针对这种形式的烟气蔓延。

这种烟气控制方法是将建筑划分成一些相互独立的烟气控制区域，彼此之间以隔墙、地板和门相隔。火灾中，以机械风机产生的压差和气流来阻止烟气从起火区域向相邻区域蔓延。而对火区内的烟气浓度则不加抑制。这意味着万一发生火情，火区内的人员疏散必须尽可能迅速。

防止烟气蔓延所需压差的产生既可通过单独向无烟区送风或从烟气区排烟的方法，也可通过两者结合的方法。从烟气区排烟非常重要，由于它可以防止由于火区气体热膨胀所引起的压力过高，但它却丝毫不能降低烟气浓度。从烟气区排烟可通过建筑外墙开孔、烟气井和机械抽风来实现。

第二章 消防安全管理

第一节 消防安全管理的内涵

一、消防安全管理的性质和特征

消防安全管理具有自然属性和社会属性，并具备全方位性、全天候性、全过程性、全员性和强制性等特征。

（一）消防安全管理的自然属性

消防安全管理活动是人类同火灾这种自然现象做斗争的活动，这是消防安全管理的自然属性。这一属性决定了消防安全管理活动的目的是要解决人类如何利用科学技术战胜火灾。在消防安全管理实践活动中，主要是按照国家的消防技术标准规范来限制建筑物、机械设备、物质材料等的状态并调整它们之间的关系。

（二）消防安全管理的社会属性

消防安全管理是一种社会管理活动，这是消防安全管理的社会属性。这一属性决定了消防安全管理活动要维护社会稳定，根据法律调整人们的行为，保障社会公共安全。在消防安全管理实践活动中，主要是利用国家的法律、法规、规章来调整人们的行为并调整人和可燃物、助燃物和着火源之间的关系。

（三）消防安全管理的特征

消防安全管理活动同其他管理活动相比，具备下列特征：

1. 全方位性

从消防安全管理的空间范围上看，消防安全管理具有全方位的特征。日常生产、生活中，可燃物、助燃物和着火源无处不在，凡是具备形成燃烧条件的场所，都有可能造成火灾事故，都是消防安全管理需要涉及的场所。

2. 全天候性

从消防安全管理的时间范围上看，消防安全管理具有全天候性的特征。人们用火的无时限性决定了燃烧条件形成的偶然性和火灾发生的随机性、偶发性。所以，消防安全管理在任何时刻都不能放松警惕。

3. 全过程性

从某一个系统的产生、运转、维护、消亡的进程上看，消防安全管理活动具有全过程性的特征。如果某一个厂房的生产系统，从计划、设计、制造、储存、运输、安装、使用、保养、维修直到报废消亡的整个过程中，都需要实施有效的消防安全管理。

4. 全员性

从消防安全管理的人员对象上看，消防安全管理活动是不分男女老幼的，具有全员性的特征。

5. 强制性

从消防安全管理的手段上看，消防安全管理活动具有强制性的特征。因为火灾的破坏性很大，所以必须严格管理；若疏于管理，任何疏忽大意都可能引发火灾，造成危害后果，甚至造成群死群伤的严重后果。

二、消防安全管理的要素

做好消防安全管理工作的基本出发点是消防安全管理要素，而消防安全管理的要素可由消防安全管理的概念引出。消防安全管理的要素主要包括消防安全管理的主体、消防安全管理的对象、消防安全管理的依据、消防安全管理的原则、消防安全管理的方法、消防安全管理的目标六个方面。

（一）消防安全管理的主体

《消防法》确定的"政府统一领导、部门依法监管、单位全面负责、公民积极参与"消防工作原则，决定了政府、部门、单位、公民都是消防工作的主体，亦是消防安全管理活动的责任主体。

1. 政府

消防安全管理是政府社会管理和公共服务的重要内容，是社会稳定、经济发展的重要保证。各级地方人民政府应当将当地的消防工作纳入国民经济和社会发展计划，保障消防工作与经济建设和社会发展相适应，提高公民消防安全意识，消除消防安全隐患，建立及管理各种形式的消防救援队，规划和建设各类公共消防基础设施等。

2. 部门

政府有关部门对消防工作齐抓共管，这是由消防工作的社会属性决定的。《消防法》在明确应急管理部门及消防救援机构职责的同时，也规定了住房和城乡建设、安全监管、工商、质监、教育、人力资源社会保障等部门应当按照有关法律法规和政策规定，依法履行相应的消防安全管理职责。

3. 单位

单位是社会的基本单元，也是社会消防安全管理的基本单元。单位对消防安全和致灾因素的管理能力，反映了社会公共消防安全管理水平，也在很大程度上决定了一个城市、一个地区的消防安全状况。各类社会单位是本单位消防安全管理工作的具体执行者，必须全面负责和落实消防安全管理职责。

4. 公民

公民是消防工作的基础，是各项消防安全管理工作的重要参与者和监督者，没有广大人民群众的参与，消防工作就不会发展进步，全社会抗御火灾的能力就不会提高。公民在日常的社会生活中，在享有消防安全权利的同时，也必须履行相应的消防义务。

（二）消防安全管理的对象

消防安全管理的对象，即消防安全管理资源，主要包含人、财、物、信息、时间、事务共六个方面。

1. 人

人即消防安全管理系统中管理与被管理的人员。任何管理活动和消防工作都需要人参与和实施，在消防安全管理活动中需要规范和管理人的不安全行为。

2. 财

财即开展消防安全管理的经费开支。开展和维持正常消防安全管理活动，必然会需要正常的经费开支，特别在消防设施建设与维护管理、消防安全制度落实、火灾隐患排查消除等各个关键环节，都需要有大量的经费投入，才能保证消防安全管理工作的正常开展。

3. 物

物即消防安全管理的建筑设施、机器设备、物质材料、能源等。物是消防安全管理中需要严格控制的对象，也是消防技术标准所要调整和规范的对象。

4. 信息

信息即开展消防安全管理活动的文件、资料、数据等。信息流是消防安全管理系统正常运转的流动介质，应充分利用系统中的安全信息流，发挥它们在消防安全管理中的作用。

5. 时间

时间即消防安全管理的各个关键控制时段。

6. 事务

事务即消防安全管理活动的工作任务、职责、指标等。消防安全管理应明确工作岗位，明确岗位工作职责，建立健全逐级岗位责任制。

（三）消防安全管理的依据

消防安全管理的依据大致包括法律政策依据和规章制度依据两大类。

1. 法律政策依据

法律政策依据是指消防安全管理活动中运用的各种法律、法规、规章以及消防技术标准规范等规范性文件，主要包括：

（1）法律

由全国人大及其常委会批准或颁布。比如，《消防法》《中华人民共和国治安管理处罚法》《中华人民共和国国家赔偿法》等。

（2）行政法规

由国务院批准或颁布。例如，《仓库防火安全管理规则》《危险化学品安全管理条例》等。

（3）地方性法规

由省、自治区、直辖市，省、自治区的人民政府所在地的市，经济特区所在的市和国务院批准的较大市的人大及其常委会批准或颁布。譬如，《北京市消防条例》等。

（4）部门规章

由国务院各部、委、局批准或颁布。例如，《机关、团体、企业、事业单位消防安全管理规定》《消防监督检查规定》等。

（5）政府规章

由省、自治区、直辖市和设区的市、自治州的人民政府批准或颁布。例如，《北京市建设工程施工现场消防安全管理规定》等。

（6）消防技术标准规范

在消防安全管理活动中，所有涉及消防技术的管理活动，均以相关的国家、行业消防技术标准作为管理依据。国家、行业消防技术标准不能满足现实工作需要的，通常还以地方性消防技术标准作为依据补充。例如，国家标准《建筑防火通用规范》、地方标准《北京市简易自动喷水灭火系统设计规程》等。

2. 规章制度依据

《消防法》规定，机关、团体、企业、事业等单位应当落实消防安全责任制，明确消防安全责任人。为了将消防安全责任制落到实处，社会单位开展和实施消防安全管理活动时，需要制定适合自身单位实际情况的各项规章制度。例如，单位内部的消防安全管理制度、消防安全操作流程、消防安全标准化管理细则等。

（四）消防安全管理的原则

消防安全管理原则共包含五个方面的内容。

1. 谁主管谁负责的原则

"谁主管，谁负责"即一个地区、一个系统、一个单位的消防安全工作要由本地区、本系统、本单位负责；单位的法定代表人或主要负责人要对本单位的消防安全管理全面负责，是单位的消防安全责任人；分管其他工作的领导和各业务部门，要对分管业务范围内的消防安全工作负责；车间、班组领导，要对本车间、班组的消防安全工作负责。

2. 依靠群众的原则

消防工作是一项具有广泛群众性的工作，只有依靠群众，调动广大群众的积极性，才能使消防工作社会化。消防安全管理工作的基础是做好群众工作。要采取各种方式方法，向群众普及消防知识，提高群众消防安全意识和防灾抗灾能力；要组织群众中的骨干，建立志愿消防组织，开展群众性防火、灭火工作。

3. 依法管理的原则

依法管理，就是单位的领导或者业务部门依照国家立法机关和行政机关制定颁发的法律、法规、规章，对单位消防安全进行管理。要依法办事，加强对职工群众的遵纪守法教育，对违反消防安全管理规定的行为和火灾事故责任者严肃追责、认真处理。消防法律法规不仅具有引导、教育、评价、调整人们行为的规范作用，而且具有制裁、惩治违法犯罪行为的强制作用。所以，任何单位都要组织群众学习消防法律法规，从本单位的实际出发，依照消防法律法规的基本要求，制定相应的消防安全管理规章制度或者工作规程，并严格执行，做到有法必依、违法必究，使消防安全管理走上法治的轨道。

4. 科学管理的原则

科学管理，就是运用管理科学的理论，规范管理系统的机构设置、管理程序、方法途径、规章制度、工作方法等，从而有效地实施管理，提高管理效率。消防安全管理要实行科学管理，使之科学化、规范化。消防安全管理一方面要依照客观规律办事，才能富有成效。消防安全管理必须遵循火灾发生、发展的规律，了解火灾发生的因素随着社会、经济的发展，以及生产、技术领域的创新和物质生活的提高而变化的客观规律；火灾成因与人们心理和行为相关的规律；火灾发生与行业、季节、时间相关的规律等。另一方面要学习和运用管理科学的理论和方法提高工作效率和管理水平，并与实践经验有机地结合起来，逐步采用现代化的技术手段和管理手段，以取得最佳的管理效果。

5. 综合治理的原则

消防安全管理在其管理方式、管理手段、管理要素以及管理内容上都表现出较强的综合性质。消防安全管理不能单靠哪一个部门，也不能只使用某一种手段，要与行业、单位的整体管理统一起来；管理中不但要运用行政手段，还要运用法律、经济、技术和思想教育的手段进行治理；管理中要考虑各种有关安全的因素，展开综合治理。

（五）消防安全管理的目标

消防安全管理的过程就是从选择最佳消防安全管理目标开始到实现最佳消防安全管理目标的过程。最佳消防安全管理目标就是要在一定的条件下，通过消防安全管理活动将火灾发生的危险性和火灾造成的危害性降到最低程度。

世界上不存在绝对安全的单位、场所，也不能完全避免火灾事故的发生，在使用功能、运转时间等方面都正常的条件下，使火灾发生的频率降到最低、火灾造成的损失减少到最低限度或者达到社会公众所能容许的限度，即实现了消防安全管理工作的消防安全目标。

第二节 消防安全管理的基本方法

一、分级负责法

分级负责是指某项工作任务，单位或机关、部门之间，纵向层层负责，一级对一级负责，横向分工把关，分线负责，进而形成纵向到底，横向到边，纵横交错的严密的工作网络的一种工作方法。该方法在消防安全管理的工作实践中，主要有以下两种。

（一）分级管理

消防监督管理工作中的分级管理，是指对各个社会单位和居民的消防安全工作在公安机关内部根据行政辖区的管理范围、权限等，按照市公安局、县（区）公安（分）局和公安派出所分级进行管理。这种管理方法，通常按照所辖单位的行政隶属关系及保卫关系进行划分。中央和省所属的（企业）单位的消防安全工作亦由所在地的市、县公安机关分级进行管理。这样，市公安局、区（县）公安分局和公安派出所各级的管理作用能够充分发挥，使消防监督工作在各级公安机关内部的行政管理上，能够做到与其他治安工作同计划、同布置、同检查、同总结、同评比。使消防监督工作在公安机关内部形成一种上、下、左、右层层管理，层层负责的较严密的管理网络，使整个社会的消防安全工作，上至大的机关、厂矿、企业，下至农村和城市居民社区，都能得到有效地监督管理，从而督促各种消防安全制度和措施层层得以落实，达到有效预防火灾和保障社会消防安全的目的。为此，各区、县公安（分）局和公安派出所的领导同志，应该把消防监督工作作为一项重要任务抓紧抓好；市级公安机关消防机构要加强对区、县消防科、股的业务领导，及时帮助解决工作中的疑难问题，并在违章建筑的督察，街道居民社区，企业和商业摊点、集贸市场的消防监督上充分发挥分局和派出所的作用。真正使市局、分局和公安派出所各级都负起责任来。

（二）消防安全责任制

所谓消防安全责任制就是，政府、政府部门、社会单位、公民个人都要按照自己的法定职责行事，一级对一级负责。对机关、团体、企事业单位的消防工作而言，就是单位的法定代表人要对本单位的消防安全负责，法定代表人授权某项工作的领导人，要对自己主管内的消防安全负责。其实质就是逐级防火责任制。《消防法》第二条规定，消防工作按照"政府统一领导、部门依法监管、单位全面负责、公民积极参与"的原则，实行消防安全责任制。这就使消防安全责任制更具有法律依据。比如我们现在实行的省政府分管领导与各市分管领导，各市分管领导与区县分管领导，各区、县分管领导与各乡、镇分管领导层层签订消防安全责任状等，都是消防安全责任制的具体运用。

在实施消防安全管理的具体实践中，我们一定要遵循实行消防安全责任制的原则，充分调动机关、团体、企业、事业单位各级负责人的积极性，让他们把消防工作作为自己分内的工作抓紧抓好，并把本单位消防工作的好坏，作为评价其实绩的一项主要内容。要让单位的消防安全管理部门充分认识到，自己是单位的一个职能部门，是单位行政领导人的助手、参谋，摆正本部门与单位所属分厂、公司、工段、车间及其他部门的关系，将消防工作由保卫部门直接管理转变为间接督促检查和推动指导，把具体的消防安全工作交由下属单位的法定代表人去领导、去管理，用主要精力指导本单位的下属单位、部门，制定消防规章制度和措施，加强薄弱环节，深化工作层次，解决共性和疑难问题等。

公安机关消防机构应正确认识消防安全管理与消防监督管理二者的关系，扭转消防监督员包单位的做法，切实抓好自身建设。强化火灾原因调查和强化对火灾肇事者和违章肇事者的处理工作，强化建设工程防火审核的范围和层次，增强对易燃易爆危险品生产、储存、运输、销售和包装的监督管理，坚决废除火灾指标承包制，并切实提高消防监督人员的管理能力和执法水平，不要去大包大揽本是企业单位应该干的工作，真正使消防安全工作形成一个政府统一领导、部门依法监管、单位全面负责、公民积极参与的健全的社会化的消防工作网络。

二、重点管理法

重点管理法也就是抓主要矛盾的方法。是指在处理两个以上矛盾存在的事务时，用全力找出其主要的起着领导和决定作用的矛盾，进而抓住主要矛盾，化解其他矛盾，推动整个工作全面开展的一种工作方法。

由于消防安全工作是涉及各个机关、团体、工厂、矿山、学校等企事业单位和千家万户以及每个公民个人的工作，社会性很强，在开展消防安全管理中，也必须学会运用抓主要矛盾的领导艺术，从思维方法和工作方法上掌握抓主要矛盾的工作方法，以推动全社会消防安全工作的开展。

（一）专项治理

专项治理就是针对一个大的地区性各项工作或一个单位的具体工作情况，从中找出主要的起着领导和决定作用的工作，即主要矛盾，作为一个时期或者一段时间内的中心工作去抓的工作方法。这种工作方法若能运用的好，能够避免不分主次，一面平推，眉毛胡子一把抓的局面，从而收到事半功倍的效果。

如某省或某市一个时期以来，公众聚集场所存在的火灾隐患比较多，火灾事故比较突出，且损失大、伤亡大，那么，这个省或市就可以把公众聚集场所的消防工作作为上半年或下半年或某一季度的中心工作去抓，进行专项治理。

又如，麦收季节是我国北方中原地区麦场火灾的突出季节，如果这一时期的麦场防火工作落实不好，农民一年的辛勤劳动成果就会付之一炬，所以，麦收防火工作在每年的三夏期间就是这个地区消防工作的中心工作。

通过消防工作专项治理的实践，全国各地都有很多的经验，但在实践中也有一些值得注意的问题：

1. 要注意时间性和地域性

消防安全工作的中心工作，不同的时期和不同的地区是不同的。在执行中不能把某地区或某时期的中心工作硬套在另一时期或另一地区。如麦收防火就河北省而言，保定以南地区六月份是中心工作，而在张家口和承德地区就不一定是，因为这些地区气温较低，有的不种小麦，即使种植小麦六月份也未到收割季节。所以要注意专项治理内容的时间性和地域性，并贯彻条块结合，以块为主的原则。

2. 要保证专项治理的专一性

一个地区在一定的时间内只能有一个中心工作，不能有多个中心工作。也就是说，一个地区在一定时间内只能专项治理一个方面的工作，不可专项治理多个方面的工作，否则就不成其为专项治理。

3. 要注意专项治理时的综合治理

所谓综合治理，就是根据抓主要矛盾的原理，围绕中心工作协调抓好与之相关联的其他工作。因为火灾的发生是由多种因素构成的，如单位领导的重视程度、人们的消防安全意识、社会的政治情势等，哪一项工作没跟上或哪一个环节未搞好，都会成为火灾多发的原因。所以，在对某项工作进行专项治理时，在治理的内容上要千方百计地找出解决问题的主要矛盾和与之相联系的辅以第二位、第三位的其他矛盾。尤其要注意和发现克服薄弱环节，统筹安排辅以第二位、第三位的工作，使各项工作协调发展，全面加强。

4. 应注意专项治理与综合治理的从属关系问题

如在对消防安全工作专项治理时存在着与之相关联的治安工作、生产安全等工作又是治安综合治理的一项重要内容；在对治安工作、生产安全工作等进行专项治理时，消防工作又是治安综合治理的一项重要内容，不可把二者孤立起来、割裂开来。

（二）抓点带面

抓点带面就是领导决策机关，为了推动某项工作的开展，或完成某项工作任务，决策人员按照抓主要矛盾和调查研究的工作原理，带着要抓或推广的工作任务，深入实际，突破一点，取得经验（通常称为抓试点），然后利用这种经验去指导其他单位，进而考验和充实决策任务的内容，并把决策任务从面上推广开来的一种工作方法。这种工作方法既可以检验上级机关决策是否正确，又能够避免大的失误，还可以提高工作效率，以极小的代价取得最佳成绩。

消防安全工作，是社会性非常强的工作，对防火政令，消防措施的贯彻实施，大都宜采取以点带面的方法贯彻。如消防安全重点单位的管理方法、专职消防救援队伍的建立和措施的推广等，均宜采取抓点带面的方法。

抓点带面的方法通常有决策机关人员或领导干部深入基层，在工作实践中发现典型，着力培养和有目的的工作试点两种方法。推广典型的方法，通常有召开现场会推广、印发经验材料推广和召开经验交流会推广三种。如某省消防总队每年都召开一次全省的消防工作会议，在会上总结上一年的工作，布置下一年的工作任务，同时将各地市总结的经验材料一起在会上交流，这样既总结了上一年的工作，又布置了新的工作。同时也交流了各地的好经验，收到了较好的效果。但是，在抓典型时应注意：

①选择典型要准确、真实。培养典型不要拔苗助长，急于求成，要有计划、有安排，持之以恒地抓，典型树起来后就应一抓到底，树一个成熟一个，不可像黑熊掰玉米一样，掰一个、丢一个。

②对典型要关心、爱护、培养、帮助。

（三）消防安全重点管理

消防安全重点管理，是根据抓主要矛盾的工作原理，把在消防工作中的火灾危险性大，火灾发生后损失大、伤亡大、影响大，即对火灾的发生及火灾发生后的损失、伤亡、政治影响、社会影响等起主要的领导和决定作用的单位、部位、工种、人员和事项，作为消防安全管理的重点来抓，从而有效地防止火灾发生的一种管理方法。

无数火灾实例说明，一些单位发生火灾后，不仅会影响本单位的生产和经营，而且还会影响一个系统、一个行业、一个企业集团，甚至影响一个地区人民群众的生活和社会的安定。如一个城市的供电系统或燃气供气系统发生火灾，就不单是企业本身的事故，它会严重影响其他单位的生产和城市人民的生活、社会的安定；有些厂的产品是全国许多厂家的原料或配件，这个厂如果发生火灾而造成了停工停产，其影响会涉及全国的一个行业；如果其产品是出口产品，还会影响我们国家的声誉。此外，现在发展成立了很多具有一定规模的企业集团公司，他们都经营管理着很多甚至是跨地区的子公司等，其下属的消防重点单位一旦发生火灾，那么其整个集团公司的规模发展、经济效益及整个公司的形象和职工群众的安全都会受到影响。所以，我们要把这些火灾危险性大和发生火灾后损失大、伤亡大、影响大的单位作为消防安全工作的重点去管理。消防安全重点单位的工作抓好了，也就等于抓住了消防工作的主动权。同时，消防安全重点单位的消防工作做好了，对其他单位的消防工作也会有一定的辐射作用。这样，不但可以抓住消防工作的主要矛盾，而且还可以起到抓纲带目、以点带面、纲举目张的作用。因为消防重点单位消防安全工作管理的好坏，往往会直接影响到一个地区或一个城市人民的生产和生活，抓好了消防重点单位，也就抓住了消防工作的主要方面；同时，重点单位的消防工作做好了，对其他单位的消防安全工作就有一定的辐射作用。这样，不仅抓住了消防安全工作的主要矛盾，还可以起到抓纲带目，抓点带面的作用。消防重点单位消防工作的好坏，对一个地区或一个城市，火灾发生的多少，损失和伤亡及社会影响的大小，都有着决定性的作用。实践证明，只要抓好了消防安全重点单位的消防工作，就等于抓住了消防工作的主动权。因此，我们一定要强化消防重点单位的监督管理。

三、调查研究法

调查研究既是领导者必备的基本素质之一，又是实施正确决策的基础。调查研究的方法是管理者能否管理成功的最重要的工作方法。由于消防安全管理工作的社会性、专业性很强，所以在消防安全管理工作中调查研究方法的应用十分重要。加之目前社会主义市场经济的建立和发展，消防工作出现了很多新情况、新问题，为适应新形势，通过调查研究，研究新办法，探索新路子，也必须大兴调查研究之风，才能深入解决实际问题。

（一）消防安全管理中运用的调查研究方法

在消防安全管理的实际工作中，调查研究最直接的运用就是消防安全检查或消防监督检查。具体概括起来大体有以下几种方法。

1. 普遍调查法

普遍调查法是指对某一范围内所有研究对象不留遗漏地进行全面调查。如某市公安机关消防机构为了全面掌握"三资企业"的消防安全管理状况，他们组织调查小组对全市所属的所有"三资"企业逐个进行调查。通过调查发现该市"三资"企业存在的安全体制管理不顺，过分依赖保险，主观忽视消防安全等问题，并且写出专题调查报告，上报下发，有力地促进了问题的解决。

2. 典型调查法

典型调查法是指在对被调查对象有初步了解的基础上，依据调查目的不同，有计划地选择一个或几个有代表性的单位进行详细的调查，以期取得对对象的总体认识的一种调查方法。这种方法是认识客观事物共同本质的一种科学方法，只要典型选择正确，材料收集方法得当，作出的措施，就会有普遍的指导意义。如某市消防支队根据流通领域的职能部门先后改为企业集团，企业性职能部门也迈出了政企分开的步伐的实际情况，及时选择典型对部分市县（区）两级商业、物资、供销、粮食等部门进行了调查，发现其保卫机构、人员和保卫工作职能都发生了变化，对此，他们认真分析了这些变化给消防工作可能带来的有利和不利因素，及时提出了加强消防立法，加强专职消防救援队伍建设，加强消防重点单位管理和加强社会化消防工作的建议和措施。《人民消防报》还以《在变化中闯新路》为题刊登了这篇调查报告，引起了消防监督管理战线和有关方面的重视和关注。

3. 个案调查法

个案调查法就是把一个社会单位（一个人、一个企业、一个乡等）作为一个整体进行尽可能全面、完整、深入、细致地调查了解。这种调查方法属于集约性研究，探究的范围比较窄，但调查的深透，得到的资料也较为丰富。实质上这种调查方法，在消防安全管理工作中的火灾原因调查和具体深入到某个企业单位进行专门的消防监督检查等都是最具体、最实际的运用。如果在对一个企业单位进行消防监督检查时，可最直观地发现企业单位领导对消防安全工作的重视程度，职工的消防安全意识，消防制度的落实，消防组织建设和存在的火灾隐患、消防安全违法行为及整改落实情况等。

4.抽样调查法

抽样调查法就是指从被调查的对象中，依据一定的规则抽取部分样本进行调查，以期获得对有关问题的总的认识的一种方法。如《消防法》第十条、第十一条分别规定，按照国家工程建设消防技术标准需要进行消防设计的一般建设工程，建设单位应当自依法取得施工许可之日起七个工作日内，将消防设计文件报公安机关消防机构备案，公安机关消防机构应当进行抽查；通常建设工程竣工后，建设单位在验收后应当报公安机关消防机构备案，公安机关消防机构应当进行抽查，经依法抽查不合格的，应当停止使用。这些都是具体运用抽样调查法的法律依据。

再如，对签订消防责任状这种工作措施的社会效果如何，不太清楚，某公安机关消防机构有重点地深入到有关乡、镇、村和有关主管部门的重点单位开展调查研究，通过调查发现，消防责任状仅仅是促使人们做好消防工作的一种行政手段，不是万能的、永恒的措施，它常常受到各种条件的制约，不能发挥其应有的作用，更不能使消防工作社会化持之以恒地开展下去。针对这一情况，采取相应对策，克服其不利因素，使消防工作得到了健康的发展。

（二）调查研究的要求

开展一次调查研究，实际也就是进行了一次消防安全检查。我们不仅要注意调查方法，还应注意调查时的技巧，否则也会影响调查的效果。

①要开调查会做讨论式调查，不能只凭一个人讲他的经验和方法，也不能只随便问一下子，不提出中心问题在会上作讨论，因为这样难以得出近于正确的结论。

②要让能深切明了问题的有关人员参加调查会，并要注意年龄、知识结构和行业。

③开调查会应注意人的数量不宜过多，也不宜过少，但至少应3人以上，以防囿于见闻，使调查了解的内容，不符合真实情况。

④要事先准备好调查纲目。调查人要按照纲目问题，会众口说。对不明了的、有疑问的要提起辩论。

⑤要亲身出马。担负指导工作的人，一定要亲身从事实际调查，要自己作记录，不能单靠书面报告，不能假手于人。

⑥要深入、细致、全面。在调查工作中要能够深切地了解一处地方或一个问题。要认真、细致、全面，不可走马观花，如蜻蜓点水一般。

以上调查研究的技术不但是在调查工作时应当注意，就是在进行消防安全检查时也是应当注意的。

四、"PDCA"循环工作法

PDCA 循环工作法就是领导或专门机关"将群众的意见（分散的不系统的意见）集中起来（经过研究，化为集中的系统的意见），又到群众中去做宣传解释，化为群众的意见，使群众坚持下去，见之于行动，并在群众行动中考验这些意见是否正确。然后再从群众中集中起来，再到群众中坚持下去，如此无限循环，一次比一次地更正确、更生动、更丰富"的工作方法。

因为消防安全工作的专业性很强，故此工作方法在公安机关消防机构通常称为专门机关与群众相结合。如某省消防总队，每年年终或年初都要召开全省的消防（监督管理）工作会议，总结全省公安机关消防机构上一年的工作，布置下一年的工作计划。其间分期、分批、分内容、分重点地深入到基层机构检查、了解工作计划的贯彻落实情况，及时检查指导工作和发现并纠正工作计划的不足点或存在的问题。每半年还要做工作小结，使全省公安机关消防机构的工作，有计划、有步骤、有规律、有重点、有一般，年年都有新的内容和新的起色。一般来讲，在运用此工作方法时可按以下四个步骤进行。

（一）制订计划（Plan）

制订计划，就是决策机关或决策人员根据本单位、本系统或本地区的实际情况，在向所属单位或广大群众或基层单位调查研究的基础上，将分散的不系统的群众或专家意见集中起来进行分析和研究，从而确定下一步的工作计划。如我们在制订全省或全市全年或半年的消防安全管理工作计划时，也都应在向基层人员或群众调查研究的基础上，经过周密而系统的研究之后，以作出具体的符合实际情况的实施计划和办法。

（二）贯彻实施（Do）

贯彻实施，就是将制订的计划向要执行的单位和群众进行贯彻，并向下级或"到群众中做宣传解释"，把上级的计划"化为群众的意见，使下级及其群众能够贯彻并坚持下去，见之于行动，并在下级和群众的实践中考验上级制订的计划或政策、办法和措施是否正确。我们部署的一个时期的工作任务，制定的消防安全规章制度，都应当向下级、向人民群众做宣传解释，让下级及下级的人民群众知道为什么要这样做，应当如何做，把上级政府或消防监督机关制定的方针政策、防火办法、规章制度变为群众的自觉行动。比如我们利用广播、电视、刊物、报纸开展的各种消防安全宣传教育活动，举办各种消防安全培训班等都是向群众做宣传解释的最具体的运用。如河北省消防总队还总结出了"预防为主，宣传先行"的经验，这些都是很可贵的。

（三）检查督促（Check）

检查督促，就是决策机关或决策人员，要持续深入到基层单位，检查计划、办法和措施的执行情况，查看哪些执行了，哪些执行的不够好，为什么？这些计划、办法和措施通过实践途径的检验，是否正确，还存在哪些不足和问题，把好的做法向其他单位推广，把问题带回去，作进一步的改进和研究，对一些简单的问题可以就地解决。对实践证明是正确的计划、办法和措施由于认识或其他原因没有落实好的单位或个人，给予检查和督促。如我们经常运用的消防监督检查即是很好的实践。

（四）总结评价（Act）

总结评价，就是决策机关或决策人员将所制订的计划、办法的贯彻落实情况，进行总结分析和评价。其方法是通过深入群众、深入实际，了解下级或群众对计划和办法的意见和实施情况，并把这些情况汇总起来进行分析和评价。对实践证明是正确的，要继续坚持，抓好落实。对不正确的予以纠正，对有欠缺的方面进行补充和提高，对执行好的单位和个人给予表彰和奖励，对实践证明是正确的而又不认真执行和落实的单位和个人给予批评，对导致不良影响的给予纪律处罚。

最后，根据总结评价情况，提出下一步的工作计划，再到群众和工作实际中贯彻落实，从而进入下一个工作循环。如次无限循环，一次比一次地更正确、更深动、更丰富。这是消防安全管理决策人员应当掌握的最基本的管理艺术。

五、消防安全评价法

消防安全评价也称火灾危险评价，就是对生产过程或某种操作过程的固有的或潜在的火灾危险性，以及对这些危险性可能造成的后果的严重性开展识别、分析和评估，以设定的指数、级别或概率对所评估的系统或某项操作的火灾危险性给以量化的处理，并确定其发展的概率和危险程度，以寻求最低的火灾事故率、最少的火灾损失和人员伤亡及最经济、合理及有效的安全对策的消防安全管理方法。

（一）消防安全评价的意义

对具备火灾危险性的生产、储存、使用的场所、装置、设施进行消防安全评价是预防火灾事故的一个重要措施。是消防安全管理科学化的基础，是依靠现代科学技术预防火灾事故的具体体现。通过消防安全评价可以评价发生火灾事故的可能性及其后果的严重程度，并根据其制定有针对性的预防措施和应急预案，从而降低火灾事故的发生频率和损失程度。其意义主要表现在：

①可以系统地从计划、设计、制造、运行等过程中考虑消防安全技术和消防安全管理问题，找出易燃易爆物料在生产、储存和使用中潜在的火灾危险因素，提出相应的消防安全措施。

②可以对潜在的火灾事故隐患进行定性、定量的分析和预测，使系统建立起更加安全的最优方案，制定更加科学、合理的消防安全防护措施。

③可以评价设备、设施或系统的设计是否使收益与消防安全达到最合理的平衡。

④可以评价生产设备、设施系统或易燃易爆物料在生产、储存和使用中是否符合消防安全法律、法规和标准的规定。

（二）消防安全评价的分类

按照系统工程的观点，从消防安全管理的角度，消防安全评价可划分为以下几种。

1. 新建、扩建、改建系统以及新工艺的预先消防安全评价

新建、扩建、改建系统以及新工艺的预先消防安全评价，主要是在新项目建设之前，预先辨识、分析系统可能存在的火灾危险性，并针对主要火灾危险提出预防和减少火灾危险的措施，制订改进方案，使系统的火灾危险性在项目设计阶段就得以消除或控制。比如对有关新建、改建、扩建的基本建设项目（工程）、技术工改造程项目和引进的工程建设项目在初步设计会审前完成预评价工作。预评价单位应采用先进、合理的定性、定量评价方法，分析建设项目中潜在的火灾危险、危害性及其可能的后果，提出明确的预防措施。

2. 在役设备或运系统的消防安全评价

在役设备或运行系统的消防安全评价，主要是根据生产系统运行记录和同类系统发生火灾事故的情况以及系统管理、操作和维护状况，对照现行消防安全法规和消防安全技术标准，确定系统火灾危险性的大小，便于通过管理措施和技术措施提高系统的防火安全性。

3. 退役系统或有害废弃物的消防安全评价

退役生产系统的消防安全评价，主要是分析生产系统设备报废后带来的火灾危险性和遗留问题对环境、生态、居民安全、健康等的影响，提出妥善的消防安全对策。有害废物的消防安全评价内容，主要是火灾事故风险评价等。因为有害废弃物的堆放、填埋、焚烧三种处理方式都与热安全有关。例如，焚烧处理既可能发生着火、爆炸事故，也可能发生毒气、毒液泄漏事故；填埋处理则需考虑底部渗漏、污染地下水，易燃、易爆、有害气体从排气孔溢散，也可能发生着火、爆炸或掀顶事故；堆放虽然是一种临时性处置，但有时因拖至很久而得不到进一步处理，堆放的废弃物中易燃、易爆、有害物质也会引发着火、爆炸、中毒事故等。

4. 易燃易爆危险物质的消防安全评价

易燃易爆危险物质的危险性主要包括火灾危险性、人体健康和生态环境危险性以及腐蚀危险性等。对易燃易爆危险物质的消防安全评价主要是通过试验方法测定或是通过计算物质的生成热、燃烧热、反应热、爆炸热等，预测物质着火爆炸的危险性。易燃易爆危险物质消防安全评价的内容除一般理化特性外，还包括自燃温度、最小点火能量、爆炸极限、燃烧速度、爆速、燃烧热、爆炸威力、起爆特性等。因为使用条件不同，对易燃易爆危险物质的消防安全评价和分类也有多种方法。

5. 系统消防安全管理绩效评价

消防安全管理绩效是指单位根据消防安全管理的方针和目标在控制和消除火灾危险方面所取得的可测量的成绩和效果。这种评价主要是依照国家有关消防安全的法律、法规和标准，从生产系统或单位的安全管理组织，安全规章制度，设备、设施安全管理，作业环境管理等方面来评价生产系统或单位的消防安全管理的绩效。通常采用以安全检查表为依据的加权平均计值法或直接赋值法，此种方法目前在我国企业消防安全评价中

应用最多。通过对系统消防安全管理绩效的评价，可以确定系统固有火灾危险性的受控程度是否达到规定的要求，进而确定系统消防安全的程度或水平。

（三）消防安全评价方法

目前，可以用于生产过程或设施消防安全评价的方法有安全检查表法、火灾爆炸危险指数评价法、危险性预先分析法、危险可操作性研究法，故障类型与影响分析法、故障树分析法、人的可靠性分析法、作业条件危险性评价法、概率危险分析法等，已达到几十种。按照评价的特点，消防安全评价的方法可有定性评价法、着火爆炸危险指数评价法、概率风险评价法和半定量评价法等几大类。在具体运用时，可根据评价对象、评价人员素质和评价的目的进行选择。

1. 定性评价法

定性评价法主要是根据经验和判断能力对生产系统的工艺、设备、环境、人员、管理等方面的状况进行定性的评价。此类评价方法主要有列表检查法（安全检查表法）、预先危险性分析法、故障类型和影响分析法以及危险可操作性研究法等。这类方法的特点是简单、便于操作，评价过程及结果直观，当前在国内外企业消防安全管理工作中被广泛使用。但是这类方法含有相当高的经验成分，带有一定的局限性，对系统危险性的描述缺乏深度，不同类型评价对象的评价结果没有可比性。

2. 指数评价法

指数评价法主要有美国道（DOW）化学公司的火灾爆炸指数评价法，英国帝国化学公司蒙德工厂的蒙德评价法，日本的六阶段危险评价法和我国化工厂危险程度分级方法等。该评价方法操作简单，避免了火灾事故概率及其后果难以确定的困难，使系统结构复杂、用概率难以表述其火灾危险性单元的评价有了一个可行的方法，是目前应用较多的评价方法之一；该评价方法的缺点是：评价模型对系统消防安全保障体系的功能重视不够，特别是易燃易爆危险物质和消防安全保障体系间的相互作用关系未予考虑。各因素之间均以乘积或相加的方式处理，忽视了各因素之间重要性的差别；评价自开始起就用指标值给出，使得评价后期对系统的安全改进工作较困难；指标值的确定只和指标的设置与否有关，而与指标因素的客观状态无关等，造成易燃易爆危险物质的种类、含量、空间布置相似而实际消防安全水平相差较远的系统评价结果相近。该评价法目前在石油、化工等领域应用较多。

3. 火灾概率风险评价法

火灾概率风险评价方法是根据子系统的事故发生概率，求取整个系统火灾事故发生概率的评价方法。本方法系统结构简单、清晰，相同元件的基础数据相互借鉴性强，这种方法在航空、航天、核能等领域得到了广泛应用。另一方面，该方法要求数据准确、充分，分析过程完整，判断和假设合理。但该方法需要取得组成系统各子系统发生故障的概率数据，当下在民用工业系统中，这类数据的积累还很不充分，是使用这一方法的根本性障碍。

4. 重大危险源评价法

重大危险源评价方法分为固有危险性评价与现实危险性评价，后者是在前者的基础上考虑各种控制因素，反映了人对控制事故发生和事故后果扩大的主观能动作用。固有危险性评价主要反映物质的固有特性、易燃易爆危险物质生产过程的特点和危险单元内、外部环境状况，分为事故易发性评价和事故严重度评价两种。事故的易发性取决于危险物质事故易发性与工艺过程危险性的耦合。易燃、易爆、有毒重大危险源辨识评价方法填补了我国跨行业重大危险源评价方法的空白，在事故严重度评价中建立了伤害模型库，采用了定量的计算方法，使我国工业火灾危险评价方法的研究从定性评价进入定量评价阶段。实际应用表明，使用该方法得到的评价结果科学、合理，符合中国国情。

因为消防安全评价不仅涉及技术科学，而且涉及管理学、伦理学、心理学、法学等社会科学的相关知识，评价指标及其权值的选取与生产技术水平、管理水平、生产者和管理者的素质以及社会和文化背景等因素密切相关。因此，每种评价方法都有一定的适用范围和限度。目前，国外现有的消防安全评价方法主要适用于评价具有火灾危险的生产装置或生产单元发生火灾事故的可能性和火灾事故后果的严重程度。

（四）消防安全评价的基本程序

消防安全评价的基本程序主要包含如下四个步骤。

1. 资料收集

就是根据评价的对象和范围，收集国内外相关法规和标准，了解同类设备、设施及生产工艺和火灾事故情况；评价对象的地理、气象条件及社会环境状况等。

2. 火灾危险危害因素辨识与分析

就是根据所评价的设备、设施或场所地理、气象条件、工程建设方案、工艺流程、装置布置、主要设备和仪表、原材料、中间体、产品的理化性质等，辨识和分析可能发生的事故类型、事故发生的原因和机理。

3. 划分评价单元，选择评价方法

在上述危险分析的基础上，划分、评价单元，按照评价目的和评价对象的复杂程度选择具体的一种或多种评价方法，对发生事故的可能性和严重程度进行定性或定量评价，并在此基础上进行危险分级、以确定管理的重点。

4. 提出降低或控制危险的安全对策

就是依据消防安全评价和分级结果，提出相应的对策措施。对于高于标准的危险情况，采取坚决的工程技术或组织管理措施，降低或控制危险状态。对低于标准的危险情况，属于可接受或允许的危险情况，应建立监测措施，防止因生产条件的变更而导致危险值增加；对不可能排除的危险情况，应采取积极的预防措施，并根据潜在的事故隐患提出事故应急预案。

（五）消防安全评价的基本要求

消防安全评价是一项非常复杂和细致的工作，为避免不必要的弯路，在具体实施评价时，还应该做好以下几点。

1. 要由技术管理部门具体负责，并要注意听取专家的意见

无论是否在评价细节上求助于顾问或专业人员，消防安全评价过程都应由单位的技术管理部门具体负责，并认真考虑具有实践经验与知识的员工代表的意见。对复杂工艺或技术的消防安全评价，要认真听取专家的意见，并应确保其对特定的作业活动有足够的了解，要确保每一相关人员（管理人员、员工及专家）的有效参与。

2. 确定危险级别应与危险实际状况相适应

评价对象的危险程度决定了消防安全评价的复杂程度，故消防安全评价中危险级别的确定应与实际危险状况相适应。对于只产生少量或简单危险源的小型企业单位，消防安全评价可以是一个非常直接的过程。该过程可以资料判断和参考合适的指南（如政府管理机构、行业协会发布的指南等）为基础，不一定都要复杂的过程与技能以进行评价。但对于危险性大、生产规模大的作业场所应采用复杂的消防安全评价方法，尤其是复杂工艺或新工艺，应尽可能采用定量评价技术。

为此，单位首先应进行粗略的评价，以发现哪些地方需要进行全面的评价，哪些地方需要采用复杂的技术（如对化学危险品监测）等，进而略去那些不必要的评价步骤，增加评价的针对性。

3. 做到全面、系统、实际

消防安全评价并没有固定的规则，无论采取什么样的方法，都得依赖于生产的本质以及危险源和风险的类型等。必须用系统科学的思想和方法，对"人、机、环境"三个方面进行全面系统的分析和评价，然而重要的是做到以下几点。

①全面要确保生产活动的各个方面都得到评价，包括常规和非常规的活动等。评价过程应包括生产活动的各个部分，包括那些暂时不在监督管理范围之内的作为承包方外出作业的员工、巡回人员等。

②系统要保证消防安全评价活动的系统性，可通过按机械类、交通类、物料类等分类方式来寻找危险源；或者按地理位置将作业现场划分为几个不同区域；或采取一项作业接一项作业的方法来寻找危险源。

③实际因为现场实际情况有时可能与作业手册中的规定有所不同，所以在具体进行评价时，要注意认真查看作业现场和作业时的实际情况，以保证消防安全评价活动的实用性。

4. 消防安全评价应当定期进行

企业的生产情况是不断变化的，因而消防安全评价也不应是一劳永逸的，故应当根据企业的生产状况定期进行。根据国家《安全生产法》的规定，生产、储存、使用易燃易爆危险品的装置，通常每2年应进行1次消防安全性评价。由于具有剧毒性易燃易爆

危险品一旦发生事故可能造成的伤害和危害更严重，且相同剂量的危险品存在于同一环境，造成事故的危害会更大。因此，对剧毒性易燃易爆危险品应每年进行 1 次。

5. 消防安全评价报告应当提出火灾隐患整改方案

对消防安全评价中发现的生产、储存装置中存在的火灾隐患，在出具消防安全评价报告时，应当提出整改方案。当发现存在不立即整改即会导致火灾事故的现实火灾危险时，应当立即停止使用，予以更换或者修复，并采取相应的消防安全措施。

6. 对消防安全评价的结果应当形成文件化的评价报告

由于消防安全评价报告所记录的是安全评价的过程和结果，并包括了对于不合格项提出的整改方案、事故预防措施及事故应急预案。所以对消防安全评价的结果应当形成文件化的评价报告，并且报所在地县以上人民政府负责消防安全监督管理工作的部门备案。

第三节　消防安全的重点管理

一、消防安全重点单位管理

消防安全重点单位是指发生火灾可能性较大以及发生火灾可能造成重大的人身伤亡或者财产损失的单位。公安机关消防机构受理本行政区域内消防安全重点单位的申报，将确定为消防安全重点的单位，由公安机关报本级人民政府备案。

（一）确定消防安全重点单位的条件

确定消防安全重点单位的条件，通常包含以下 10 个方面。

①人员密集场所。

②国家机关。

③广播电台、电视台和邮政、通信枢纽。

④客运车站、码头、民用机场。

⑤档案馆以及具有火灾危险性的文物保护单位。

⑥发电厂（站）和电网经营企业。

⑦易燃易爆危险品的生产、充装、储存、供应、销售单位。

⑧重要的科研单位。

⑨高层办公楼（写字楼）、高层公寓楼等高层公共建筑，城市地下铁道、地下观光隧道等地下公共建筑和城市重要的交通隧道，粮、棉、木材、百货等物资集中的大型仓库和堆场，国家和省级等重点工程的施工现场。

⑩其他发生火灾可能性较大以及万一发生火灾可能造成重大人身伤亡或者财产损失的单位。

消防安全重点单位的具体标准应当按照省、自治区、直辖市人民政府公安机关制定并公布的标准执行。

（二）消防安全重点单位的界定标准

消防安全重点单位的确定应当根据发生火灾的危险性以及万一发生火灾的危害后果和当地的经济发展情况来界定。

1. 人员密集场所

①建筑面积在 $1000m^2$（含本数，下同）以上并且经营可燃商品的商场（商店、市场）。

②客房数在 50 间以上的宾馆（旅馆、饭店）。

③公共的体育场（馆）、会堂。

④建筑面积在 $200m^2$ 以上的公共娱乐场所。

⑤住院床位在 50 张以上的医院。

⑥老人住宿床位在 50 张以上的养老院。

⑦学生住宿床位在 100 张以上的学校。

⑧幼儿住宿床位在 50 张以上的托儿所、幼儿园。

⑨生产车间员工在 100 人以上的服装、鞋帽、玩具等劳动密集型企业。

2. 党委、人大、政府、政协和群众团体机关

①县级以上的党委、人大、政府、政协机关。

②人民检察院、人民法院机关。

③中央和国务院各部委机关。

④共青团中央、全国总工会、全国妇联的办事机关。

3. 广播、电视和邮政、通信枢纽

①广播电台、电视台。

②城镇的邮政、通信枢纽单位。

4. 客运车站、码头、民用机场

①候车厅、候船厅的建筑面积在 $500m^2$ 以上的客运车站和客运码头。

②民用机场。

5. 公共图书馆、展览馆、博物馆、档案馆以及具有火灾危险性的文物保护单位

①建筑面积在 $2000m^2$ 以上的公共图书馆、展览馆。

②公共博物馆、档案馆。

③具备火灾危险性的县级以上文物保护单位。

6. 易燃易爆危险品的生产、充装、储存、供应、销售单位

①生产易燃易爆危险品的工厂。

②易燃易爆气体和液体的灌装站、调压站。

③储存易燃易爆危险品的专用仓库（堆场、储罐场所）。

④营业性汽车加油站、加气站，液化石油气供应站（换瓶站）。

⑤营销易燃易爆危险品的化工商店（其界定标准及其他需要界定的易燃易爆化学物品性质的单位及其标准，由省级公安机关消防机构根据实际情况确定）。

7. 高层公共建筑、地下铁道、地下观光隧道，粮、棉、木材、百货等物资仓库和堆场，重点工程的施工现场

①高层公共建筑的办公楼（写字楼）、公寓楼等。

②城市地下铁道、地下观光隧道等地下公共建筑和城市重要的交通隧道。

③国家储备粮库、总储量在 10000t 以上的其他粮库。

④总储量在 500t 以上的棉库。

⑤总储量在 10000m³ 以上的木材堆场。

⑥总储存价值在 1000 万元以上的其他可燃物品仓库、堆场。

⑦国家和省级等重点工程的施工现场。

（三）消防安全重点单位管理的基本措施

1. 确定消防安全责任人、管理人和管理工作归口的职能部门

任何一项工作目标的实现，都不能缺少具体负责人和负责部门的实施，否则，该项工作将无从落实。消防安全重点单位的管理工作也不能例外。当前许多单位未设置或确定消防安全管理工作归口管理职能部门，消防安全管理分工不明，职责不清，权责分离，各项消防安全制度和措施难以真正落实，都与此有关。消防安全重点单位应当设置或者确定消防工作的归口管理职能部门，并确定专职或者兼职的消防管理人员。消防安全重点单位归口管理的职能部门和专兼职消防管理人员，应当在消防安全管理人的领导下（没有确定消防安全管理人的，在消防安全责任人领导下）具体开展消防安全管理工作，做到分工明确，责任到人，各尽其职，各负其责，形成一种科学、合理的消防安全管理机制，确保消防安全责任、消防安全制度和措施落到实处。

为了让符合《消防安全重点单位界定标准》的单位自觉"对号入座"，保障当地公安消防机关及时掌握本辖区内消防安全重点单位的基本情况，消防安全重点单位还必须将已明确的本单位的消防安全责任人、消防安全管理人报当地公安机关消防机构备案，便于按照消防安全重点单位的要求进行严格管理。

2. 建立防火档案

（1）消防安全重点单位建立消防档案的作用

建立消防档案是保障单位消防安全管理工作以及各项消防安全措施落实的基础工作，是对消防安全重点单位进行管理的一项重要措施。通过档案对各项消防安全工作情况的记载，能够检查单位相关岗位人员履行消防安全职责的实施情况，强化单位消防安全管理工作的责任意识，有利于推动单位的消防安全管理工作朝着规范化、制度化的方向发展。

（2）消防档案应当包括的主要内容

消防档案的内容主要应当包含消防安全基本情况和消防安全管理情况两个方面。

①消防安全基本情况。消防安全重点单位的消防安全基本情况主要包括以下方面。

第一，单位基本概况。主要包括：单位名称、地址、电话号码、邮政编码、防火责任人，保卫、消防或安全技术部门的人员情况和上级主管机关、经济性质、固定资产、生产和储存的火灾危险性类别及数量，总平面图、消防设备和器材情况、水源情况等。

第二，消防安全重点部位情况。主要包括：火灾危险性类别、占地和建筑面积、主要建筑的耐火等级及重点要害部位的平面图等。

第三，建筑物或者场所施工、使用或者开业前的消防设计审核、消防验收以及消防安全检查的文件、资料。

第四，消防管理组织机构和各级消防安全责任人。

第五，消防安全制度。主要包括：火源管理制度、动火审批制度、特殊工种防火制度、职工防火教育制度等消防安全管理制度。

第六，消防设施、灭火器材情况。

第七，专职消防救援队伍、志愿消防救援队伍及其消防装备配备情况。

第八，与消防安全有关的重点工种人员情况。

第九，新增消防产品、防火材料的合格证明材料。

第十，灭火和应急疏散预案等。

②消防安全管理情况。消防安全重点单位的消防安全管理情况主要包括以下方面。

第一，公安消防机关填发的各种法律文书。

第二，消防设施定期检查记录、自动消防设施全面检查测试的报告及维修保养的记录。

第三，历次防火检查、巡查记录。主要包含：检查的人员、时间、部位、内容，发现的火灾隐患（特别是重大火灾隐患情况）以及处理措施等。

第四，有关燃气、电气设备检测。主要包括：防雷、防静电等记录资料。

第五，消防安全培训记录。应当记明培训的时间、参加人员、内容等。

第六，灭火和应急疏散预案的演练记录。应当记明演练的时间、地点、内容、参加部门以及人员等。

第七，火灾情况记录。包括历次发生火灾的损失、原因及处理情况等。

第八，消防奖惩情况记录等。

（3）建立消防档案的要求

①凡是消防安全重点单位都应当建立健全消防档案。

②消防档案包括（消防安全基本情况和消防安全管理情况）的内容应当齐全。

③内容记录应当翔实，全面反映单位消防工作的基本情况，并且附有必要的图表，根据情况变化及时更新。

④单位应当对消防档案统一保管、备查。

⑤消防安全管理部门应当熟悉掌握本单位防火档案情况，并将每次消防安全检查情

况和发生火灾的情况记入档案。

⑥防火档案建立后要切实加强管理，根据发展变化的实际情况经常充实、变更档案内容，使防火档案及时、正确地反映单位的客观情况。

⑦非消防安全重点单位亦应当将本单位的基本概况、公安机关消防机构填发的各种法律文书、与消防工作有关的材料和记录等统一保管备查。

3. 实行每日防火巡查

防火巡查制度就是指定专门人员负责防火巡视检查，便于及时发现火灾苗头，扑救初期火灾。

①员工遵守消防安全制度情况，纠正违章、违纪行为。

②安全出口、疏散通道是否畅通无阻，安全疏散标志是否完好。

③各类消防设施、器材是否在位，是否完整好用，是否处于正常运行状态。

④及时发现火灾隐患并妥善处置。

防火巡查的要求如下。

①公众聚集场所在营业期间的防火巡查应当至少每两小时一次。

②营业结束时应当对营业现场进行检查，消除遗留火种。

③医院、养老院、寄宿制的学校、托儿所、幼儿园应当加强夜间防火巡查（其他消防安全重点单位可以结合实际组织夜间防火巡查）。

④防火巡查人员应当及时纠正违章行为，妥善处置火灾危险，无法当场处置的，应当立即报告，发现初起火灾应当立即报警并及时扑救。

⑤防火巡查应当填写巡查记录，巡查人员及其主管人员应该在巡查记录上签名。

4. 员工进行消防安全培训

消防安全重点单位应当全员进行消防安全培训，对每名员工应当至少每年进行一次消防安全培训。其中公众聚集场所对员工的消防安全培训应当至少每半年进行一次。新上岗和进入新岗位的员工上岗前应再进行消防安全培训。

培训内容应当包含有关消防法规、消防安全制度和保障消防安全的操作规程；本单位、本岗位的火灾危险性和防火措施；有关消防设施的性能、灭火器材的使用方法；报火警、扑救初起火灾以及自救逃生的知识和组织、引导在场群众疏散的知识和技能等。

5. 制订灭火和应急疏散预案

为切实保证消防安全重点单位的安全，在抓好防火工作的同时，还应做好充分的灭火准备，制订周密的灭火和应急疏散预案。

（1）灭火和应急疏散预案的主要内容

灭火和应急疏散预案的主要内容应当包含以下几点。

①组织机构，包括：灭火行动组、通信联络组、疏散引导组、安全防护救护组。

②报警和接警处置程序。

③应急疏散的组织程序和人员疏散疏导路线等措施。

④各级各岗位的职责分工，扑救初起火灾的程序和措施。

⑤通信联络、安全防护救护的程序以及其他特定的防火灭火措施和应急措施等。

（2）制订灭火和应急疏散预案的程序

①明确消防安全重点单位和部位。

②预测火灾条件下的着火面积和燃烧周长。

③确定灭火战术和应急疏散措施。如各种火灾情况下的进攻路线、工艺灭火措施（关阀、断料、排空、放空等）；人员、物资的疏散、疏导路线、方法及防毒、排烟计划等。

④确定灭火战斗力量，包括所需人员和灭火剂的数量及消防车和灭火器材的数量等。

⑤填写灭火预案和绘制灭火应急疏散预案图。

（3）制订灭火和应急疏散预案的要求

为了增强人们的消防安全意识，熟悉消防设施、器材的位置和使用方法，以更有效地保护人员的生命和财产的安全。

①应当按照灭火和应急疏散预案定期进行实际的操作演练，一般至少每半年进行一次，并结合实际，不断完善预案。

②其他单位应当结合本单位实际，参照制订相应的应急方案，至少每年组织一次演练。

③消防演练时，应当设置明显标志，并事先告知演练范围内的人员。

（四）消防安全重点单位验收标准

消防安全重点单位一经确定，本单位和上级主管部门就应有计划地、经常不断地进行消防安全检查，督促落实各项防火措施，使之达到消防安全重点单位消防安全"十项标准"的要求，具体内容如下。

1. 有领导负责的逐级防火责任制的验收标准

①单位各级行政领导都要对消防安全负责。单位的法定代表人是单位消防安全的第一责任人，应当全面负责本单位的消防安全工作，并且可确定一名副职为消防安全责任人，具体负责本单位的消防安全工作。分管其他工作的领导要负责分管范围内的消防安全工作。

②建立有领导负责的防火领导组织和逐级防火责任制，做到任务明确，层层负责。

③把消防安全列入领导议程，与生产和经营管理同计划、同布置、同检查、同总结、同评比。

2. 有生产岗位防火责任制的验收标准

①每个生产岗位都要有符合实际、切实可行的岗位防火责任制度。

②每个生产岗位的职工都要明确各自的防火责任区，明确本岗位的火灾危险性。

③每个岗位职工都能严格履行本岗位的防火责任，自觉地遵守消防安全规章制度和安全操作规程。

3. 有专职或兼职防火安全干部的验收标准

①轻工、纺织、商业、交通、化工、能源等工厂、企事业单位，应配备足够数量的专职防火干部，其他单位通常设兼职防火干部。

②专、兼职防火干部有明确的职责、任务和权限，做到熟悉业务、坚持原则、认真负责、积极工作。

③专职防火干部要保持相对稳定，变动时要事先征得上级主管部门和公安消防机关的同意。

4.有健全的消防安全制度的验收标准

①要建立健全各项消防安全制度，包含用火用电、易燃易爆危险物品管理、安全操作规程、防火安全检查、火灾隐患整改、火灾事故报告和调查处理、防火宣传教育、建筑防火送审、消防器材管理、消防安全奖惩等制度。

②制定各项消防安全制度要经过群众充分讨论，职工代表大会通过，作为单位规章公布执行。

③各项消防安全制度要符合实际，简要明确，要求合理，并教育职工自觉遵守，对违章现象要严肃处理。

5.对火灾隐患能及时发现和立案、整改的验收标准

①要有内容明确、责任清楚的厂月检查、车间周检查、班组日检查、职工班前班后检查的四级检查制度，并能坚持执行。

②消防安全检查要注意实际效果，能及时发现火灾隐患，并及时登记、整改。一时整改不了的重大火灾隐患要建档立案，限期整改，未整改前采用可靠的安全措施。

6.对消防重点部位做到定点、定人、定措施，并根据需要采用自动报警和灭火新技术的验收标准

①对重点部位要由本单位领导、保卫、安技部门和技术人员共同研究确定。

②重点部位有健全的消防规章制度、严格的防火安全措施和相应有效的消防设备、设施，并根据需要采取自动报警和灭火新技术。

③重点部位的防火责任落实到人。

7.对职工群众普及消防知识，对重点工种人员进行专门的消防训练和考核的验收标准

①对全体职工群众要经常进行消防知识教育，定期进行考核，将其列为评选先进、晋升级别的一项内容。

②对新工人和变换工种的工人都要进行消防安全教育，经考试合格后方能上岗操作。

③对电工、焊工、保管员和更夫等特殊工种人员要经常进行专业性的消防训练，定期进行考核，实行持证上岗制度。

④通过教育和训练，使每个职工达到"四懂""四会"要求，即懂得本岗位生产过程中的火灾危险性，懂得预防火灾的措施，懂得扑救火灾的方法，懂得逃生的方法；会报警，会使用消防器材，会扑救初期火灾，会自救。

8. 有防火档案和灭火预案的验收标准

①有健全的防火档案，做到内容完整、图字清晰，并且随时记载，管好用活。

②重点部位有扑救初期火灾的预案，并组织义务消防救援队伍和有关人员熟悉演练。

③对消防工作定期总结评比，奖惩严明其验收标准如下：

第一，把消防工作纳入单位总结、检查、评比之中，有明确的评比内容和条件，并把消防工作作为生产经营管理竞赛的一项内容。

第二，奖惩严明。对认真遵守消防规章制度，在消防安全工作中有显著成绩的单位和个人，要给予表扬和奖励；对违反消防规章制度的单位和个人，要进行批评教育、经济处罚或行政处分；对造成事故的单位和个人，要依法严肃处理。

单位应当将消防安全工作纳入内部检查、考核、评比内容。对在消防安全工作中成绩突出的部门（班组）和个人，单位应当给予表彰奖励。对未依法履行消防安全职责或者违反单位消防安全制度的行为，应当依照有关规定对责任人员给予行政纪律处分或者其他处理。

（五）消防安全重点单位管理的优化策略

1. 建立健全完善的消防安全监督制度

虽然从某方面而言，现阶段大部分消防安全重点单位现已提高了对消防安全管理工作的高度重视，但在落实过程中却始终未能做出明确改变，安全监督制度不健全、不完善现象仍十分普遍。从某方面来讲，消防安全管理监督制度的确立，不但能有效地提升员工和管理人员的消防安全意识，还能为后期人员消防安全工作的顺利开展提供战略指导，降低事故的影响力和破坏力。故此就目前来看，消防安全重点单位需立足当前发展实况，不断优化和完善消防监督制度。

2. 加强对人员的教育培训力度

人员作为消防安全重点单位生产和消防管理的主要实践者，自身安全意识的高低和管理能力的强弱，对于消防安全重点单位消防安全事故的控制力和处理能力具有决定性作用。但在现阶段消防安全重点单位规模化发展过程中，消防安全重点单位为满足国家相关部门对于人员配置的基本要求，在进行选拔时往往降低选拔标准，导致聘用人员自身能力和素养都与预期标准存在差距，长此以往消防安全管理工作的开展难以落实到位，消防安全事故的发生率也居高不下。就当前来看，为从根本上解决上述问题，消防安全重点单位需在不断提高人员选拔标准的基础上，建立一套适合消防安全重点单位长期发展的培训体系，当人员选拔工作结束后对他们进行系统化、专业化培训，由此来全面提升他们的专业技能和职业素养水平。

3. 完善安全疏散系统，制定科学合理的疏散道路

通过对大量调研数据进行分析可知，当消防安全事故发生后，安全通道就成为人们逃离火灾现场、保障生命财产安全的主要通道，所以从某方面而言，消防安全重点单位安全疏散通道设置是否合理，对于消防安全工作的开展具有重要意义，更在重要时刻起

到了决定性作用。但目前来看，由于消防安全重点单位受传统发展理念和管理理念根深蒂固的影响，管理人员缺乏对"安全通道"重要性的高度认知，在生产过程中往往将产品堆积到安全通道处，不仅导致在火灾发生后救援工作难以有效开展，最主要是因为大部分产品属于易燃物，更增加了火灾事故的影响力和破坏力，因此在日常管理过程中，确保安全疏散系统管理工作的有效落实是十分重要的。除此之外，为能够使消防安全重点单位正常有序经营，降低财产损失和人员伤亡，消防安全重点单位还要制定科学合理的疏散道路，即相关人员要从消防安全重点单位的实际情况出发，通过综合考量消防安全重点单位的日常人流量，计算每个疏散口的距离和位置，确保道路制定的规范合理性，由此当消防安全重点单位发生火灾时，人们可以通过各个疏散通道迅速逃生。

4.加强对消防智能化产品质量监管力度

在信息化产业时代背景下，科学技术的不断发展和广泛应用为各行各业的发展注入了新的动力，其中在消防安全管理中，智能化消防安全管理产品的使用，在提高消防安全管理工作质量的同时，对维持社会稳定也具有重要意义。就目前来看，为确保消防智能化产品应用效益的最大化发挥，消防安全重点单位需明确消防产品智能化质量监管的内容，确保各项管理工作的落实，具体而言就是 —— 明确消防产品的质量标准，确保产品生产符合《中华人民共和国消防法》中的相关规定；明确消防产品市场准入制度，避免不合格产品流入市场；明确消防产品的监督检查主体，保证质检部门、工商部门、公安机关消防机构责任与义务的有效落实。

简而言之，消防安全重点单位内部结构的复杂性导致消防监督管理面临着巨大挑战，故此为从根本上确保消防安全重点单位消防安全监督管理工作落实到位，消防安全重点单位不仅需要建立健全完善的监督管理机制、构建科学有效的培训体系，与此同时还要将保险机制引入智能化产品监管中，并确保各项监管工作落实到实处，由此将财产损失和人员伤亡控制在可控范围内。

二、消防安全重点部位管理

在一座城市、一个系统、一个行业或一个企业集团，有其消防安全重点单位，在一个重点单位也有重点和一般的区分；对一个普通单位来讲，也并非没有重点。我们在抓消防安全重点单位管理的同时，还应抓好重点部位的消防安全管理；在抓消防安全重点部位管理时，应首先抓好消防安全重点单位的重点部位，其次是抓好一般单位的重点部位。这就是说，抓了重点单位不能忘记抓一般单位，而抓一般单位应主要抓好重点防火部位。

（一）消防安全重点部位的确定

按照发生火灾的危险性和发生火灾后的影响，下列部位应确定为消防安全重点部位。

①容易发生火灾的部位。单位容易发生火灾的部位主要是指：生产企业的油罐区、

储存易燃易爆危险品的仓库、生产工艺流程中易出现险情的部位等火灾危险性较大，或发生火灾危害性大的部位。比如，化工生产设备间、化验室、油库、化学危险品库，可燃液体、气体和氧化性气体的钢瓶、储罐库，液化石油气储配站、供应站，氧气站、乙炔站、煤气站、加油加气站，油漆、喷漆、烘烤、电气焊操作间、木工间、汽车库等。

②一旦发生火灾会影响全局的部位。单位内部与火灾扑救密切相关的配电房、消防控制室、消防水泵房、消防电梯机房等部位。如变配电所（室）、生产总控制室、电子计算机房、燃气（油）锅炉房、档案资料室、贵重仪器、设备间等。

③物资集中场所。贵重物品室、档案资料室、精密仪器室等部位。如各种库房、露天堆场，使用或存放先进技术设备的实验室、车间、储藏室等。

④人员密集场所。人员聚集的厅、室、疏散通道、舞台等部位，以及发生火灾后影响人员安全疏散的部位等。如礼堂（俱乐部、文化宫）、托儿所、幼儿园、集体宿舍、医院病房等。

具备上述特征的部位都与单位的消防安全密切相关，必须采取严格的措施加强管理，确保消防安全。单位要结合实际将容易发生火灾的部位确定为消防安全的重点部位进行管理。

（二）消防安全重点部位管理的基本措施

①对消防安全重点部位的管理，单位领导和安全保卫部门以及技术人员，应该从单位的实际出发，共同研究和确定，并填写重点部位情况登记表，存入消防档案，并报上级主管部门备案。

②重点部位应有责任明确的防火责任制，建立必要的消防安全规章制度，任用政治可靠、责任心强、业务技术熟练、懂得消防安全知识、身体健壮的人员负责消防安全工作。

③要采取领导干部、工程技术人员和工人三结合的方法，具体研究和分析重点部位的火灾危险因素，明确危险点和控制点，落实火灾预防措施。

④对重点部位的重点工种人员，应进行消防安全知识的"应知应会"教育和防火安全技术培训。

⑤对消防安全重点部位的管理，要做到定点、定人、定措施，并根据场所的危险程度，采用自动报警、自动灭火、自动监控等消防技术设施。

⑥随着企业的改革与技术革新和工艺条件、原料、产品的变更等客观情况的变化，重点部位的火灾危险程度和对全局的影响也会因之发生变化，所以，对重点部位也应及时进行调整和补充，防止失控漏管。

三、消防安全重点工种管理

火灾事故的发生，从表面来看，似乎只是与直接责任人有关，但若做进一步的深入分析就可发现，直接原因是另外一些原因的结果，这其中就包含着管理方面的原因。由于操作人员的麻痹不慎或缺乏必要的知识，特别是在生产、储存操作中使用燃烧性能不同的物质和产生可导致火灾的各种着火源等，如果操作者违反了安全操作规程或不掌握安全防范事故的办法，常会导致火灾事故发生。加强对此类岗位操作工人和管理人员的消防安全管理，是防止和减少火灾的重要措施。

（一）消防安全重点工种的分类和火灾危险性特点

1. 消防安全重点工种的分类

消防安全重点工种按照不同岗位的火灾危险性程度和岗位的火灾危险特点，可大致分为以下三级。

（1）A 级工种

A 级工种是指引起火灾的危险性极大，在操作中稍有不慎或违反操作规程极易引起火灾事故的岗位。例如：可燃气体、液体设备的焊接、切割，超过液体自燃点的熬炼，使用易燃溶剂的机件清洗、油漆喷涂，液化石油气、乙炔气的灌瓶，高温、高压、真空等易燃易爆设备的操作等岗位均属此类工种。

（2）B 级工种

B 级工种是指引起火灾的危险性较大，在操作过程中不慎或违反操作规程容易引起火灾事故的岗位。例如，普通的烘烤、熬炼、热处理，氧气、压缩空气等乙类危险品仓库保管等岗位均属此类工种。

（3）C 级工种

C 级工种是指在操作过程中不慎或违反操作规程有可能造成火灾事故的岗位。比如，电工、木工、丙类仓库保管等岗位都属此类工种。

2. 消防安全重点工种的火灾危险性特点

消防安全重点工种的火灾危险性主要有以下特点。

①所使用的原料或生产的对象具有很大的火灾危险性。如乙炔、氢气生产，盐酸的合成，硝酸的氧化制取，乙烯、氯乙烯、丙烯的聚合等。这些生产岗位火灾危险性大，安全技术复杂，操作规程要求严格，一旦出现事故，将会造成不堪设想的后果。

②工作岗位分散，人员少，操作时间、地点灵活性大，哪里需要就到哪里去，什么时间需要就在什么时间进行，工作环境和条件一般都比较复杂，且出于岗位人手少，不利于迅速扑灭初起火灾。如电工、焊工、切割工、木工等都属于操作时间、地点不定、灵活性较大的工种，仓库保管的取货时间也是不固定的，这些岗位都是火灾发生概率比较大的工种。

（二）消防安全重点工种人员的消防安全管理

由于重点工种岗位具有较大的火灾危险性，因此，依据其工种岗位特点进行管理，是搞好消防安全工作的重要环节。重点工种人员既是宣传教育的重点对象，又是消防安全工作的依靠力量，对其管理应侧重以下两个方面。

1. 提高专业素质和消防安全素质

重点工种人员上岗前，要对其进行专业培训，使其全面熟悉岗位操作规程，系统地掌握消防安全知识，通晓岗位消防安全的"应知应会"内容。为达到这个要求，可采取以下管理办法。

（1）实行持证上岗制度

对操作复杂、技术要求高、火灾危险性大的岗位作业人员，企业生产和技术部门应组织他们实习和进行技术培训，经考试合格后才能上岗。电气焊工、电工、锅炉工、热处理等工种，要经考试合格取得操作证后才能上岗。平时对重点工种作业人员要进行定期考核、抽查或复试，对持证上岗的人员可建立发证与吊销证件相结合的制度。

（2）建立重点工种人员档案

为加强重点工种队伍的建设，提高重点工种人员的安全作业水平，应建立重点工种人员的个人档案，其内容既应有人事方面的，又应有安全技术方面的。对重点工种人员的人事概况以及事故等方面的记载，是对重点工种人员进行全面、历史的了解和考查的一种重要管理方法。这种档案有利于对重点工种的评价、选用和有针对性地再培训，有利于不断提高他们的业务素质。要充分发挥档案的作用，作为考查、评价、选用、撤换重点工种人员的基本依据；档案记载的内容，必须有严格的手续。安全管理人员可通过档案分析和研究重点工种人员的状况，为改进管理工作提供依据。

（3）抓好重点工种人员的日常管理

要定期组织重点工种人员的技术培训和消防知识学习，并制订切实可行的学习、训练和考核计划，研究和掌握重点工种人员的心理状态和不良行为，帮助他们克服吸烟、酗酒、上班串岗、闲聊等不良习惯，持续改善重点丁种的工作环境和条件，并将改善工作环境的工作纳入企业规划。

2. 制定和落实岗位消防安全责任制度

建立重点工种岗位责任制是企业消防安全管理的一项重要内容，也是企业责任制度的组成部分。建立岗位责任制的目的是使每个重点工种岗位的人员都有明确的职责，建立起合理、有效、文明、安全的生产和工作秩序，消除无人负责的现象。重点工种岗位责任制要同经济责任制相结合，并与奖惩制度挂钩，有奖、有惩，以使重点工种人员更加自觉地担负起岗位消防安全的责任。

（三）常见重点工种岗位人员的防火

1. 电焊工

①焊工未经学习和考核，无操作证，不可进行焊接和焊割作业；在非专门电、气焊操作场地进行作业，必须按动火审批制度的规定办理动火作业许可证。

②各种焊机应在规定的电压下使用，电焊前应检查焊机的电源线的绝缘是否良好，焊机应避雨雪、潮湿，放置在干燥处。

③焊机、导线、焊钳等接点应采用螺栓或螺母拧接牢固；焊机二次线路及外壳必须接地良好，接地电阻不小于 $1M\Omega$。

④开启电开关时要一次推到位，然后开启电焊机；停机时先关焊机再关电源开关；移动焊机时应先停机断电。焊接中突然停电，应立即关好电焊机；焊条头不得乱扔，应

放在指定的安全地点。

⑤电弧切割或焊接有色金属及表面涂有油品等物件时，作业区环境应良好，人要在上风处。

⑥作业中注意检查电焊机及调节器，温度超过60℃应冷却。发现故障、电线破损、熔丝一再烧断应停机维护，电焊时的二次电压不得偏离60～80V。

⑦盛装过易燃液体或气体的设备，未经彻底清洗和分析，不得动焊；有压的管道、气瓶（罐、槽）不得带压进行焊接作业；焊接管道和设备时，必须使用防火安全措施。

⑧对靠近木板墙、天棚、木地板以及通过板条抹灰墙时的管道等金属构件，不得在没有采取防火安全措施的情况下进行焊割和焊接作业。

⑨电气焊作业现场周围的可燃物以及高空作业时地面上的可燃物必须清理干净，或者施行防火保护；在有火灾危险的场所进行焊接作业时，现场应有专人监护，并配备一定数量的应急灭火器材。

⑩需要焊接输送汽油、原油等易燃液体的管道时，通常必须拆卸下来，经过清洗处理后才可进行作业；没有绝对安全措施，不得带液焊接。

⑪焊接作业完毕，应检查现场，确认没有遗留火种后，才能离开。

2. 电工

电工是指从事电气、防雷、防静电设施的设计、安装、施工、维护、测试等人员。电气从业人员素质的高低与电气火灾密切相关，故必须是经过消防安全培训合格后持证上岗的正式人员，这是抓好电气防火管理的重要环节。

（1）实行持证上岗制度

根据《消防法》第二十一条第二款关于进行电焊、气焊等具有火灾危险作业的人员，必须持证上岗，并遵守消防安全操作规程的规定。电气从业人员也必须是经过消防安全培训合格后持证上岗的正式人员。无证严禁上岗操作，不能进行作业。

（2）建立健全电气安全操作规程

企事业单位及其主管部门，应加强电气防火管理，建立电气安全岗位责任制，明确各级电气安全管理负责人、建立、健全电气安全操作规程。所有从业人员都必须学习、掌握这些操作规程。

（3）建立电气防火档案

电气防火安全档案要有完整的内容，包括：领导小组、电工小组成员名单、电气图纸，电工分片专责区，电气隐患部位，电气要害部位，爆炸和火灾危险部位等。对重要的电气设备，要分类编码登记立卡；电气防火档案要有专门部门保管。

（4）加强电工的技术培训

定期举办电工培训班，学习基本知识、安装规程和电气设备的使用与管理，解决安全技术方面的难题，不断提高他们的技术、业务水平和安全管理水平。单位所有的电工必须经过考试取得电工证后方能从事电气工作，禁止无证电工、非电工人员作业，学徒工在作业时需在有证电工的监护下进行。

（5）严格按操作规程操作

①电工人员必须严格按照电气操作规程操作，并定期和不定期地对单位的电源部分、线路部分、用电部分及防雷和防静电情况等进行检查，发现问题，及时处理，以防各种电气火源的形成。工作时间不准脱离岗位，不准从事与本岗位无关的工作，并严格交接班手续。

②增设电气设备、架设临时线路时，必须经有关部门批准；各种电气设备和线路不许超过安全负荷，发现异常应及时处理；敷设线路时，不准用钉子代替绝缘子，通过木质房梁、木柱或铁架子时要用磁套管，通过地下或砖墙时要用铁管保护，改装或移装工程时要彻底拆除线路。

③电开关箱要用铁皮包镶，其周围及箱内要保持清洁，附近和下面不准堆放可燃物品；保险装置要根据电气设备容量大小选用，不得使用不合格的保险装置或保险丝（片）；变配电所（室）和电源线路要经常检查，做好设备运行记录，室内不可堆放可燃杂物。

④电气线路和设备着火时，应先切断电源，然后用干粉或二氧化碳等不导电的灭火器扑救。

3. 气焊工

①检查乙炔、氧气瓶、橡胶软管接头、阀门等可能泄漏的部位是否良好，焊炬上有无油垢，焊（割）炬的射吸能力如何。

②氧气瓶、乙炔气瓶应分开放置，间距不得少于5m。作业点宜备清水，以备及时冷却焊嘴。

③使用的胶管应为经耐压实验合格的产品，不可使用代用品、变质、老化、脆裂、漏气和沾有油污的胶管，发生回火倒燃应更换胶管，可燃气体和氧气胶管不得混用。

④当气焊（割）炬由于高温发生炸鸣时，必须立即关闭乙炔供气阀，将焊（割）炬放入水中冷却，同时应关闭氧气阀。

⑤焊（割）炬点火前，应用氧气吹风，检查有无风压及堵塞、漏气现象。

⑥对于射吸式焊割炬，点火时应先微开焊炬上的氧气阀，再开启乙炔气阀，然后点燃调节火焰。

⑦使用乙炔切割机时，应先开乙炔气，再开氧气；使用氢气切割机时，应先开氢气，后开氧气，此顺序不可颠倒。

⑧作业中当乙炔管发生脱落、破裂、着火时，应先将焊机或割炬的火焰熄灭，然后停止供气。

⑨当氧气管着火时，应立即关闭氧气瓶阀，停止供氧，禁止用弯折的方法断气灭火。

⑩进入容器内焊割时，点火和熄灭均应在容器外进行。

⑪熄灭火焰、焊炬，应先关乙炔气阀，再关氧气阀；割炬应先关氧气阀，再关乙炔及氧气阀门。

⑫当发生回火，胶管或者回火防止器上喷火，应迅速关闭焊炬或割炬上的氧气阀和乙炔气阀，再关上一级氧气阀和乙炔气阀门，然后采取灭火措施。

⑬橡胶软管和高热管道及高热体、电源线隔离，不得重压。

⑭气管和电焊用的电源导线不得敷设、缠绕在一起。

4. 仓库保管员

①保管员必须坚守岗位，尽职尽责，严格遵守仓库的入库、保管、出库、交接班等各项制度，不得在库房内吸烟和使用明火，对外来人员要严格监督，防止将火种和易燃品带入库内；进入储存易燃易爆危险品库房的人员严禁穿戴钉鞋和化纤衣服，搬动物品时要防止摩擦和碰撞，不得使用能产生火星的工具。

②应熟悉和掌握所存物品的性质，并根据物资的性质进行储存和操作；不准超量储存；堆垛应留有主要通道和检查堆垛的通道，垛与垛和垛与墙、柱、屋架之间应符合公安部《仓库防火安全管理规定》规定的防火间距。

③易燃易爆危险品要按类、项标准和特性分类存放，贵重物品要与其他材料隔离存放，遇水或受潮能发生化学反应的物品，不得露天存放或存放在低洼易受潮的地方；遇热易分解自燃的物品，应储存在阴凉通风的库房内。

④对爆炸品、剧毒品，要执行双人保管、双本账册、双把门锁、双人领发、双人使用的"五双"制度。

⑤库房内经常检查物品堆垛、包装，发现洒漏、包装损坏等情况时应及时处理，并且按时打开门窗或通风设备进行通风；下班前，应仔细检查库房内外，拉闸断电，关好门窗，上好门锁。

⑥应熟悉、会用库内的灭火器材、设施，而且注意维护保养，使其完整好用。

5. 消防控制室操作人员

①消防控制室的日常管理应确保火灾自动报警系统和灭火系统处于正常工作状态。消防控制室必须实行每日 24h 专人值班制度，每班不应少于 2 人。

②熟知本单位火灾自动报警和联动灭火系统的工作原理，各主要部件、设备的性能、参数及各种控制设备的组成和功能；熟知各种报警信号的作用，熟悉各主要设备的位置，能够熟练操作消防控制设备，遇有火情能正确处置火灾自动报警及灭火联动系统。

③认真执行交接班制度，每次接班都要对各系统进行巡检，看有无故障或问题存在，并及时排除；交班时，对存在的问题要认真向接班人员交代并及时处置，难以处理的问题要及时报告领导解决；值班期间必须坚守岗位，不得擅离职守。不准饮酒，不准睡觉。

④应确保火灾自动报警系统和灭火系统处于正常工作状态。保证高位消防水箱、消防水池、气压水罐等消防储水设施水量充足；确保消防泵出水管阀门、自动喷水灭火系统管道上的阀门常开；确保消防水泵、防排烟风机、防火卷帘等消防用电设备的配电柜开关处于自动（接通）位置。

⑤接到火灾警报后，必须立即以最快方式确认。火灾确认后，必须立即将火灾报警联动控制开关转入自动状态（处于自动状态的除外），同时拨打"119"火警电话报警，并立即启动单位内部灭火和应急疏散预案，并应同时报告单位负责人。

第三章 人员密集场所的消防安全管理

第一节 医院、学校消防安全管理

一、医院的火灾危险特点

众所周知，医院作为人员集中的公共场所，是与众不同的，它的消防安全管理在整个医院管理中，占有极其重要的地位，其火灾危险性和特点如下。

（一）一旦大火伤亡大、影响大

医院是病人治病养病的场所，住院病人年龄不一、病情不同、行动不便，既有刚出生的婴儿，又有年过古稀的老人；既有刚动过手术的病人，又有待产的孕妇，如果发生火灾，撤离火场难以及时，轻者会使病情加重，严重时会使病情恶化，甚至直接危及病人生命。因此，医院不仅要有一个良好的医疗环境，而且必须有一个安全环境。

（二）病人多，自救能力差，通道窄，逃生难

某市第一中心医院住院情况日报表统计，全院每日住院加床平均达 45 张，分布在各病房楼道。发生火灾后，病人疏散困难。特别是夜间病房发生火灾，断电后病房漆黑一片，加之医护人员少，通道窄，病人病情重，若组织指挥不当，很可能造成病人疏散过程中人踩伤亡事故。

（三）使用易燃易爆危险品多，用火用电多，火险因素多

医院内使用易燃易爆危险品多，（如酒精、二甲苯、氧气等）需求量大。此外，病房因医疗消毒，必须使用电炉、煤气炉等加热工具；还有的病人或家属违章在病房或过道吸烟，烟头不掐灭就到处乱扔等，这些明火若遇可燃物就会发生火灾。

（四）易燃要害部位多

医院的同位素库、危险品库、锅炉房、变电室、氧气库等要害部位，不仅火灾危险性大，而且一旦出现事故会直接危及病人生命安全。同时贵重仪器多，价值昂贵、移动困难。一旦失火，不但会给国家财产造成巨大经济损失，而且仪器一旦损坏，将直接影响病人治疗，甚至危及生命安全。

（五）建筑面积狭小，防火布局差

随着社会对医疗的需求，病床逐年增加，门诊量日趋增大。另外，随着科学技术的发展，医院的医疗仪器设备也在逐年递增，由于仪器增加，用电量增大，也使有的医院常年超负荷用电，而且高精尖医疗仪器操作间的消防设备与仪器设备不相适应；有的尽管消防部门、医院保卫部门多次下达火险隐患通知书，但由于医院受到人力、财力、建筑面积的制约，致使许多隐患未能彻底解决，所以给消防安全管理带来了一定的困难。

（六）高压氧舱火灾危险性大

高压氧舱是一个卧式圆柱形的钢制密封舱，不仅是抢救煤气中毒、溺水、缺氧窒息等危急病人必需的设备，而且是治疗耳聋、面瘫等多种疾病的重要手段。一般治疗压力为 0.15 ~ 0.2MPa，含氧 25% ~ 26%，有的甚至高达 30% ~ 34%。有些供特殊用途，如为潜水员服务的高压氧舱，工作压力可高达 0.1MPa。其火灾危险特点如下。

①当氧浓度增高时，一些在常压下的空气（氧浓度为 21%）中不可被引燃的物质会变得很容易被引燃；高浓度氧遇到碳氢化合物、油脂、纯涤纶等往往还可使之自燃；在常压空气中，氧分压为 21kPa，在高压氧舱中当吸用高浓度氧或称富氧时，氧分压介于 21kPa ~ 0.1MPa；当吸用高压氧时，氧分压大于 0.1MPa；舱内的氧浓度常在 25% 左右，有的甚至升高到 30% ~ 34%。由于可燃物的燃烧主要与氧浓度有关，只要氧浓度不高，即使氧分压较高也不会燃烧。相反，氧浓度较高，即使氧分压在常压下也可引起剧烈燃烧。

②氧浓度增加时，可燃物的燃烧速度会加快，燃烧温度可达 1000℃ 以上，可使紫铜管熔化，而且使舱内的压力急剧增加。若舱体或观察窗的强度不够，可能引起舱体爆裂或观察窗突然破裂，其后果将更严重。

③舱内起火时，当密闭空间内氧气经剧烈燃烧而耗尽后，火可自行熄灭，总的燃烧时间很短，烧过的物品常常是表层烧焦，而内层较完好。但是燃烧物的温度仍很高，如灭火时通风驱除浓烟，或舱内气体膨胀使观察窗破裂通入新鲜空气，烧过的余烬又可复燃。

④当舱内氧浓度分布不均匀时，由于氧的相对密度较空气为大，与空气之比为

1.105 ：1，会使底层的氧浓度比上层高，燃烧后的损坏程度底层亦较明显。

⑤高压氧舱发生火灾很容易造成人员伤亡。此类伤亡事件，国内外都时有发生。舱内人员死亡的原因，一是因为舱内氧浓度高而造成极其严重的烧伤；二是由于舱内氧浓度高使燃烧非常充分，会很快将舱内氧气耗尽而造成急性缺氧和（或）使人窒息死亡。据对动物实验结果，20s内即可造成死亡。

二、医院的消防管理措施

（一）消防重点部位

医院应将下列部位确定为消防安全重点部位。

①容易发生火灾的部位，主要有危险品仓库、理化试验室、中心供氧站、高压氧舱、胶片室、锅炉房、木工间等。

②发生火灾时会严重危及人身和财产安全的部位，主要有病房楼、手术室、宿舍贵重设备工作室、档案室、微机中心、病案室、财会室等。

③对消防安全有重大影响的部位，主要有消防控制室、配电间、消防水泵房等。

消防安全重点部位应设置明显的防火标志，标明"消防重点部位"和"防火责任人"，落实相应管理规定，实施严格管理。

（二）电气防火

①电气设备应由具有电工资格的专业人员负责安装和维修，严格执行安全操作规程。

②在要求防爆、防尘、防潮的部位安装电气设备，应当符合有关安全技术要求。

③每年应对电气线路和设备进行安全性能检查，必要时应委托专业机构进行电气消防安全监测。

（三）火源控制

医院应采取下列控制火源的措施。

①严格执行内部动火审批制度，及时落实动火现场防范措施及监护人。

②固定用火场所、设施和大型医疗设备应有专人负责，安全制度和操作规程应公布上墙。

③宿舍内严禁使用蜡烛灯明火用具，病房内非医疗不得使用明火。

④病区内禁止烧纸，除吸烟室外，严禁在任何区域吸烟。

（四）易燃易爆化学危险物品管理

医院应加强易燃易爆化学危险物品管理，采取下列措施

①严格易燃易爆化学危险物品使用审批制度。

②加强易燃易爆化学危险物品储存管理。

③易燃易爆化学危险物品应根据物化特性分类存放，严禁混存。

④高温季节，易燃易爆化学危险物品储存场所应加强通风，室内温度应当控制在28℃以下。

（五）安全疏散设施管理

医院应落实下列安全疏散设施管理措施

①防火门、防火卷帘、疏散指示标志、火灾应急照明、火灾应急广播等设施应设置齐全完好有效。

②医疗用房应在明显位置设置安全疏散图。

③常闭式防火门应向疏散方向开启，并设有警示文字和符号，因工作必须常开的防火门应具备联动关闭功能。

④保持疏散通道、安全出口畅通，禁止占用疏散通道，不应遮挡、覆盖疏散指示标志。

⑤禁止将安全出口上锁，严禁在安全出口、疏散通道上安装栅栏等影响疏散的障碍物；疏散通道、疏散楼梯、安全出口处以及房间的外窗不应设置影响安全疏散和应急救援的固定栅栏。

⑥病房楼、门诊楼的疏散走道、疏散楼梯、安全出口应保持畅通，公共疏散门不应锁闭，宜设置推门式外开门。

⑦防火卷帘下方严禁堆放物品，消防电梯前室的防火卷帘应具备停滞功能。

（六）消防设施、卷材安全管理

医院应加强建筑消防设施、灭火器材的日常管理，并确定本单位专职人员或委托具有消防设施维护保养资格的组织或单位进行消防设施维护保养，确保建筑消防设施、灭火器材配置齐全、正常工作。

医院可以组织经消防救援机构培训合格、具有维护能力的专职人员，定期对消防设施进行维护保养，并保留记录；或委托具有消防设施维护保养资格的组织或单位，定期对消防设施进行维护保养，并保留维护保养报告。

三、院校消防安全

（一）幼儿园防火管理

幼儿园是对 3 ~ 6 周岁的幼儿实施学前教育的机构。按照年龄段划分，一般分为大、中、小三个班次。根据条件，还可分为日托和全托等。从发生在克拉玛依那场大火中丧生的学生来看，从客观上讲，原因很多，但教师不懂消防常识，不知如何组织学生逃生，学生不会最基本的自救方法也应是重要的原因之一。对于幼儿园来讲，都是 3 ~ 6 岁的孩童，其逃生自救能力几乎没有，所以，加强其消防安全管理极其重要。

1. 幼儿园的火灾危险特点

①幼儿未形成消防安全意识。

②幼儿自救能力极差。

③万一发生火灾，极易造成伤亡事故。

2. 幼儿园消防安全制度

（1）消防安全教育、培训制度

①每年以创办消防知识宣传栏、开展知识竞赛等多种形式，提高全体员工的消防安全意识。

②定期组织员工学习消防法规和各项规章制度，做到依法治火。

③各部门应针对岗位特点进行消防安全教育培训。

④对消防设施维护保养和使用人员应进行实地演示和培训。

⑤对教职员工进行岗前消防培训。

（2）防火巡查、检查制度

①落实逐级消防安全责任制和岗位消防安全责任制，落实巡查检查制度。

②幼儿园后勤每月对幼儿园进行一次防火检查并复查追踪改善。

③检查中发现火灾隐患，检查人员应当填写防火检查记录，并按照规定，要求有关人员在记录上签名。

④检查人员应将检查情况及时报告幼儿园，若发现幼儿园存在火灾隐患，应及时整改。

（3）消防控制中心管理制度

①熟悉并掌握各类消防设施的使用性能，确保扑救火灾过程中操作有序、准确迅速。

②发现设备故障时，应及时报告，并通知有关部门及时修复。

③发现火灾时，迅速按灭火作战预案紧急处理，并拨打"119"电话通知公安消防部门并报告上级主管部门。

3. 幼儿园的消防安全管理措施

（1）健全消防安全组织，加强对幼儿的消防安全意识教育

①幼儿园管理、教育着大量无自理能力的幼儿，保证他们安全健康的成长是幼儿园领导和教职员工的神圣职责。让每一位教师、保育员和员工都懂得日常的防火知识和发生火灾后的处置方法，达到会使用灭火器材，会扑救初期火灾，会组织幼儿疏散和逃生的要求。

②将消防安全教育纳入幼儿园的教育大纲。

③按照幼儿的身心特点，利用多种形式进行消防安全知识教育。可以根据幼儿的这些特点将消防知识编写成幼儿故事、儿歌、歌曲等，运用听、说、唱的形式对幼儿传授消防安全知识。

（2）园内建筑应当满足耐火和安全疏散的防火要求

①幼儿园的建筑宜单独布置，应当与甲、乙类火灾危险生产厂房、库房至少保持50m以上的距离，并应远离散发有害气体的部位。建筑面积不宜过大，耐火等级不应低于三级。

②附设在居住等建筑物内的幼儿园，应用耐火极限不低于1h的不燃体墙与其他部

分隔开。设在幼儿园主体建筑内的厨房，应用耐火极限不低于1.5h的不燃体墙与其他部分隔开。

③幼儿园的安全疏散出口不应少于2个，每班活动室必须有单独的出入口。活动室或卧室门至外部出口或封闭楼梯间的最大距离：位于两个外部出口或楼梯间之间的房间一、二级耐火等级为25m，三级为20m；位于袋形走道的房间，一、二级建筑为20m，三级建筑为15m。

④活动室、卧室的门应向外开，不宜使用落地或玻璃门；疏散楼梯的最小宽度不宜小于1.1m，坡度不宜过大；楼梯栏杆上应加设儿童扶手，疏散通道的地面材料不宜太光滑。楼梯间应采用天然采光，其内部不得设置影响疏散的突出物及易燃易爆危险品（如燃气）管道。

⑤为了方便安全疏散，幼儿园为多层建筑时，应将年龄较大的班级布置在上层，年龄较小的布置在下层，不准设置在地下室内。

⑥幼儿园的院内要保持道路通畅，其道路、院门的宽度不应小于3.5m。院内应留出幼儿活动场地和绿地，以便火灾时用作灭火展开和人员疏散用地。

（3）园内各种设备应满足消防安全要求

①幼儿园的采暖锅炉房应单独设置，并且锅炉和烟囱不能靠近可燃物或穿过可燃结构。要加设防护栅栏，防止幼儿玩火。室内的暖气片应设防护罩，以防烤燃可燃物品和烫伤幼儿。

②幼儿园的电气设备应符合电气安装规程的有关要求，电源开关、电闸、插座等距地面应不小于1.5m，以防幼儿触电。

③幼儿园不宜使用台扇、台灯等活动式电器，应挑选吊扇、固定照明灯。

④幼儿园的用电乐器、收录机等，应安设牢固、可靠，电源线应合理布设，以防幼儿触电或引起火灾事故。同时，要对幼儿进行安全用电的常识教育。

（4）加强对园内各种幼儿教育活动的防火管理

①教育幼儿不做玩火游戏。同时，教师、保育员用的火柴、打火机等引火物，要妥善保管，放置在孩子拿不到的地方。定期开展防火安全检查，督促检查厨房、锅炉房等单位搞好火源、电源管理。

②托儿所、幼儿园的儿童用房及儿童游乐厅等儿童活动场所不应使用明火取暖、照明，当必须使用时，应采取防火、防护措施，设专人负责；厨房、烧水间应单独设置。

幼儿是祖国的明天，更是民族的未来，愿所有的幼教工作者，都能积极对幼儿进行消防安全知识教育，让孩子们能够在更加安全健康和充满快乐、幸福的氛围中茁壮成长。

（二）中小学防火管理

1. 中小学的火灾危险特点

①火灾危险因素多，学生活泼好动，易玩火导致火灾。中小学内少年学生多，且集中，由于中小学生活泼好动，模仿力强，常因玩火、玩电子器具等引起火灾。

为了保证教育效果，不少中、小学校除了教学楼（室）外，一般都设有实验室、图书室、校办工厂等，这些部位的火灾危险因素较多，往往因不慎而发生火灾。

建筑物的耐火等级低、安全疏散差。建筑耐火等级一般为二、三级，但建设较早的中、小学校，三级耐火等级建筑较多。一旦发生火灾往往造成重大人员伤亡和财产损失。

②学生的自救逃生能力差，一旦遭遇火灾伤亡大。由于中小学生活泼好动，模仿力强，缺乏自我控制能力，加之中小学学生数量多且集中，一旦遇有火灾事故，会受烟气和火势的威胁陷入一片混乱。在高温烟气浓度大、照明困难的情况下，很难发现被困儿童。故一旦发生火灾，很容易导致伤亡事故。还由于中小学的教职员工大多数是女性，大多缺乏在紧急情况下疏散抢救、扑救初期火灾的常识，如果是夜间，自救能力更差。所以，一旦遭遇火灾往往造成重大伤亡。

2. 防火安全管理措施

（1）加强行政领导，落实防范措施

为了保证中、小学生安全健康的成长和学校教学工作的正常进行，中、小学应建立以主管行政工作的校长为组长，各班主任、总务管理人员为成员的防火安全领导机构，并配备 1 名防火兼职干部，具体负责学校的防火安全工作。防火安全领导机构应定期召开会议，研究解决学校防火安全方面的问题；要对教职员工进行消防安全知识教育，达到会使用灭火器材，会扑救初期火灾，会报警，会组织学生安全疏散、逃生的要求。要定期进行防火安全检查，对检查发现的不安全因素，要组织整改，消除火灾隐患，要落实各项防火措施。要配备质量合格，数量足够的灭火器材，并经常检查维修，确保完整好用。要做好实验室、办工厂等重点部位的防火安全工作，严格管理措施，切实防止火灾事故的发生。

（2）加强对学生的防火安全教育

中、小学应切实加强对学生的防火安全教育，这是从根本上提高全民消防安全素质的主要途径，也是促进社会精神文明和物质文明发展的一个重要方面。

①小学消防安全教育的着眼点应当放在增强学生的消防安全意识上，可通过团队活动日、主题班会、演讲会、故事会、知识竞赛、书画比赛、征文等形式进行。消防安全知识专题教育的内容主要应当包括：火的作用和起源；无情的火灾；火灾是怎样发生的；怎样预防火灾的发生；如何协助家长搞好家庭防火；在公共场所怎样注意防火；怎样报告火警；遇到火灾后怎样逃生等方面的知识。各级消防救援机构可通过组织专门人员，协助学校组织中小学生参观消防站、观摩消防表演等形式对小学生进行提高消防安全意识的教育。这样通常能够收到很好的效果。

②对中学生的消防安全教育最好采用渗透教育的方法。所谓渗透教育，就是指在进行主课教育的同时将相关的副课知识渗透在主课中讲解。此种方法既不需要增加课程内容，也不需要增加课时即可达到消防安全教育的目的。现在中学阶段的学生学习负担很重，全国都在减负，要增加中学生的课本和主课的内容是不可能的，但按照现行教材和课程安排，学校在学生开始学习《化学》《物理》《法律知识》等基础理论知识的同时将消防安全科学知识渗透在其中讲授却是完全可行的。

消防安全教育要结合教学、校园文化活动进行，有条件的中小学还应邀请当地公安消防人员来校讲消防课，或与消防等有关部门联合举办"中小学生消防夏令营"活动，传授消防知识，提高消防意识。要求学生不吸烟、不玩火，元旦、春节等重大节日，还应进行不燃放烟花爆竹的安全教育。从而使广大中小学生自幼就养成遵守防火制度、注意防火安全的良好习惯。

（3）提高建筑物的耐火等级，保证安全疏散

①中、小学的教学楼应采用一、二级耐火等级的建筑，若使用三级耐火等级，则不能超过3层，且在地下室内不准设置教室。

②容纳50人以上的教室，其安全出口不应少于2个。音乐教室、大型教室的出入口，其门的开启方向应与人流疏散方向一致。教室门至外部出口或封闭楼梯间的距离：当位于两个外部出口或楼梯间之间时，一、二级耐火等级为35m，三级为30m；位于袋形走道两侧或尽端的房间，一、二级为22m，三级为20m。

③教学楼疏散楼梯的最小宽度不应小于1.1m，疏散通道的地面材料不宜太光滑，楼梯间应采用自然采光，不得采用旋转楼梯、高形踏步，燃气管道不得设在楼梯间内。中、小学应开设消防车能够通行的大门或院内消防车道，以满足安全疏散和扑救火灾的需要。

④图书馆、教学楼、实验楼和集体宿舍的公共疏散走道、疏散楼梯间不应设置卷帘门、栅栏等影响安全疏散的设施。

⑤学生集体宿舍严禁使用蜡烛、电炉等明火；当需要使用炉火采暖时，应设专人负责，夜间应定时进行防火巡查。每间集体宿舍均应设置用电超载保护装置。集体宿舍应设置醒目的消防设施、器材、出口等消防安全标志。

（三）高等院校防火管理

1. 普通教室及教学楼

①作为教室的建筑，其防火设计应当满足《建筑防火通用规范》（GB 55037–2022）的要求，耐火等级不应低于三级，如由于条件限制设在低于三级耐火等级时，其层数不应超过1层，建筑面积不应超过600m³。普通教学楼建筑的耐火等级、层数、面积和其他民用建筑的防火间距等，应满足具体的规定。

②作为教学使用的建筑，尤其是教学楼，距离甲、乙类的生产厂房，甲、乙类的物品仓库以及具有火灾爆炸危险性比较大的独立实验室的防火间距不应小于25m。

③课堂上用于实验及演示的危险化学品应严格控制用量。

④容纳人数超过50人的教室，其安全出口不应少于2个；安全疏散门应向疏散方向开启，而且不得设置门槛。

⑤教学楼的建筑高度超过24m或者10层以上的应严格执行《建筑防火通用规范》（GB 55037–2022）中的有关规定。

⑥高等院校和中等专业技术学校的教学楼体积大于5000m³时，应设室内消火栓。

⑦教学楼内的配电线路应满足电气安装规程的要求，其中消防用电设备的配电线路

应采取穿金属管保护。暗敷时，应敷设在非燃烧体结构内，保护厚度不小于 3cm；当明敷时，应在金属管上使用防火保护措施。

⑧当教室内的照明灯具表面的高温部位靠近可燃物时应采取隔热、散热措施进行防火保护；隔热保护材料通常选用瓷管、石棉、玻璃丝等非燃烧材料。

2. 电化教室及电教中心

①演播室的建筑耐火等级不应低于一、二级，室内的装饰材料与吸声材料应采用非燃材料或者难燃材料，室内的安全门应向外开启。

②电影放映室及其附近的卷片室及影片贮藏室等，应用耐火极限不低于 1h 的非燃烧体与其他建筑部分隔开，房门应用防火门，放映孔与瞭望孔应设阻火闸门。

③电教楼或电教中心的耐火等级应是一、二级，其设置应同周围建筑保持足够的安全距离，当电教楼为多层建筑时，其占地面积宜控制在 2500m² 内，其中电视收看室、听音室单间面积超过 50m，并且人数超过 50 人时，应设在三层以下，应设两个以上安全出口；门必须向外开启，门宽应不小于 1.4m。

3. 实验室及实验楼防火

①高等院校或者中等技术学校的实验室，耐火等级应不低于三级。

②通常实验室的底层疏散门、楼梯以及走道的各自总宽度应按具体的指标计算确定，其安全疏散出口不应少于 2 个，而安全疏散门向疏散方向开启。

③当实验楼超过 5 层时，宜设置封闭式楼梯间。

④实验室与一般实验室的配电线路应符合电气安装规程的要求，消防设备的配电线路需穿金属管保护，暗敷时非燃烧体的保护厚度不少于 3cm，若明敷时金属管上采取防火保护措施。

⑤实验室内使用的电炉必须确定位置，定点使用，专人管理，周围禁止堆放可燃物。

⑥一般实验室内的通风管道应是非燃材料，其保温材料应为非燃或难燃材料。

4. 学生宿舍的防火要求

学生宿舍的安全防火工作应从管理职能部门、班主任、校卫队以及联防队这几个方面着手，加强管理。

（1）管理职能部门的安全防火工作职责

①学生宿舍的安全防火管理职能部门（包括保卫处、学生处以及宿管办等）应经常对学生进行消防安全教育，如举行消防安全知识讲座、开展消防警示教育以及平时行为规范教育等，使学生明白火灾的严重性和防火的重要性，掌握防火的基本知识及灭火的基本技能，做到防患于未然。

②经常对学生宿舍进行检查督促，查找并且整改存在的消防安全隐患。发现大功率电器与劣质电器应没收代管；发现抽烟或者点蜡烛的学生应及时制止和教育，晓之以理，使其不再犯同样的错误。

③加强对学生的纪律约束。不但要对引起火灾、火情的学生进行纪律处分，对多次被查出违章用电、点蜡烛以及抽烟并屡教不改的学生也应予以纪律处分。

（2）班主任的安全防火工作职责

①班主任应接受消防安全教育，了解防火的重要性，进而将防火列为对学生日常管理内容之一，经常对学生进行教育、提醒以及突击检查。

②班主任应当将防火工作纳入对学生操行等级考核内容，比如学生被查出有违章使用大功率电器、抽烟、点蜡烛等行为，可以对其操行等级降级处理。

（3）校卫队与联防队的安全防火工作职责

①校卫队和联防队应加强对学生宿舍的巡逻，特别是在晚上，发现学生有使用大功率电器、点蜡烛、抽烟等行为，要及时制止，并且报学生处或宿舍管理办公室记录在案。

②加强学生的自我管理和自我保护教育。学生安全员为学生宿舍加强安全管理的重要力量，在经过培训的基础上，他们可担负发现、处理以及报告火灾隐患及初起火险的任务。

第二节　公共场所消防安全管理

一、商场、市场消防安全管理

（一）集贸市场的安全防火要求

第一，必须建立消防管理机构在消防监督机构的指导下，集贸市场主办单位应建立消防管理机构，健全防火安全制度，强化管理，组建义务消防组织，并确定专（兼）职防火人员，制定灭火、疏散应急预案并开展演练。做到平时预防工作有人抓、有人管、有人落实；在发生火灾时有领导、有组织、有秩序地开展扑救。对于多家合办的应成立有关单位负责人参加的防火领导机构，统一管理消防安全工作。

第二，安全检查、隐患整改必须到位集贸市场主办单位应组织防火人员要进行经常性的消防安全检查，针对检查中发现的火灾隐患，一要将产生的原因找出，制定出整改方案，抓紧落实。二要把整改工作做到领导到位、措施到位、行动到位以及检查验收到位，决不走过场、图形式；对整改不彻底的单位，要责令重新进行整改，决不留下新的隐患。三要充分发挥消防部门监督职能作用，经常深入市场检查指导，发现问题，及时指出，将检查中发现的火灾隐患整改彻底。

第三，保证消防通道畅通安全通道畅通是集贸市场发生火灾后，保证人员生命财产安全的有效措施，市场主办单位应认真落实"谁主管、谁负责"，按照商品的种类和火灾危险性划分若干区域，区域之间应保持相应的防火距离及安全疏散通道，对所堵塞消防通道的商品应依法取缔，保证安全疏散通道畅通。

第四，完善固定消防设施针对集贸市场内未设置消防设施、无消防水源的现状，主办单位应立即筹集资金。按照相关规范要求增设室内外消火栓、火灾自动报警系统及消防水池、自动喷水灭火系统、水泵房等固定消防设施，配置足量的移动式灭火器、疏散指示标志，尽快提高市场自身的防火及灭火能力，使市场在安全的情况之下正常经营。

（二）商场、集贸市场的安全防火技术

当前，我国的一些大型商场为了满足人民群众的需求，大多集购物、餐饮、娱乐为一体，所以商场、集贸市场的火灾风险较高，一旦发生火灾，容易造成重大的经济损失和人员伤亡，所以商场、集贸市场的防火要求要严于普通场所。

第一，建筑防火要求商场的建筑首先在选址上应远离易燃易爆危险化学品生产及储存的场所，要同其他建筑保持一定防火间距。在商场周边要设置环形消防通道。商场内配套的锅炉房、变配电室、柴油发电机房、消防控制室、空调机房、消防水泵房等的设置应符合消防技术规范的要求。

对于电梯间、楼梯间、自动扶梯及贯通上下楼层的中庭，应安装防火门或者防火卷帘进行分隔，对于管道井、电缆井等，其每层检查口应安装丙级防火门，并且每隔 2～3 层楼板处用相当于楼板耐火极限的材料分隔。

第二，室内装修商场室内装修采用的装修材料的燃烧性能等级，应按楼梯间严于疏散走道、疏散走道严于其他场所、地下严于地上、高层严于多层的原则予以控制。

建筑内部装修不应遮挡安全出口、消防设施、疏散通道及疏散指示标志，不应减少安全出口、疏散出口和疏散走道的净宽度和数量，不应妨碍消防设施及疏散走道的正常使用。

第三，安全疏散设施商场是人员集中的场所，安全疏散必须满足消防规范的要求。

要按照规范设置相应的防烟楼梯间、封闭楼梯间或者室外疏散楼梯。商场要有足够数量的安全出口，并且多方位的均匀布置，不应设置影响安全疏散的旋转门及侧拉门等。

安全出口的门禁系统必须具备从内向外开启并且发出声光报警信号的功能，以及断电自动停止锁闭的功能。禁止使用只能由控制中心遥控开启的门禁系统。

安全出口、疏散通道以及疏散楼梯等都应按要求设置应急照明灯和疏散指示标志，应急照明灯的照度不应低于 0.5lX，连续供电时间不得少于 20min，疏散指示标志的间距不大于 20& 禁止在楼梯、安全出口和疏散通道上设置摊位、堆放货物。

第四，消防设施商场的消防设施包含火灾自动报警系统、室内外消火栓系统、自动喷水灭火系统、防排烟系统、疏散指示标志、应急照明、事故广播、防火门、防火卷帘及灭火器材。

①火灾自动报警系统。商场中任一层建筑面积大于 3000m^2 或者总建筑面积大于 6000m^2 的多层商场，建筑面积大于 500m^2 的地下、半地下商场以及一类高层商场，应设置火灾自动报警系统。

②灭火设施。商场应设置室内、外消火栓系统，并应满足有关消防技术规范要求。设有室内消防栓的商场应设置消防软管卷盘。建筑面积大于 200m^2 的商业服务网点应设置消防软管卷盘或者轻便消防水龙。

任一楼层建筑面积超过 1500m^2 或总建筑面积超过 3000m^2 的多层商场和建筑面积

大于 500m² 的地下商场以及高层商场，都应设置自动喷水灭火系统。

二、公共娱乐场所消防安全管理

（一）公共文化娱乐场所的防火要求

1. 公共文化娱乐场所的设置

①设置位置、防火间距、耐火等级。公共文化娱乐场所不得设置在文物古建筑、博物馆以及图书馆建筑内，不得毗连重要仓库或者危险物品仓库。不得在居民住宅楼内建公共娱乐场所。在公共文化娱乐场所的上面、下面或毗邻位置，不准布置燃油、燃气的锅炉房以及油浸电力变压器室。

公共文化娱乐场所在建设时，应与其他建筑物保持一定的防火间距，通常与甲、乙类生产厂房、库房之间应留有不少于 50m 的防火间距。而建筑物本身不适宜低于二级耐火等级。

②防火分隔在建筑设计时应当考虑必要的防火技术措施。影剧院等建筑的舞台和观众厅之间，应采用耐火极限不低于 3.00h 的不燃体隔墙，舞台口上部和观众厅闷顶之间的隔墙，可以采用耐火极限不低于 1.50h 的不燃体，隔墙上的门应采用乙级防火门；舞台下面的灯光操作室和可燃物贮藏室，应用耐火极限不低于 2.00h 的不燃体墙与其他部位隔开；电影放映室应用耐火极限不低于 1.50h 的不燃体隔墙与其他部分隔开，观察孔和放映孔应设阻火闸门。

对超过 1500 个座位的影剧院与超过 2000 个座位的会堂、礼堂的舞台，以及与舞台相连的侧台、后台的门窗洞口，都应设水幕分隔；对于超过 1500 个座位的剧院与超过 2000 个座位的会堂的屋架下部，以及建筑面积超过 400m 的演播室、建筑面积超过 500m 的电影摄影棚等，都应设雨淋喷水灭火系统。

公共文化娱乐场所与其他建筑相毗连或者附设于其他建筑物内时，应该按独立的防火分区设置。商住楼内的公共文化娱乐场所和居民住宅的安全出口应当分开设置。

③在地下建筑内设置公共娱乐场所除符合有关消防技术规范的要求外，还应符合以下规定。

第一，允许设在地下一层。

第二，通往地面的安全出口不应少于 2 个，每个楼梯宽度应当满足有关建筑设计防火规范的规定。

第三，应当设置机械防烟、排烟设施。

第四，应当设置火灾自动报警系统及自动喷水灭火系统。

第五，禁止使用液化石油气。

2. 公共文化娱乐场所的安全疏散

①公共文化娱乐场所观众厅、舞厅的安全疏散出口，应当按照人流情况合理设置，数目不应少于 2 个，并且每个安全出口平均疏散人数不应超过 250 人，当容纳人数超过

2000 人时，其超过部分按每个出口平均疏散人数不超过 400 人计算。

②公共文化娱乐场所观众厅的入场门、太平门不应设置门槛，其宽度不应小于 1.4m。紧靠于门口 1.4m 范围内不应设置踏步。并且，太平门不准采用卷帘门、转门、吊门以及侧拉门，门口不得设置门帘、屏风等影响疏散的遮挡物。公共文化娱乐场所在营业时，必须保证安全出口和走道畅通无阻，严禁将安全出口上锁、堵塞。

③为确保安全疏散，公共文化娱乐场所室外疏散通道的宽度不应小于 3m。为了确保灭火时的需要，超过 2000 个座位的礼堂、影院等超大空间建筑四周，宜设环形消防车道。

④在布置公共文化娱乐场所观众厅内的疏散走道时，横走道之间的座位不宜超过 20 排。而纵走道之间的座位数每排不宜超过 22 个，当前后排座椅的排距不小于 0.9m 时，可以增加 1 倍，但是不得超过 50 个；仅一侧有纵走道时，其座位数应减半。

3. 公共文化娱乐场所的应急照明

①在安全出口和疏散走道上，应设置必要的应急照明及疏散指示标志，以利于火灾时引导观众沿着灯光疏散指示标志顺利疏散。疏散用的应急照明，其最低照度不应低于 1.0lx。而照明供电时间不得少于 20min。

②应急照明灯应设在墙面或者顶棚上，疏散指示标志应设于太平门的顶部和疏散走道及其转角处距地面 1.0m 以下的墙面上，走道上的指示标志间距不应当大于 20m。

4. 公共文化娱乐场所的灭火设施及器材的设置

公共文化娱乐场所发生火灾蔓延快，扑救困难。因此，必须配备消防器材等灭火设施。根据规定，对于超过 800 个座位的剧院、电影院、俱乐部以及超过 1200 个座位的礼堂，都应设置室内消火栓。

为了确保能及时有效地控制火灾，座位超过 1500 个的剧院和座位超过 2000 个的会堂或礼堂，室内人员休息室与器材间应设置自动喷水灭火系统。

室内消火栓的布置，通常应布置在舞台、观众厅和电影放映室等重点部位醒目并便于取用的地方。另外，对放映室（包括卷片室）、配电室、储藏室、舞台以及音响操作等重点部位，都应配备必要的灭火器。

（二）娱乐场所的安全防火技术

设置在综合性建筑内的公共娱乐场所，其消防设施及火灾器材的配备，应符合规范对综合性建筑的防火要求。

1. 场所的设置要求

①设置位置、防火间距以及建筑物耐火等级。根据《娱乐场所管理条例》第 7 条的规定，娱乐场所不得设在下列地点：居民楼、博物馆、图书馆和被核定为文物保护单位的建筑物内；居民住宅区和学校、医院、机关周围；车站、机场等人群密集的场所；建筑物地下一层以下；与危险化学品仓库毗连的区域。娱乐场所的边界噪声，应当符合国家规定的环境噪声标准。

②防火分区。影剧院以及会堂舞台上部与观众厅闷顶之间应采用防火墙进行分隔，防火墙上不应开设门、窗、洞孔或穿越管道，如果确需在隔墙上开门时，其门应采用甲级防火门。舞台灯光操作室与可燃物贮藏室之间，应用耐火极限不低于1h的非燃烧的墙体分隔。

③装修规定。娱乐场所要正确选用装修材料，内部装修应妥善处理舒适豪华的装修效果和防火安全之间的矛盾，尽量选用不燃和难燃材料，少用可燃材料，尤其是尽量避免使用在燃烧时产生大量浓烟和有毒气体的材料。如剧院观众厅顶棚，应用钢龙骨、纸面石膏板材料装修，严禁使用木龙骨、纸板或塑料板等材料装修。

剧院、会堂水平疏散通道及安全出口的门厅，其顶棚装饰材料应采用不燃装修材料。内部无自然采光的楼梯间、封闭楼梯间、防烟楼梯间及其前室的顶棚、墙面和地面，都应采用不燃装修材料。

2. 安全疏散设施

公共娱乐场所的安全疏散设施应严格按照相关规范要求设置。否则，一旦发生火灾，极易造成人员伤亡。安全疏散设施包含安全出口、疏散门、疏散走道、疏散楼梯、应急照明以及疏散指示标志。

①安全出口。安全出口或者疏散出口的数量应按相关规范规定计算确定。除规范另有规定外，安全出口的数量不应少于2个。安全出口或者疏散出口应分散合理设置，相邻2个安全出口或疏散出口最近边缘之间的水平距离不应小于5m。

②疏散门。疏散门的数量应当依据计算合理设置，数量不应少于2个，影剧院的疏散门的平均疏散人数不应超过250人，当容纳人数大于2000人时，其超过的部分按每栋疏散门平均疏散人数不超过400人计算。

疏散门不应设置门槛，其净宽度不应小于1.4m，并且紧靠门口内、外各1.4m范围内不应设置踏步。疏散门均应向疏散方向开启，不准使用卷帘门、转门、吊门、折叠门、铁栅门以及侧拉门，应为朝疏散方向开启的平开门，门口不得设置门帘及屏风等影响疏散的遮挡物。公共场所在营业时，必须确保安全出口畅通无阻，禁止将安全出口上锁、堵塞。

为确保安全疏散，公共娱乐场所室外疏散小巷的宽度不应小于3m。为保证灭火的需要，超过2000个座位的会堂等建筑四周，宜设置环形消防车道。

③疏散楼梯和走道。多层建筑的室内疏散楼梯宜设置楼梯间，大于2层的建筑应采用封闭楼梯间。当娱乐场所设置在一类高层建筑或者超过32m的二类高层建筑中时，应设置防烟楼梯间。

剧院的观众厅的疏散走道宽度应按照其通过人数，每100人不小于0.6m，但是最小净宽度不应小于1m，边走道的净宽度不应小于0.8nu在布置疏散走道时，横走道之间的座位排数不宜大于20排；纵走道之间的座位数，每排不宜超过22个；前后排座椅的排距不小于0.9m时，可以增加一倍，但不得超过50个：仅一侧有纵走道时，座位数应减少一半。

④应急照明和疏散指示标志。公共娱乐场所内应按照相关规范条文配置应急照明和疏散指示标志，场所内的疏散走道和主要疏散路线的地面或者靠近地面的墙上应设置发光疏散指示标志，以便引导观众沿着标志顺利疏散。疏散用的应急照明其最低照度不应该低于 0.5lX，设置的应急照明及疏散指示标志的备用电源，其连续供电的时间不应少于 20 ~ 30min。

3. 消防设施

①消火栓系统。除相关规范另有规定之外，娱乐场所必须设置室内、室外消火栓系统，并且宜设置消防软管卷盘。系统的设计应符合相关规范要求。

②自动灭火系统。设置在地下、半地下，建筑的首层、二层以及三层且任一层建筑面积超过 300m^2 时，或建筑在地上四层及四层以上以及设置在高层建筑内的娱乐场所，都应设置自动喷水灭火系统。系统的设置应符合相关规范的要求。

③防排烟系统。设置在高层建筑内三层以上的娱乐场所应设置防排烟系统，设置在多层建筑一、二、三层且房间建筑面积超过 200m^2 时，设置在四层及四层以上，或者地下、半地下的娱乐场所，该场所中长度大于 20m 的内走道，均应设置防排烟系统。

④灭火器的配置。建筑面积在 200m^2 及以上的娱乐场所应按照严重危险级配置灭火器。建筑面积在 200m^2 以下的娱乐场所应按中危险级配置灭火器。应依据场所可能发生的火灾种类选择相应的灭火器，在同一灭火器配置场所，当选用两种或者两种以上类型的灭火器时，应使用灭火剂相容的灭火器。

三、宾馆、饭店消防安全管理

宾馆和饭店是供国内外旅客住宿、就餐、娱乐和举行各种会议、宴会的场所。现代化的宾馆、饭店一般都具有多功能的特点，拥有各种厅、堂、房、室、场。厅：包括各种风味餐厅和咖啡厅、歌舞厅、展览厅等。堂：指大堂、会堂等。房：包括各种客房和厨房、面包房、库房、洗衣房、锅炉房、冷冻机房等。室：包括办公室、变电室、美容室、医疗室等。场：指商场、停车场等。进而组成了宾馆、饭店这样一个有"小社会"之称的有机整体。

（一）宾馆、饭店的火灾危险性

现代的宾馆、饭店，抛弃了以往那种以客房为主的单一经营方式，将客房、公寓、餐馆、商场和会议中心等集于一体，向多功能方面发展。因而对建筑和其他设施的要求很高，并且追求舒适、豪华，以满足旅客的需要，提高竞争能力。这样，就潜伏着许多火灾危险，主要有：

第一，可燃物多。宾馆、饭店虽然大多采用钢筋混凝土结构或钢结构，但大量的装饰材料和陈设用具都采用木材、塑料和棉、麻、丝、毛以及其他纤维制品。这些都是有机可燃物质，增加了建筑内的火灾荷载。一旦发生火灾，这些材料就像架在炉膛里的柴火，燃烧猛烈、蔓延迅速，塑料制品在燃烧时还会产生有毒气体。这些不仅会给疏散和扑救带来困难，而且还会危及人身安全。

第二，建筑结构易产生烟囱效应。现代的宾馆和饭店，尤其是大、中城市的宾馆、饭店，很多都是高层建筑，楼梯井、电梯井、管道井、电缆垃圾井、污水井等竖井林立，如同一座座大烟囱；还有通风管道，纵横交叉，延伸到建筑的各个角落，一旦发生火灾，竖井产生的烟囱效应，便会使火焰沿着竖井和通风管道迅速蔓延、扩大，进而危及全楼。

第三，疏散困难。易造成重大伤亡，宾馆、饭店是人员比较集中的地方，在这些人员中，多数是暂住的旅客，流动性很大。他们对建筑内的环境情况、疏散设施不熟悉，加之发生火灾时烟雾弥漫，心情紧张，极易迷失方向，拥塞在通道上，造成秩序混乱，给疏散和施救工作带来困难，因此往往造成重大伤亡。

第四，致灾因素多。宾馆、饭店发生火灾，在国外是常有的事，一般损失都极为严重。国内宾馆、饭店的火灾，也时有发生。

从国内外宾馆、饭店发生的火灾来看，起火原因主要是：旅客酒后躺在床上吸烟；乱丢烟蒂和火柴梗；厨房用火不慎和油锅过热起火；维修管道设备和进行可燃装修施工等动火违章；电器线路接触不良，电热器具使用不当，照明灯具温度过高烤着可燃物等四个方面。宾馆、饭店容易引起火灾的可燃物主要有液体或气体燃料、化学涂料、家具、棉织品等。宾馆、饭店最有可能发生火灾的部位是：客房、厨房、餐厅以及各种机房。

（二）宾馆、饭店的防火管理措施

宾馆、饭店的防火管理，除建筑应严格按照《建筑防火通用规范》（GB 55037–2022）的有关标准进行设计施工外，客房、厨房、公寓、写字间以及其他附属设施，应分别使用以下防火管理措施。

1. 客房、公寓、写字间

客房、公寓、写字间是现代宾馆、饭店的主要部分，它包括卧室、卫生间、办公室、小型厨房、客房、楼层服务间、小型库房等。

客房、公寓发生火灾的主要原因是烟头、火柴梗引燃可燃物或电热器具烤着可燃物，发生火灾的时间一般在夜间和节假日，尤以旅客酒后卧床吸烟，引燃被褥及其他棉织品等发生的事故最为常见。所以，客房内所有的装饰材料应使用不燃材料或难燃材料，窗帘一类的丝、棉织品应经过防火处理，客房内除了固有电器和允许旅客使用电吹风、电动剃须刀等日常生活的小型电器外，禁止使用其他电器设备，尤其是电热设备。

对旅客及来访人员，应明文规定：禁止将易燃易爆物品带入宾馆，凡携带进入宾馆者，要立即交服务员专门储存，妥善保管，并严禁在宾馆、饭店区域内燃放烟花爆竹。

客房内应配有禁止卧床吸烟的标志、应急疏散指示图、宾馆客人须知及宾馆、饭店内的消防安全指南。服务员应经常向旅客宣传：不要躺在床上吸烟，烟头和火柴梗不要乱扔乱放，应放在烟灰缸内；入睡前应将音响、电视机等关闭，人离开客房时，应将客房内照明灯关掉；服务员应保持高度警惕，在整理房间时要仔细检查，对烟灰缸内未熄灭的烟蒂不得倒入垃圾袋；平时应持续巡逻查看，发现火灾隐患应及时采取措施。对酒后的旅客尤应特别注意。

高层旅馆的客房内应配备应急手电筒、防烟面具等逃生器材及使用说明，其他旅馆的客房内宜配备应急手电筒、防烟面具等逃生器材及使用说明。客房层应按照有关建筑火灾逃生器材及配备标准设置辅助疏散、逃生设备，并且应有明显的标志。

写字间出租时，出租方和承租方应签订租赁合同，并明确各自的防火责任。

2. 餐厅、厨房

餐厅是宾馆、饭店人员最集中的场所，通常有大小宴会厅、中西餐厅、咖啡厅、酒吧等。

大型的宾馆、饭店通常还会有好几个风味餐厅，可以同时供几百人甚至几千人就餐和举行宴会。这些餐厅、宴会厅出于功能和装饰上的需要，其内部常有较多的装修物，空花隔断，可燃物数量很大。厅内装有许多装饰灯，供电线路非常复杂，布线都在闷顶之内，又紧靠失火概率较大的厨房。

房内设有冷冻机、绞肉机、切菜机、烤箱等多种设备，油雾气、水汽较大的电气设备容易受潮和导致绝缘层老化，易导致漏电或短路起火。有的餐厅，为了增加地方风味，临时使用明火较多，如点蜡烛增加气氛、吃火锅使用各种火炉等方面的事故已屡有发生。厨房用火最多，若燃气管道漏气或油炸食品时不小心，也非常容易发生火灾。因此，必须引起高度重视。

①要控制客流量。餐厅应按照设计用餐的人数摆放餐桌，留出足够的通道。通道及出入口必须保持畅通，不得堵塞。举行宴会和酒会时，人员不应超出原设计的容量。

②加强用火管理。如餐厅内需要点蜡烛增加气氛时，必须把蜡烛固定在不燃材料制作的基座内，并不得靠近可燃物。供应火锅的风味餐厅，必须加强对火炉的管理，使用液化石油气炉、酒精炉和木炭炉要慎用，由于酒精炉未熄灭就添加酒精很容易导致火灾事故的发生，所以操作时严禁在火焰未熄灭前添加酒精，酒精炉最好使用固体酒精燃料，但应加强对固体酒精存放的管理。餐厅内应在多处放置烟缸、痰盂，以方便宾客扔放烟头和火柴梗。

③注意燃气使用防火。厨房内燃气管道、法兰接头、仪表、阀门必须定期检查，防止泄漏；发现燃气泄漏，首先要关闭阀门，及时通风，并严禁任何明火和启动电源开关。燃气库房不得存放或堆放餐具等其他物品。楼层厨房不应使用瓶装液化石油气，煤气、天然气管道应从室外单独引入，不可穿过客房或其他公共区域。

④厨房用火用电的管理。厨房内使用的绞肉机、切菜机等电气机械设备，不得过载运行，并防止电气设备和线路受潮。油炸食品时，锅内的油不要超过三分之二，以防食油溢出着火。工作结束后，操作人员应及时关闭厨房的所有燃气阀门，切断气源、火源和电源后方能离开。厨房的烟道，至少应每季度清洗一次；厨房燃油、燃气管道应经常检查、检测和保养。厨房内除配置常用的灭火器外，还应配置石棉毯，以便扑灭油锅起火的火灾。

3. 电气设备

随着科学技术的发展，电气化、自动化在宾馆、饭店日益普及，电冰箱、电热器、电风扇、电视机，各类新型灯具，以及电动扶梯、电动窗帘、空调设备、吸尘器、电灶具等已被宾馆和饭店大量采用。此外，随着改革开放的发展，国外的长驻商社在宾馆、饭店内设办事机构的日益增多，复印机、电传机、打字机、载波机、碎纸机等现代办公设备也在广泛应用。在这种情况下，用电急增，往往超过原设计的供电容量，因增加各种电气而产生过载或使用不当，引发的火灾已时有发生，故应引起足够重视。宾馆、饭店的电气线路，一般都敷设在闷顶和墙内，如发生漏电短路等电气故障，往往先在闷顶内起火，而后蔓延，并不易及时发觉，待发现时火已烧大，造成无可挽回的损失。为此，电气设备的安装、使用、维护必须做到以下几点：

①客房里的台灯、壁灯、落地灯和厨房内的电冰箱、绞肉机、切菜机等电器的金属外壳，应有可靠的接地保护。床台柜内设有音响、灯光、电视等控制设备的，应做好防火隔热处理。

②照明灯灯具表面高温部位不得靠近可燃物。碘钨灯、荧光灯、高压汞灯（包括日光灯镇流器），不应直接安装在可燃物上；深罩灯、吸顶灯等，如安装在可燃物附近时，应加垫石棉瓦和石棉板（布）隔热层；碘钨灯及功率大的白炽灯的灯头线，应采用耐高温线穿套管保护；厨房等潮湿地方应使用防潮灯具。

4. 维修施工

宾馆、饭店往往要对客房、餐厅等进行装饰、更新和修缮，因使用易燃液体稀释维修或使用易燃化学黏合剂粘贴地面和墙面装修物等，大都有易燃蒸气产生，遇明火会发生着火或爆炸。在维修安装设备进行焊接或切割时，因管道传热和火星溅落在可燃物上以及缝隙、夹层、垃圾井中也会导致阴燃而引起火灾。因此：

①使用明火应严格控制。除餐厅、厨房、锅炉的日常用火外，维修施工中电气焊割、喷灯烤漆、搪锡熬炼等动火作业，均须报请保安部门批准，签发动火证，并清除周围的可燃物，派人监护，同时备好灭火器材。

②在防火墙、不燃体楼板等防火分隔物上，不可任意开凿孔洞，以免烟火通过孔洞造成蔓延。安装窗式空调器的电缆线穿过楼板开孔时，空隙应用不燃材料封堵；空调系统的风管在穿过防火墙和不燃体板墙时，应在穿过处设阻火阀。

③中央空调系统的冷却塔，一般都设在建筑物的顶层。目前普遍使用的是玻璃钢冷却塔，这是一种外壳为玻璃钢，内部填充大量聚丙烯塑料薄片的冷却设备。聚丙烯塑料片的片与片之间留有空隙，使水通过冷却散热。这种设备使用时，内部充满了水，并没有火灾危险。但是在施工安装或停用检查时，冷却塔却处于干燥状态下，由于塑料薄片非常易燃，并且片与片之间的空隙利于通风，起火后会立即扩大成灾，扑救也比较困难。因此，在用火管理上应列为重点，不准在冷却塔及附近任意动用明火。

④装饰墙面或铺设地面时，如采用油漆和易燃化学黏合剂，应严格控制用量，作业时应打开窗户，加强自然通风，并且切断作业点的电源，附近严禁使用明火。

5. 安全疏散设施

建筑内安全疏散设施除消防电梯外，还有封闭式疏散楼梯，主要用于发生火灾时扑救火灾和疏散人员、物资，必须绝对不在疏散楼梯间堆放物资，否则一旦发生火灾，后果不堪设想。为确保防火分隔，由走道进入楼梯间前室的门应为防火门，而且应向疏散方向开启。宾馆、饭店的每层楼面应挂平面图，楼梯间及通道应有事故照明灯具和疏散指示标志；装在墙面上的地脚灯最大距离不应超过 20m，距地面不应大于 1m，不准在楼内通道上增设床铺，防止影响紧急情况下的安全疏散。

宾馆、饭店内的宴会厅、歌舞厅等人员集中的场所，应符合公共娱乐场所的有关防火要求。

6. 应急灭火疏散训练

根据宾馆、饭店的性质及火灾特点，宾馆、饭店的消防安全工作，要以自防自救为主，在做好火灾预防工作的基础上，应配备一支训练有素的应急力量，便于在发生火灾时，特别在夜间发生火灾时，能够正确处置，尽可能地减少损失和人员伤亡。

①应制订应急疏散和灭火作战预案，绘制出疏散及灭火作战指挥图和通信联络图。总经理和部门经理以及全体员工，均应经过消防训练，了解和掌握在发生火灾时，本岗位和本部门应采取的应急措施，以免临时慌乱。在夜间应留有足够的应急力量，以便在发生火灾时能及时进行扑救，并组织和引导旅客及其他人员安全疏散。

②应急力量的所有人员应配备防烟、防毒面具、照明器材及通信设备，并佩戴明显标志。高层宾馆、饭店在客房内还应配备救生器材。所有保安人员，都应了解应急预案的程序，以便能在紧急状态时及时有效地采取措施。消防中心控制室应配有足够的值班人员，且能熟练地掌握火灾自动报警系统和自动灭火系统设备的性能。在发生火灾时，这类自动报警和灭火设备能及时准确地进行动作，并能将情况通知有关人员。

③客房内宜备有红、白两色光的专用逃生手电，便于旅客在火灾情况下，能够起到照明和发射救生信号之用；同时应备有自救保护的湿毛巾，以过滤燃烧产生的浓烟及毒气，便于疏散和逃生。

④为了经常保持防火警惕，应当在每季度组织一次消防安全教育活动，每年组织一次包括旅客参加的"实战"演习。

第三节　办公场所消防安全管理

一、会议室防火管理

办公楼通常都设有各种会议室，小则容纳几十人，大则可容纳数百人。大型会议室人员集中，而且参加会议者往往对大楼的建筑设施、疏散路线并不了解。所以，一旦发生火灾，会出现各处逃生的混乱局面。所以，必须注意下列防火要求。

①办公楼的会议室，其耐火等级不应低于二级，单独建的中、小会议室，最好用一、

二级，不得低于三级。会议室的内部装修，尽量选用不燃材料。

②容纳 50 人以上的会议室，必须设置两个安全出口，其净宽度不小于 1.4m。门必须向疏散方向开，并且不能设置门槛，靠近门口 1.4m 内不能设踏步。

③会议室内疏散走道宽度应按照其通过人数每 100 人不小于 60cm 计算，边走道净宽不得小于 80cm，其他走道净宽不得小于 1m。

④会议室疏散门、室外走道的总宽度，分别应按照平坡地面每通过 100 人不小于 65cm、阶梯地面每通过 100 人不小于 80cm 计算，室外疏散走道净宽不应小于 1.4m。

⑤大型会议室座位的布置，横走道之间的排数不宜大于 20 排，纵走道之间每排座位不宜超过 22 个。

⑥大型会议室应设置事故备用电源和事故照明灯具及疏散标志等。

⑦每天会议进行之后，要对会议室内的烟头、纸张等进行清理、扫除，避免遗留烟头等火种引起火灾。

二、图书馆、档案馆及机要室防火管理

图书馆、档案机要室是搜集、整理、收藏以及保存图书资料和重要档案，供读者学习、参考、研究的部门和提供重要档案资料的机要部门，一般都收藏有大量的古今中外的图书、报纸、刊物等资料，保存具有参考价值的收发电文、会议记录、人事材料、会议文件、财会簿册、出版物原稿、印模、影片、照片、录音带、录像带以及各种具有保存价值的文书等档案材料。有的设有目录检索、阅览室以及复印、装订、照相、录放音像、电子计算机等部门。大型的图书馆还设有会议厅，举办各种报告会及其他活动。

图书馆、档案机要室收藏的各类图书报刊及档案材料，绝大多数都是可燃物品，公共图书馆和科研、教育机构的大型图书馆还要经常接待大量的读者，图书馆以及档案机要室一旦发生火灾，不仅会使珍贵的孤本书籍、稀缺报刊和历史档案以及文献资料化为灰烬，价值无法计算 – 损失难以弥补，而且会危及人员的生命安全。所以，火灾是图书馆、档案机要室的大敌。在我国历史上，曾有大批珍贵图书资料毁于火患的记载；在近代，这方面的火灾也并不少见。纵观图书馆等发生火灾的原因，主要是电气安装使用不当和火源控制不严所导致，也有受外来火种的影响。保障图书馆、档案机要室的安全，是保护祖国历史文化遗产的一个重要方面，对促进文化、科学等事业的发展关系极大。所以必须把它们列为消防工作的重点，采用严密的防范措施，做到万无一失。

（一）提高耐火等级、限制建筑面积，注意防火分隔

①图书馆、档案机要室要设于环境清静的安全地带，与周围易燃易爆单位，保持足够的安全距离，并应设在一、二级耐火等级的建筑物内。不超过三层的一般图书馆及档案机要室应设在不低于三级耐火等级的建筑物内，藏书库、档案库内部的装饰材料，都采用不燃材料制成，闷顶内不可用稻草及锯末等可燃材料保温。

②为防止一旦发生火灾造成大面积蔓延，减少火灾损失，对于书库建筑的建筑面积应适当加以限制。一、二级耐火等级的单层书库建筑面积不应超过 4000m²，防火墙隔

间面积不应超过 1000m²；二级耐火等级的多层书库建筑面积不应超过 3000m²，防火墙隔间面积也不应超过 1000m²；三级耐火等级的书库，最多允许建三层，单层的书库，建筑面积不应超过 2100m² 防火墙隔间面积不应大于 700m²；二、三层的书库，建筑面积不应超过 1200m²，防火墙隔间面积不应超过 400m²。

③图书馆、档案机要室内的复印、装订、照相以及录放音像等部门，不要与书库、档案库、阅览室布置在同一层内，若必须在同一层内布置时，应采取防火分隔措施。

④过去遗留下来的硝酸纤维底片资料库房的耐火等级不应低于二级，一幢库房面积不应超过 180m²。而内部防火墙隔间面积不应超过 60m²。

⑤图书馆、档案机要室的阅览室，其建筑面积应按照容纳人数每人 1.2m² 计算。阅览室不宜设在很高的楼层，如果建筑耐火等级为一、二级的，应设在四层以下；耐火等级为三级的应设在三层以下。

⑥书库、档案库，应该作为一个单独的防火分区处理，同其他部分的隔墙，均应为不燃体，耐火极限不得低于 4h。书库与档案库内部的分隔墙，如果是防火单元的墙，应按防火墙的要求执行，如作为内部的一般分隔墙，也应采取不燃体，耐火极限不得低于 1h。书库和档案库与其他建筑直接相通的门，均应是防火门，其耐火极限不应小于 2h，内部分隔墙上开设的门也应采取防火措施，耐火极限要求不小于 1.2h。书库、档案库内楼板上不准随便开设洞孔，比如需要开设垂直联系渠道时，应做成封闭式的吊井，其围墙应采用不燃材料制成，并保持密闭。书库及档案库内设置的电梯，应为封闭式的，不允许做成敞开式的。电梯门不准直接开设在书库、资料库以及档案库内，可做成电梯前室，防止起火时火势向上、下层蔓延。

（二）注意安全疏散

图书馆、档案机要室的安全疏散出口不应少于两个，但单层面积在 100m² 左右的，允许只设一个疏散出口，阅览室的面积超过 60m²，人数超过 50 人的，应设置两个安全出口，门必须向外开启，其宽度不小于 1.2m，不应设置门槛装订及修理图书的房间，面积超过 150m²，且同一时间内工作数超过 15 人的，应设两个安全出口；一般书库的安全出口不少于两个，面积小的库房可设一个，库房的门应向外或靠墙的外侧推拉。

（三）书库、档案库的内部布置要求

重要书库、档案库的书架、资料架以及档案架，应采用不燃材料制成。一般书库、资料库以及档案库的书架、资料架也尽量不采用木架等可燃材料。单面书架可贴墙安放，双面书架可单放，两个书架之间的间距不得小于 0.8m，横穿书架的主干线通道不得小于 1 ~ 1.2m，贴墙通道可为 0.5 ~ 0.6m，通道尽量与窗户相对应。重要的书库及档案库内，不得设置复印、装订以及音像等作业间，也不准设置办公、休息、更衣等生活用房。对硝酸纤维底片资料应储存在独立的危险品仓库，并且应有良好的通风及降温措施，加强养护管理，注意防潮防霉，避免发生自燃事故。

（四）严格电气防火要求

①重要的图书馆（室）、档案机要室，电气线路应全部选用铜芯线，外加金属套管保护。书库、档案库内严禁设置配电盘，人离库时必须将电源切断。

②书库、档案库内不准用碘钨灯照明，也不宜用荧光灯。当使用一般白炽灯泡时，尽量不用吊灯，最好采用吸顶。灯座位置应在走道的上方，灯泡与图书、资料以及档案等可燃物应保持 50cm 的距离。

③书库、档案库内不准使用电炉、电视机、交流收音机、电熨斗、电烙铁、电钟以及电烘箱等用电设备，不准用可燃物做灯罩，不准随便乱拉电线，禁止超负荷用电。

④图书馆（室）、档案机要室的阅览室、办公室采用荧光灯照明时，必须选择优质产品，防止镇流器过热起火。在安装时切忌将灯架直接固定在可燃构件上，人离开时须切断电源。

⑤大型图书馆、档案机要室应设计及安装避雷装置。

（五）加强火源管理

①图书馆（室）、档案机要室应加强日常的防火管理，严格控制一切用火，并不准将火种带入书库和档案库，不准在阅览室、目录检索室等处吸烟及点蚊香。工作人员必须在每天闭馆前，对图书馆、档案室和阅览室等处认真进行检查，避免留下火种或不切断电源而造成火灾。

②未经有关部门批准，以防措施不落实，禁止在馆（室）内进行电焊等明火作业。为保护图书、档案必须进行熏蒸杀虫时，由于许多杀虫药剂都是易燃易爆的化学危险品，存在较大的火灾危险。所以应经有关领导批准，在技术人员的具体指导之下，采取绝对可靠的安全措施。

（六）应有自动报警、自动灭火、自动控制措施

为了保证知识宝库永无火患，书林常在，做到万无一失，在藏书量超过 100 万册的大型图书馆及档案馆，应使用现代化的消防管理手段，装备现代化的消防设施，建立高技术的消防控制中心。其功能主要有：火灾自动报警系统，二氧化碳自动喷洒灭火系统，闭式自动喷水、自动排烟系统，闭路电视监控，火灾紧急电话通信，事故广播及防火门、卷帘门、空调机通风管等关键部位的遥控关闭等。

三、电子计算机中心防火管理

电子计算机房里，一块块清晰的电视荧屏，一排排闪动的电子数字，将各种信息传达给各种不同需要的人们，给城市管理、生产指挥、交通运输、国防工程以及科学实验等各个系统注入了现代文明的活力，使各项工作越发敏捷、方便以及高效。

伴随电子计算机技术的推广应用，从中央到地方，各行各业较为普遍地建立了各自的"管理信息系统"，一个信息系统就是一个电子计算机中心，不同的只是规模大小而已。

电子计算机系统价格昂贵，机房平均每平方米的设备费用高达数万元甚至数十万

元。一旦失火成灾，不但会造成巨大的经济损失，并且因为信息、资料数据的破坏，会给有关的管理、控制系统产生严重影响，后果不堪设想。所以电子计算机中心一向是消防安全管理的重点。

（一）电子计算机中心的火灾危险性

电子计算机中心主要由计算机系统、电源系统、空调系统以及机房建筑四部分组成。其中，计算机系统主要包括"输入设备""输出设备""存储器""运算器"以及"控制器"五大件。在电子计算机房发生的各类事故中，火灾事故占80%左右。据国内外发生的电子计算机房火灾事故的分析，起火部位大多是：计算机内部的风扇、空调机、打印机、配电盘、通风管以及电度表等。其火灾危险性主要源于下列几方面：

①建筑内装修、通风管道使用大量可燃物。一般，为保持电子计算机房的恒温和洁净，建筑物内部需要用相当数量的木材、胶合板及塑料板等可燃材料建造或者装饰，使建筑物本身的可燃物增多，耐火性能相应降低，极易引燃成灾。同时，空调系统的通风管道采用聚苯乙烯泡沫塑料等可燃材料进行保温，若保温材料靠近电加热器，长时间受热亦会被引燃起火。

②电缆竖井、管道以及通风管道缺乏防火分隔。计算机中心的电缆竖井、电缆管道及通风管道等系统未按照规定独立设置和进行防火分隔时，易造成外部火灾的引入或内部火灾蔓延。

③用电设备多、易出现机械故障和电火花。机房内电气设备及电路很多，如果电气设备和电线选型不合理或安装质量差；违反规程乱拉临时电线或任意增设电气设备，电炉以及电烙铁，用完后不拔插销，长时间通电或者与可燃物接触而没有采取隔热措施；日光灯镇流器和闷顶或者活动地板内的电气线路缺乏检查维修；电缆线与主机柜的连接松动，致使接触电阻过大等，均可能起火造成火灾。电子计算机需要长时间连续工作，如若设备质量不好或者元器件发生故障等，都有可能导致绝缘被击穿、稳压电源短路或者高阻抗元件因接触不良、接触点过热而起火。机房内工作人员穿涤纶、腈纶以及氯纶等服装或聚氯乙烯拖鞋，容易产生静电放电。

④工作中使用的可燃物品易被火源引燃起火。用过的纸张及清洗剂等可燃物品未能及时清理，或使用易燃清洗剂擦拭机器设备及地板等，遇电气火花及静电放电火花等火源而起火。

（二）电子计算机中心的防火管理措施

1. 选址

独立设置的电子计算机中心，在选址时，应注意远离散发有害气体及生产、储存腐蚀性物品和易燃易爆物品的地方，或者建于其上风方向，避免设于落雷区、矿山"采空区"以及杂填土、淤泥、流沙层、地层断裂段以及地震活动频繁的地区和低洼潮湿的地方。应尽量建立在电力、水源充足，自然环境清洁，交通运输方便的区域。并且尽量避开强电磁场的干扰，远离强振动源和强噪声源。

2. 建筑构造

新建、改建或者扩建的电子计算机中心，其建筑物的耐火等级不应低于一、二级，主机房与媒体存放间等要害部位应为一级。安装电子计算机的楼层不宜超过五层，且不应安装于地下室内，不应布置在燃油、燃气锅炉房，油浸电力变压器室、充有可燃油的高压电器以及多油开关室等易燃易爆房间的上、下层或者贴近布置，应与建筑物的其他房间用防火墙（门）及楼板分开。房间外墙、间壁和装饰，要用不燃或者阻燃材料建造，并且计算机机房和媒体存放间的防火墙或隔板应从建筑物的地板起直到屋顶，将其完全封闭。信息储存设备要安装于单独的房间，室内应配有不燃材料制成的资料架及资料柜。电子计算机主机房应设有两个以上安全出口，而且门应向外开启。

3. 空调系统

大中型计算机中心的空调系统应与其报警控制系统实行联动控制，其风管及其保温材料、消声材料以及黏结剂等，均应采用不燃或者难燃材料。当风管内设有电加热器时，电加热器的开关与通风机开关亦应联锁控制。通风、空调系统的送、回风管道通过机房的隔墙和楼板处应设防火阀，既要有手动装置，又应设置易熔片或者其他感温、感烟等控制设备。当管内温度超过正常工作的最高温度 25℃时，防火阀即行顺气流方向严密关闭，并且应有附设单独支吊架等防止风管变形而影响关闭的措施。

4. 电气设备

电子计算机中的电气设备应特别注意下列防火要求。

①电缆竖井及其电管道竖井在穿过楼板时，必须用耐火极限不低于 lh 的不燃体隔板分开。水平方向的电缆管道及其电管道在通过机房大楼的墙壁处时，也要设置耐火极限不低于 0.75h 的不燃体板分隔。电缆和其电管道穿过隔墙时，应用金属套管引出，缝隙用不燃材料密封填实。机房内要预先开设电缆沟，便于分层铺设信号线、电源线以及电缆线地线等，电缆沟要采取防潮及防鼠咬的措施，电缆线和机柜的连接要有锁紧装置或者采用焊接加以固定。

②大中型电子计算机中心应当建立不间断供电系统或者自备供电系统，对于 24h 内要求不间断运行的电子计算机系统，要按照一级负荷采取双路高压电源供电。电源必须有两个不同的变压器，以两条可交替的线路供电。供电系统的控制部分应靠近机房并且设置紧急断电装置，做到供电系统远距离控制，一旦系统出现故障，能够较快地切断电源。为确保安全稳定供电，计算机系统的电源线路上，不可接有负荷变化的空调系统和电动机等电气设备，其供电导线截面不应小于 2.5mm^2 并采用屏蔽接地。

③弱电线路的电缆竖井宜与强电线路的电缆竖井分开设置，如果受条件限制必须合用时，弱电与强电线路应分别布置在竖井两侧。

④计算机房和已记录的媒体存放间应设置事故照明，其照度在距地面 0.8m 处，不应低于 5lx。主要通道及有关房间亦应设事故照明，其照度在距地面 0.8m 处不应低于 1lx。事故照明可以采用蓄电池作备用电源，连续供电时间不应少于 20min，并且应设置玻璃或者其他不燃材料制作的保护罩。卤钨灯和额定功率为 100W 及 100W 以上的白炽

灯泡的吸顶灯、槽灯以及嵌入式灯的引入线应穿套瓷管，并用石棉、玻璃丝等不燃材料作隔热保护。

⑤电气设备的安装及检查维修及重大改线和临时用线，要严格执行国家的有关规定和标准，由正式电工操作安装。严禁使用漏电的烙铁在带电的机柜上焊接。信号线要分层、分排整齐排列。蓄电池房应靠外墙设置，并加强通风，其电气设备应满足有关防火的要求。

5. 防雷、防静电保护

机房外面应设有良好的防雷设施。计算机交流系统工作接地与安全保护接地电阻均不宜大于 4Ω，直流系统工作接地的接地电阻不宜大于计算机直流系统工作接地极与防雷接地引下线之间的距离应大于 5m，交流线路走线不应与直流地线紧贴或者平行敷设，更不能相互短接或混接。机房内宜选用具有防火性能的抗静电活动地板或水泥地板，用以将静电消除。有关防雷和消除静电的具体措施，应达到有关规范和标准。

6. 消防设施的设置

大中型电子计算机中心应设置火灾自动报警及自动灭火系统。自动报警和自动灭火系统主要设置在计算机机房和已记录的媒体存放间。火灾自动报警与自动灭火系统的设备，应采用经国家有关产品质量监督检测单位检验合格的产品。大中型电子计算机中心宜配套设置消防控制室，并应具有：接受火灾报警，发出起火的声、光信号及事故广播及安全疏散指令，控制消防水泵、固定灭火装置、通风空调系统、阀门、电动防火门、防火卷帘及防排烟设施和显示电源运行情况等功能。

7. 日常的消防安全管理

计算机中心尤其应注意抓好日常的消防安全管理工作，禁止存放腐蚀品和易燃危险品。维修中应尽量避免使用汽油、酒精、丙酮以及甲苯等易燃溶剂，若确因工作需要必须使用时，则应采取限量的办法，每次带入量不得超过用随取，并禁止使用易燃品清洗带电设备。维修设备时，必须先关闭设备电源再进行作业。维修中使用的测试仪表、电烙铁以及吸尘器等用电设备，用完后应立即切断电源，存放至固定地点。机房及媒体存放间等重要场所应严禁吸烟和随意动火。计算机中心应配备轻便的二氧化碳等灭火器，并放置在显要并且便于取用的地点。

工作人员必须实行全员安全教育和培训，使之掌握必要的防火常识及灭火技能，并经考试合格才能上岗。值班人员应定时巡回检查，发现异常情况，及时处理和报告，当处理不了时，要停机检查，排除隐患后才可继续开机运行，并把巡视检查情况做好记录。要定期检查设备运行状况及技术和防火安全制度的执行情况，及时分析故障原因并且积极修复。要切实落实可靠的防火安全措施，保证计算机中心的使用安全。

各办公场所对其他火灾危险性大的部位比如物资仓库、易燃易爆危险品的储存、使用，汽车库、电气设备以及礼堂等都应列为重点，加强防火管理。

第四节　机场、地铁消防安全管理

一、地铁消防安全管理

在现代城市发展过程中，城市地铁工程逐渐占据越来越重要的地位，并且在实际应用过程中发挥着越来越重要的作用，对城市发展具有很大推动作用。在城市地铁实际运行及应用过程中，地铁消防安全管理属于非常重要的一项内容及任务，同时也是保证地铁得以安全运行的重要手段。作为消防管理工作人员，必须要对地铁消防安全管理充分重视，并且要通过有效措施加强消防安全管理，从而为地铁稳定良好运行奠定良好的基础。

（一）当前城市地铁工程中存在的消防安全隐患分析

1. 地铁站内可燃物比较多

对于当前城市地铁工程而言，在实际装修过程中虽然都选择不可燃材料或者难燃材料，然而在地铁工程实际运行过程中需要在值班室内安排工作人员进行值班，这有些值班人员会将被褥、衣服等一些生活用品放在设备室或者值班室内，而这些均属于可燃物或者易燃物，在很大程度上使地铁火灾危险性得以增加。此外，在当前地铁站内大多均设置有便利店或者报亭，这些便利店及报亭大多都以售卖报纸、书刊及食品为主，往往会使用到一些电热器具，这也会导致火灾危险性有所增加。此外，地铁站内为增加宣传而设置的广告宣传栏也是十分重要的一种火灾隐患。

2. 地铁站内相关消防装备比较缺乏

就地铁工程运行实际情况而言，由于在实际运行过程中所出现重大及特大安全事故相对而言比较少，消防出警率也就比较低，消防装备应用率相对也比较低，在实战过程中往往很难找到相关消防装备，同时在装备研发方面也缺乏针对性，最终所造成结果就是高精尖设备严重缺乏。就当前实际情况而言，虽然路轨两用消防车得以应用，然而由于在运行轨道上所行驶列车数量比较多，导致有消防安全事故出现使消防车很难较快的达到事故现场，一些相关消防设备及救援器材也很难向事故现场及时送达。因而，由于当前相关消防设施相对仍较缺乏，造成地铁站内消防安全隐患存在。

3. 地铁消防安全管理方面存在问题

就当前地铁工程实际运行情况而言，在消防安全管理方面存在的一些问题也导致地铁运行过程中存在一定安全隐患。首先，虽然目前消防管理部门在消防安全管理方面制定一定制度，同时也确定岗位职责，并且制定相关消防安全事故抢救方案与处理方案，然而在实际工作过程中并未能够得以真正落实；其次，对于城市地铁工程而言，其属于高科技公共交通系统，具有较高的智能化程度，其内部的一些系统设备相对比较复杂，并且用电量比较大，在系统设备长期运行过程中，并未能够对其进行合理维护及保养，从而导致消防安全隐患存在；第三，当前大部分地铁工程内相关工作人员整体水平及素质仍旧比较低，对于一些突发事故无法进行较好应急处理；第四，当前地铁上通常都是只有一名驾驶员，并且配备其他相关工作人员，一旦有火灾发生，乘客很容易出现混乱，导致逃生比较困难。

（二）城市地铁消防安全管理有效策略

1. 对地铁商业合理开发

对于地铁工程而言，其主要功能就是运输，在地铁安全运行能够得以保证的前提下，对地铁商业进行合理开发可获得较大价值。在地铁商业开发过程中，应当对地铁站内商业设施进行严格审核，在地铁出入口通道应当禁止设置商业设施，以避免对乘客疏散产生影响。

对于地铁站内相关商铺而言，应当将其作为独立防火单元对待，与站厅内所设置良好防火应当进行分隔，并且应当按照实际情况对机械排烟设施、自动灭火设施以及火灾探测器等相关设备进行合理设置。另外，对于地铁站内一些商店应当禁止其销售易燃易爆危险物，从而减少消防安全隐患。对于地铁站及相邻物业而言，其安全出口应当分别独立进行设置，两者之间相互联络的通道，不可将其当作安全出口。对于地铁车站以及车站内商业单元而言，应当对其实行防火分隔，使沟通交流及联动控制得以增强，从而使火灾发生时的火势及烟气蔓延能够得以有效减少，使人们生命财产安全得以更好保证。

2. 进一步强化地铁消防设施配置

在城市地铁消防安全管理过程中，为能够使其得到更加理想的效果，十分重要的一个方面就是应当对地铁消防设施加强配置。对地铁工程内相关消防设置而言，其与地铁工程项目整体建设应当同时规划实施，特别是对于一些高精尖消防设备，更加应当与地铁工程建设同步进行，通过对这些消防设施进行加强设置，可为城市地铁安全运行提供更好保证，能够保证在消防安全事故发生时对这些设备进行合理运用，从而将消防安全事故消灭在萌芽状态，进而保证地铁消防安全管理能够得到更加效率的效果。

3. 强化消防审核监督

消防部门与政府部门之间应当加强交流及沟通，对于地铁消防安全应当进一步加强宣传，从而真正能够实现安全第一，能够做到以人为本，并且各级领导应当对地铁消防安全加大重视力度，从而更好进行地铁消防安全管理。对于在建地铁城市或者待建地铁城市而言，当地消防部门应当积极向其它城市进行学习，对于地铁消防审核监督工作中的相关经验及教训，应当积极吸收及掌握，进而能够更好了解实际工作过程中的相关重点内容及难点内容，使自身感性认识能够得以增强，进而为今后消防监督管理工作更好开展奠定更加理想基础。在实际审查及监督过程中，应当对整体与局部关系进行合理把握，对于主要矛盾应当清楚认识，对于整体消防设计方案应当准确把握，对于各种相关专项消防设计应当进行分散审查，对于与人员生命安全具有密切关系的一些区域应当将其作为重点审查内容，同时，在审查验收过程中，应当进行严格把关，并且进行严格审核，进而保证无消防安全隐患存在，使消防安全管理能够得到更加理想的效果。

城市地铁是现代城市建设发展过程中的重要内容，同时也是解决城市交通问题的一个重要方案。在城市地铁实际运行过程中，为能够使其运行安全得以较好保证，使其更好服务于城市发展，十分重要的一项内容就是应当确保消防安全。相关消防安全管理部门及工作人员，应当在分析地铁运行中所存在消防安全隐患的基础上，通过有效方法及途径加强消防安全管理，从而使消防安全管理能够取得更加理想的效果，使其运行得到更好保证。

二、机场消防安全管理

机场作为重要的交通枢纽和人流集散地其消防安全管理显得尤为重要。机场消防安全管理涉及的范围广泛，包括建筑设施的消防防护、灭火救援装备的配备与使用、火灾隐患的排查和消除以及员工的消防安全培训等。

（一）机场建筑设施的消防防护

机场建筑设施的消防防护是机场消防安全的基础。首先，机场的建筑材料应选择具有良好的阻燃性能，以确保火灾发生时不易燃烧并能有效减缓火势蔓延。其次，机场的建筑布局应合理，消防通道要畅通无阻，疏散楼梯和出口要符合相关标准要求。此外，机场应配备先进的火灾自动报警系统和自动喷水灭火系统，并定期进行检测及维护保养，以确保其正常运行。

（二）灭火救援装备的配备与使用

机场作为一个特殊的场所，其灭火救援装备的配备和使用显得尤为重要。机场应根据实际需要配备灭火器、灭火器自动监测系统、泡沫灭火系统、消防水池等各种灭火设备，以应对不同种类的火灾。此外，机场还应建立专门的灭火队伍，确保他们具备扑灭各类火灾的能力，并定期组织灭火演练，提高灭火救援的应急处置能力。

（三）员工的消防安全培训

机场的员工在消防安全管理中起着至关重要的作用，所以，他们需要接受全面的消防安全培训。培训内容应包括消防安全知识、火灾应急处置流程以及灭火器具的正确使用等。此外，机场还应定期组织消防演习，让员工在实际操作中熟悉火警逃生的流程和方法，并进行模拟演练，提高应对火灾事故的应急处理能力。

总之，机场消防安全管理的重要性不容忽视。为保证机场消防安全，我们应注重机场建筑设施的消防防护，配备先进的灭火救援装备，并加强员工的消防安全培训。只有有机地综合运用这三个方面的措施，才能有效地提高机场的消防安全水平，保障乘客和员工的生命财产安全。

第四章 重点行业消防安全管理

第一节 石油化工生产消防安全管理

一、石油化工生产防火防爆

由于化工企业生产加工、储存的化工原料、化工产品本身具有高度的易燃易爆性、易腐蚀性和毒性，一旦发生火灾或泄漏事故，常伴随爆炸、复燃复爆，立体、大面积、多火点等形式的燃烧。不仅导致生产停顿、设备损坏，也会导致重大人员伤亡和难以挽回的损失。

（一）石油化工生产中火灾爆炸危险性分析

石油化工生产中火灾爆炸危险性可以从生产过程中物料的火灾爆炸危险性和生产装置及工艺过程中的火灾爆炸危险性两个方面进行分析。具体地说，就是生产过程中使用的原料、中间产品、辅助原料（如催化剂）及成品的物理化学性质，火灾爆炸危险程度，生产过程中使用的设备、工艺条件（如温度、压力），密封种类、安全操作的可靠程度等，综合全面情况进行分析，以便采取相应的防火防爆措施，确保安全生产。

1. 石油化工生产中使用物料的火灾爆炸危险性

石油化工生产中，所使用的物料绝大部分都具有火灾爆炸危险性，从防火防爆的角度，这些物质可分为 7 大类：①爆炸性物质，如硝化甘油等；②氧化剂，如过氧化钠、亚硝酸钾等；③可燃气体，如苯蒸气等；④自燃性物质，如黄磷等；⑤遇水燃烧物质，如硫的金属化合物等；⑥易燃与可燃液体，如汽油、丁二烯等；⑦易燃与可燃固体，如硝基化合物等。

2. 生产装置及工艺过程中的火灾爆炸危险性

①装置中储存的物料越多，发生火灾时灭火就越困难，损失也就越大。

②装置的自动化程度越高，安全设施越完善，预防事故发生的可能性就越高。

③工艺程度越复杂，生产中物料经受的物理化学变化越多，危险性就增加。

④工艺条件苛刻，高温、高压、低温、负压也会增加危险性。

⑤操作人员技术不熟练，不遵守工艺规程，生产装置发生事故欠镇静、处理不力也会引发火灾、爆炸事故。

⑥装置设计不符合规范，布局不合理，一旦发生事故，还会波及邻近装置。

（二）石油化工生产防火防爆措施

1. 火源控制

火源是引起易燃易爆物质着火爆炸的常见原因，石油化工生产中，控制火源对于防火防爆十分重要。

（1）明火控制

石油化工生产中的明火主要是指生产过程中的加热用火、维修用火及其他火源。

（2）摩擦与撞击火花的控制

机器中轴承等转动部分的摩擦，铁器的相互撞击或铁器工具打击混凝土地坪等都可能发生火花，当管道或铁制容器裂开物料喷出时也可能因摩擦而起火花。

（3）电气火花的控制

电气火花是一种电能转变成热能的常见点火源。电气火花有电气线路和电气设备在开关断开、接触不良、短路、漏电时产生火花，静电放电火花，雷电放电火花等。

（4）防止和控制高温物体

高温物体通常是指在一定环境中能够向可燃物传递热量并能导致可燃物着火的具有较高温度的物体。在石油化工生产中，常见的高温物体有加热装置（加热炉、裂解炉、蒸馏塔、干燥器等）、蒸气管道、高温反应器、输送高温物料的管线和机泵以及电气设备和采暖设备等。

（5）其他火源的控制

避免易燃易爆物件与高温的设备、管道表面相接触。可燃物料排放口应远离高温表面，高温表面要有隔热保温措施，烟头虽是一个不大的热源，但它能引起许多物质的燃烧，因此，在石油化工厂区内应禁止吸烟，避免因吸烟而造成的火灾爆炸事故。

2. 火灾爆炸危险物的安全处理

（1）按物质的物理化学性质采取措施

①尽量通过改进工艺的办法，以无危险或危险性小的物质代替有危险或危险性大的物质，从根本上消除火灾爆炸的条件。

②对于本身具有自燃能力的物质、遇空气能自燃的物质以及遇水能燃烧爆炸的物质等，可采取隔绝空气、充入惰性气体保护、防水防潮或针对不同情况使用通风、散热、降温等措施来防止自燃和爆炸的发生。如黄磷、二硫化碳在水中储存，金属钾、钠在煤油中保存，烷基铝在纯氮中保存等。

③互相接触会引进剧烈化学反应，温度升高，燃烧爆炸的物质不能混存，运输时不能混运。

④遇酸或碱有分解爆炸燃烧的物质应避免与酸、碱接触；对机械运动（如震动、撞击）比较敏感的物质要轻拿轻放，运输中必须采取减震防震措施。

⑤易燃、可燃气体和液体蒸气要根据储存、输送、生产工艺条件等不同情况，采取相适应的耐压容器和密封手段以及保温、降温措施。排污、放空均要有可靠的处理和保护措施，不能任意排入下水道或大气中。

⑥对不稳定的物质，在储存中应添加稳定剂、阻聚剂等，防止贮存中发生氧化、聚合等反应而引发温度、压力升高而发生爆炸。如丁二烯、丙烯腈在储存中必须加对苯二酚阻聚剂，防止聚合。

⑦要根据易燃易爆物质在设备、管道内流动时产生静电的特征，在生产和储运过程中采取相应的静电接地设施。

另外，液体具有流动性，为防止因容器破裂后液体流散或火灾事故时火势蔓延，应在液体储罐区较集中的地区设置防护堤。

（2）系统密封及负压操作

为防止易燃气体、蒸气和可燃性粉尘与空气构成爆炸性混合物，应使设备密闭，对于在负压下生产的设备，应防止空气吸入。

负压操作可防止系统中的有毒和爆炸性气体向容器外逸散。但也要预防由于系统密闭性差，在负压下操作，外界空气通过各种孔隙进入负压系统。

（3）通风置换

通风是防止燃烧爆炸物形成的重要措施之一。在含有易燃易爆及有毒物质的生产厂房内采取通风措施时，通风气体不能循环使用。排除具有燃烧爆炸危险粉尘时的排风系统，应使用不发生火花的设备和能消除静电的除尘器。排除与水接触能生成爆炸混合物的粉尘时，不能采用湿式除尘器。通风管道不宜穿越防火墙等防火分隔物，以免发生火灾时，火势通过通风管道而蔓延。

（4）惰性介质保护

惰性气体在石油化工生产中对防火防爆起着重要的作用。常用的惰性气体有氮气、二氧化碳、水蒸气等。

3. 工艺参数的安全控制

石油化工生产中，工艺参数主要是指温度、压力、流量、液位及物料配比等，防止超温、超压和物料泄漏是防止火灾爆炸事故发生的根本措施。

（1）温度控制

温度是石油化工生产中主要的控制参数之一。不同的化学反应都有其自己最适宜的反应温度，温度过高可能会引起剧烈反应而压力突增，造成冲料或爆炸，也可能会引起反应物的分解着火。温度过低，有可能会造成反应速度减慢或停滞，而一旦反应温度恢复正常时，则往往会因为未反应的物料过多发生剧烈反应而引起爆炸；温度过低还会使某些物料冻结，造成管路堵塞或破裂，致使易燃物料泄漏而发生火灾爆炸。

因而，正确控制反应温度不仅是保证产品质量、降低能源消耗所必需的，也是防火防爆所必需的。

（2）投料控制

①控制投料速度和数量。在石油化工生产中，控制投料速度和数量不仅是保证产品质量的需要，也是预防安全事故的需要。对于有放热反应的生产过程，投料速度不能超过设备的传热能力，否则，物料温度将会急剧升高，引发物料的分解、突沸或冲料起火、爆炸。在一次投料的生产中，如果投掷过量，则物料升温后体积膨胀，可能导致设备爆裂。投料速度过快，还可能造成尾气吸收不完全，引起可燃气体或毒气外逸而酿成火灾、中毒事故。此外，投料数量过少，也可能出现两种引起事故的情况：加料量少，使温度计接触不到液面而出现假象，导致误判断，造成事故；加料量过少，使物料的气相部分与加热面（如夹套、蛇管的加热面）接触而导致易于热分解的物料局部过热，引起分解爆炸事故。因此，必须按照工艺参数的要求，设置必要的投料计时器、流量计、液位计和联锁装置。操作人员要密切注视仪表显示值，做到精心平稳操作，发现异常及时处置。

②控制投料配比。投入原料的配比不仅关系产品质量，也关系到生产安全。对于连续化程度较高、火灾危险较大的生产，更要注意反应物料的配比关系。例如，环氧乙烷生产中乙烯和氧的混合反应；硝酸生产中氨和空气的氧化反应以及丙烯酯生产中丙烯、氨、空气的氧化反应，其原料配比都接近爆炸下限，且反应温度又接近或超过物料的自燃点，一旦投料比例失调，就可能发生爆炸火灾。特别是在开停车过程中，各种物料的浓度都在发生变化，而且开车时催化剂活性较低，容易造成反应器出口氧浓度升高，引起危险。另外，催化剂对化学反应速度的影响很大。如果催化剂过量，有可能发生危险，导致事故。因此，为了保证生产安全，应严格控制投入原料的配比，经常核对物料的组成比例，尽量减少开停车次数。对于接近爆炸下限或处于爆炸极限范围的生产，工艺条件允许时，可充氮保护或加水蒸气稀释。同时，在反应器上应装设灵活好用的控料阀、流量计及联锁装置。

③控制投料顺序。化工生产要求按一定顺序投料，是防止火灾、爆炸事故的一个主要方面。例如：氯化氢的合成应先投氢后投氯，二氯化磷的生产应先投磷后投氯，硫磷酯与一甲胺反应时应先投磷酸酯，后滴加一甲胺等，否则，就有发生燃爆的危险。再如，生产农药除草醚时，2，4-二氯酚、对硝基氯苯和碱 3 种原料必须同时加入反应罐进行

缩合反应。若忘记加入对硝基氯苯，其他两种原料反应会生成二氯酚钠盐，在240℃下即能分解爆炸；若忘记加入2, 4-二氯酚，此外，两种原料反应会生成对硝基氯酚钠盐，在200℃下即能分解爆炸。因此，必须教育和监督操作人员按工艺程序精心操作，绝不能马虎从事。

④控制原材料纯度和副反应。有许多化学反应，往往由于物料中危险杂质的增加，导致副反应、过反应的发生而造成火灾爆炸事故。例如：电石中含磷量过高，在制取乙炔时易发生燃烧事故；五硫化二磷中含游离磷量过高易自燃；氯气中含氢量过高、氢气中含氯量过高、氧气中含乙炔量过高，在生产或压缩过程中会发生爆炸。其原因主要是原材料纯度不合格，或因包装不符合要求而在储运中混入杂质等。

（3）防止跑冒滴漏

石油化工生产中的跑冒滴漏是发生火灾爆炸事故的重要原因之一。因此在工艺指标控制、设备结构形式等方面应采取相应的措施，并通过系统维护提高设备完好率。

（4）紧急情况停车处理

在石油化工生产中，当发生突然停电、停水、停气、可燃物大量泄漏等紧急情况时，生产装置就要停车处理，此刻若处理不当，就可能发生事故，化工企业主要的紧急情况有以下几种情况。

①停电。为防止因突然停电而发生事故，在停电时要特别注意重点设备的温度、压力变化，保持必要的物料畅通，某些设备的手动搅拌、紧急排空等安全装置都要有专人看管。发现因停电而造成冷却系统停车时，要及时将放热设备中的物料进行妥善处理，避免超温超压事故。

②停水。局部停水可视情况减量或维持生产，如大面积停水则应立即停止生产进料，注意温度压力变化，如超过正常值时，应视情况采取放空降压措施。

③停气。停气后加热设备温度下降，一些在常温下呈固态而在操作温度下为液态的物料，应及时关闭物料连通的阀门，防止物料倒流至蒸气系统。

④停风。当停风时，所有以气为动力的仪表、阀门都不能动作，此刻必须立即改为手动操作。有些充气防爆电器和仪表也处于不安全状态，必须加强厂房内通风换气，以防可燃气体进入电器和仪表内。

⑤可燃物大量泄漏的处理。在生产过程中，当有可燃物大量泄漏时，首先应正确判断泄漏部位，及时切断泄漏物料来源，在一定区域范围内严格禁止动火及其他火源。操作人员应控制一切工艺变化，工艺控制如果达到了临界温度、临界压力等危险值时，应正确进行停车处理，开动喷水灭火器，将蒸气冷凝，液态烃回收至事故槽内，并用惰性介质保护。有条件时可使用大量喷水系统在装置周围和内部形成水雾，以达到冷却有机蒸气，防止可燃物泄漏到附近装置中的目的。

4. 自动控制与安全保险装置

（1）自动控制

自动化系统，不仅包括检测和操作，还包括通过参数与给定值的比较和运算发出的调节作用，因此也称为"自动控制"。按其功能可分为 4 类。

①自动检测系统：是对机器、设备及过程自动进行连续检测，把工艺参数等变化情况提示或记录出来的自动化系统。

②自动调节系统：是通过自动装置的作用，使工艺参数保持为给定值的自动化系统。

③自动操作系统：是对机器、设备及过程的启动、停止及交换、接通等工序，由自动装置进行操纵的自动化系统。

④自动信号联锁和保护系统：是在机器、设备及过程出现不正常情况时，会发出报警或自动采取措施，以防发生事故，确保安全生产的自动化系统。

（2）安全保险装置

①信号报警。在石油化工生产过程中，可安装信号报警装置，当出现危险情况时，警告操作人员及时采取措施消除隐患。发出的信号有声音、光或颜色等。

②保险装置。信号装置只能提醒人们注意事故正在形成和即将发生，但不能自动排除故障，而保险装置则能在发生危险时自动消除危险状态，达到安全目的。

③安全联锁。所谓联锁是利用机械或电气控制依次接通各个相关的仪器及设备，使之彼此发生联系，达到安全生产的目的。

5. 限制火灾爆炸的扩散蔓延

在石油化工生产中，某些设备与装置由于危险性较大，应采用分区隔离、露天布置和远距离操纵等措施。此外，在一些具体的过程中为限制火灾爆炸扩散蔓延，应安装安全阻火装置，阻火设备包括安全液封、阻火器和单向阀等。其作用是防止外部火焰窜入有爆炸危险的设备、管道，或阻止火焰在设备和管道内扩展。

6. 安全设计

安全生产，首先应当强调防患于未然，把预防放在第一位，石油化工生产装置在开始设计时，就要重点考虑安全，其防火防爆设计应遵守现行国家有关标准、规范和规定。

二、液化天然气防火防爆

天然气属于易燃、易爆的介质，液化天然气是天然气储存和输送的一种有效的方法，在实际应用中，液态天然气要转变为气态使用，所以，在考虑 LNG（liquefied natural gas，液化天然气）设备或工程的安全问题时，不仅要考虑天然气所具有的易燃易爆的危险性，还要考虑转变为液态以后，其低温特性和液体特征所引起的安全问题。对于液化天然气的生产、储运和汽化供气各个环节，主要考虑的安全问题，就是围绕如何防止天然气泄漏，与空气形成可燃的混合气体，消除引发燃烧爆炸的基本条件以及 LNG 设备的防火及消防要求；以防低温液化天然气设备超压，引起超压排放或爆炸；由于液化天然气的低温特性，对材料选择和设备制作方面的相关要求；在进行 LNG 操作时，操作人员的防护等。

（一）基本常识

1. 点火源

点火源包含明火、无遮挡的强光、点燃的香烟、电火花、物体撞击发出的火花和静电、高温表面、发动机排气等。

2. 可燃物

引起火灾的第二个要素是可燃物的存在。对于 LNG 系统，就是指 LNG 蒸气与空气的混合物。除了天然气和其他可燃制冷剂以外，还有油漆、纸和木材等。这些可燃材料都不能存放在危险区内。

3. 氧化剂

空气本身就是一种氧化剂，其中含有体积分数为 21% 的氧气。在燃烧的三要素中，氧化剂是很难避免的，因为空气无处不在。但在发生火灾时，应设法减少空气的对流。如 LNG 储罐发生溢出后，对积存在围堰中的 LNG，可用泡沫灭火剂喷洒，使泡沫覆盖在 LNG 的液面上，减少空气与 LNG 的接触面积，同时也可降低 LNG 的蒸发速率。

（二）LNG 溢出或泄漏

LNG 溢出或泄漏是属于一种比较严重的事故，因为设备的损坏或操作失误等原因引起。正确评估 LNG 的溢出以及蒸气云的产生与扩散，是有关安全的一个重要问题。

LNG 溢出或泄漏能使现场的人员处于非常危险的境地。这些危害包括低温灼烧、冻伤、体温降低、肺部伤害、窒息等。当蒸气云团被点燃发生火灾时，热辐射也将对人体造成伤害。

在意外情况下，如果系统或设备发生 LNG 溢出或泄漏，LNG 在短时间内将产生大量的蒸气，与空气形成可燃的混合物，并将很快扩散到下风处，因此产生 LNG 溢出的附近区域均存在发生火灾的危险性。

LNG 的溢出可分溢出到地面和水面两种类型。

1.LNG 溢出到地面

LNG 溢出到地面主要是指陆地上的 LNG 系统，因设备或操作原因，使 LNG 泄漏到地面。由于 LNG 与地面之间存在较大的温差，LNG 将吸收地面的热量迅速汽化。初期的汽化率很高，只有当土壤中的水分被冻结以后，土壤传递给 LNG 的热量逐渐减少，汽化速率才开始下降。系统或设施的安全性应考虑两方面的问题：首先是设备本身，在万一发生泄漏的情况下，设备周围应具备有限制 LNG 扩散的设施（围堰或蓄液池），应使 LNG 影响的范围尽可能减小；其次是 LNG 溢出后，抑制气体发生的速率及影响的范围。

2.LNG 溢出到水面

LNG 在水面上产生溢出时，水面会产生强烈的扰动，并且形成少量的冰。汽化的情况与 LNG 溢出到地面差不多，当然，溢出到水面的蒸发速度要快得多。而且水是一个无限大的热源，水的流动性为 LNG 的汽化提供了稳定的热量，LNG 溢出到水面上，最重要的安全问题是蒸气云的形成和引起火灾的可能性。在空旷的地方，LNG 产生的蒸气云通常不会产生爆炸，但有可能引起燃烧和快速蔓延的火灾，一旦发生类似的事故以后，需要利用气象学方面的技术，对可能扩散到的区域，提前进行预报，预先采取防火和防空气污染的措施。

3.LNG 溢出或泄漏的预防

焊缝、阀门、法兰和与储罐壁连接的管路等，是 LNG 容易产生泄漏的地方。当 LNG 从系统中泄漏出来时，冷流体将周围的空气冷却至露点以下，形成可见雾团。通过可见的蒸汽云团可以观测和判断有 LNG 的泄漏。

（1）管路阀门的泄漏

阀门是比较容易漏泄的部件。虽然 LNG 系统的阀门都是根据低温条件特殊设计的，但当系统在工作温度下被冷却后，金属部分会产生严重的收缩，管路阀门可能产生泄漏。需要充分考虑这种泄漏的可能性应对措施，并安装必需的设备。

（2）输送软管和连接处的泄漏

LNG 从容器向外输送时，LNG 在管路中流动，并有蒸汽回流。因为温度很低，造成管路螺纹或法兰连接处的泄漏。在使用软管输送 LNG 的情况下，软管本身也可能产生泄漏。柔软的软管必须通过相关标准的压力测试，并在使用前对每一根管路进行检查，尽量减少泄漏发生的可能性。

（3）气相管路的泄漏

在天然气液化、存储、汽化等流程中，液化流程使用的制冷剂也有可能产生泄漏。连接液化部分和储罐的管路、气体回流管路及汽化环路都可能产生泄漏。当汽化器及其控制系统出现故障，冷气体和液体进入普通温度下运行的管路，导致设备的损坏。应当采取预防措施，使其能够迅速隔离产生泄漏的管路和汽化器，同时采取紧急控制措施，阻止液体继续流入汽化器。

4.LNG 溢出或泄漏的防火技术

通过制定行之有效的安全计划和强化操作人员的安全意识，将大大减少发生事故的可能性。然而，尽管有预防措施，事故还是有可能发生。操作人员应当受到应付紧急情况的训练。工作人员必须对 LNG 的特性和紧急处理措施有基本的了解，尽量减少人员伤害和财产损失。

控制 LNG 溢出和预防火灾，紧急反应主要有火源的控制、泄漏点的检测、紧急系统关闭及灭火 4 个方面。

（1）着火源控制

LNG 供气站区内禁止吸烟和非工艺性火源。若必须进行焊接、切割及类似的操作，则只能在特别批准的时间和地点进行，有潜在火源的车辆或其他运输工具，禁止进入围堰区或装有 LNG、可燃液体或可燃制冷剂的储罐或设备的 15m 范围内。控制排放出的 LNG 或火势，可以减少财产的损失和人员的伤亡。

（2）探测

可能发生可燃气体聚集、LNG 或可燃制冷剂泄漏以及发生火灾的地区，包括封闭的建筑物，均应进行火灾和泄漏监控。

连续监控低温传感器或可燃气体监测系统，应在现场或经常有人的地点发出警报。当监控的气体或蒸气的浓度超过它们的燃烧下限的 20% 时，监测系统应启动一个可听或可视的警报。

火灾警报器应在现场或经常有人的地点发出警报。此外，应允许火灾警报器与紧急关闭系统联锁联动。

（3）紧急关闭系统

当 LNG 系统发生泄漏时，停止设备运转可以阻止 LNG 进一步泄漏。当监测系统发出警报时，设备会自动关闭或由工作人员关闭，并控制不要产生点火源。发生事故的区域要进行隔离。

每个 LNG 设备都应加上紧急关闭系统（ESD），该系统可隔离或切断 LNG、可燃液体、可燃制冷剂或可燃气体的来源，并关闭一些如继续运行可能加大或维持灾情的设备。

（4）灭火

灭火的首要措施是控制可燃物，以防其扩散。这主要依靠 LNG 工厂的设计、建造和安全操作。其次是在 LNG 溢流发生后与控制管理人员联系，启动消防系统。使用高膨胀率、低密度的泡沫覆盖减少 LNG 蒸气的扩散。减少空气与 LNG 蒸气混合形成可燃物。

在某些场合，控制 LNG 的火焰比灭火的效果好，使其不能再点燃更大的天然气云团。应在上风口的位置控制火焰，灭火剂顺着风向向火焰流动，并使消防人员远离火焰。

①消防给水灭火：在汽化区应提供消防水源和消防水系统。

②灭火设备灭火可以减少火灾造成的损失，扑灭时间越短，造成的损害越少。使用灭火剂扑灭 LNG 产生的火灾时，灭火剂必须快速工作，灭火剂的量要根据对火灾规模的预计来确定灭火剂的量。

目前，最常用的控制 LNG 火焰的方法是利用水雾吸收热量，水喷淋系统在大型工厂中都有使用，大型的 LNG 储罐或冷箱可以在外部安装水喷淋系统。LNG 工厂应该安装供水系统，对于容量大于 266m3 以上的 LNG 储罐，要求安装供水和输送系统。水系统可用于控制火势，除了能够吸热和保护暴露在火焰下的建筑使之不至于很快着火外，还可用来保护个人安全。

（5）其他安全事项

在 LNG 供气站中，在一些重要部分周围应有外层防护栏、围墙或自然防护栏。其他危险物的存放区域、室外的工艺设备区域、有工艺设备或控制设备的建筑、装卸设施等，可设置为单个连续的围栏，也可设置为几个独立的围栏。

三、石油化工生产防火防爆安全管理

石油化工企业因为所用原料、辅助材料、中间产品与终端产品多数为易燃易爆物品，工艺过程高温高压，生产过程危险性很高，生产中如果稍有不慎，就可能发生火灾、爆炸事故，给企业与社会带来巨大损失。因此做好石化企业防火工作是一项非常重要的工作，可以说是责任重于泰山。这就要求每一个在石化企业工作的人员，不仅思想上要高度重视防火工作，行动上更要去落实防火工作，要根据《消防法》及国家其他有关安全生产的法规制度的精神进行认真贯彻执行。企业要根据自己的实际情况，制定切实可行、操作性强的防火措施，真正做到防微杜渐、防患未然。

（一）"三同时"原则

根据职业安全卫生三同时原则的要求，建设项目的职业安全卫生设施要与主体工程同时设计、同时施工、同时投用。作为一个石化企业，消防设施也必须严格按照本原则执行，这是石化企业做好防火工作的基础。具体可从以下 3 个环节着手。

1. 从设计源头做好防火工作

要做好石化企业的安全防火工作，必须从工艺的选择、总图的布置、设备的选型、消防设施的配备等环节给予充分的考虑。要选择工艺先进、技术成熟、安全可靠性高的工艺。厂区的选址要远离居民区及危险性大的地点，交通要便利。厂内外各处的布局要有足够的防火间距，厂内道路要畅通，最好要形成环形通道。设备的选择要本着可靠性高、安全性能好、经济合理的原则去确定，电气设备要选择恰当的防爆等级。消防设施必须给予充足的设置，固定和移动消防设施要有足够的灭火能力。消防部门的人员、编制及设施也要明确在设计中给出，使防火组织机构及设施在设计上得到保障。安全消防设施的设计图纸及资料要报政府安全、公安消防部门审核批准方可进行施工。

2. 狠抓施工阶段的防火监督管理工作

施工阶段的防火工作是企业防火工作的重要一环。在这一阶段，主要做好两项工作：①做好施工作业过程的防火工作，在施工现场要配备必要的消防器材和专（兼）职的安全防火人员，对现场作业人员要进行消防安全知识和技能的培训，确保施工过程的顺利进行。②做好安全消防设施施工进度、质量的监督与检查，要确保防火设计的思想与具体内容在施工阶段得到真正落实。在此阶段，若发现设计与施工中有不符合消防要求的地方，要及时进行变更处理，决不能把问题留到工程完工后，把隐患带到生产中去。

3. 认真开展工程项目的验收与投用工作

工程项目经过设计、施工阶段后，将进入中交及试生产，随后就开始正常生产。工程中交及试生产是对工程设计、施工及生产管理者进行全面检验的重要阶段。在此阶段，要对工艺、设备、安全消防系统、人员（操作者、管理者、保运者）进行全面验收。要经过试生产的检验证明工程项目是否达到设计目标，人员是否满足生产安、稳、长、满、优运行的要求。生产装置经生产运行要达到设计要求并经相关行政部门验收后，方可进入正式生产阶段。因为工程项目的试生产是装置第一次运行，因此在安全防火方面要做充分的准备工作。首先要有详细全面并经审查批准的试车方案，方案中要有应对各类事故包括火灾爆炸事故的预案，并经过充分演练。其次所有参与试生产的人员都要经过全面操作及安全防火知识技能的培训，应该达到异常情况会处理，初起火灾会扑救的水平。专业或义务消防救援队伍已全部到位，消防车辆、设施随时能够投用并能进行24h保障，这样试车的安全防火工作才算有了基本的保障。

（二）日常防火检查工作

防火工作的重点是预防，其次才是灭火工作。因此首要的是未雨绸缪做好防范工作，要把各种不安全因素消灭于萌芽。要及时发现各类火险隐患，就必须发动各级各类人员，通过各种形式的检查以发现问题查出隐患，如专业防火检查，还有日常检查等，通过检查及时发现生产环节、生产现场存在的各类不安全因素，并及时消除，从而确保安全。对于查出的火灾隐患，可通过下发书面火灾隐患整改通知单的方式送达问题单位的负责人手中，限期进行整改，要求其在整改之前采取有效的措施，检查单位对于项目整改的进度与完成情况要及时进行督查验收。实践证明，防火检查是做好防火工作的一个重要手段，要做好防火检查，建立完善的防火责任制及防火检查制度是基础。

（三）落实防火责任制

要做好防火工作，落实责任，完善制度是非常关键的一条。企业要制定防火责任制，成立以企业领导为首的防火组织机构，确保防火的责任层层落实，要具体到每一个单位和每个人。要制定明确的防火检查制度，定规矩、定责任、定人员、定时间，使防火工作有法可依，有章可循，不留死角，使人人、事事、处处、时时都处于安全可控状态中。

（四）专兼职消防救援队伍的建设

专职的消防救援队伍是企业消防工作的主要力量。大的石化企业根据需要可以组建自己的消防救援队伍，配备消防车辆、器材与人员并与地方及相邻企业形成联防。小的企业可以依托地方消防救援队伍，但是必须保障在着火的情况下最近的消防救援队伍能在5min到达火场，最迟不超过8分钟。兼职（义务）消防救援队伍作为防火工作的一支重要力量，在消防工作中起着举足轻重的作用。由于兼职消防救援队伍的人员多为一线工作人员，对生产现场情况最为了解，危险因素与火情也是他们最先发现最先能实施扑救。通常来说，初起火灾最易扑灭，而一线人员又能最先到达现场实施扑救，因此一支技术过硬的兼职消防救援队伍能在火灾初起阶段及时将其扑灭或控制，从而使企业把损失减少到最小。所以石化企业建立兼职消防救援队伍也是必不可少的工作，要投入一定的力量对兼职消防人员进行全面培训，提高他们的防火技术与水平，为企业的安全生产提供坚实保证。

（五）用火管理

石化企业由于所用原料易燃易爆的特性，因此生产区与生活区、办公区要严格区分开来。在生产区应实施烟火管制，严禁出入人员将各类火种带入及吸烟或随意用火，进入烟火管制区的人员一律要穿戴不产生火花的特殊工装,防爆区域内作业要用防爆工具。出入生产区的机动车辆要戴防火罩，并到安全防火部门办理通行证后方可按指定的路线与时间通行。厂内动用明火或是会产生火花的各类作业统统要办理用火作业许可证，在得到经批准的用火作业许可证后方可从事许可的作业。动火之前，要对动火设备进行吹扫、置换、清洗、蒸煮及隔离，将易燃易爆物料清理干净，作业场所 15m 区域内的可燃物要清理掉，灭火器要准备到位，设备内及动火场所可燃物要分析合格，在各项工作都落实好后用火许可证方能签发。为确保禁火制度的有效实施，防火工作人员及各级各类人员要认真对自己负责的区域进行严格检查，万一发现违章用火的情况要及时制止并进行教育和处理，严重的可按照《消防法》有关规定移交公安机关处理直到追究刑事责任。

（六）要害部位的管理

石化企业防火工作的重要性是不言而喻的，必须高度重视，不能有一点疏漏。在实际工作中我们面临的问题经常是多种多样，但是由于人力、精力等方面的限制，不可能面面俱到。因此在做防火工作的时候，要分清主次与轻重缓急，要首先抓好那些矛盾突出，火险问题严重，危险性大，造成事故后果严重，迫切需要解决的问题。要做到这一点，需要对生产装置进行认真分析与研究，通过科学的评价，确定出要害部位、关键装置与危险点，这是抓好要害部位的前提。前提确定了，后面的工作也就明确了，要把主要的精力、财力投入到这些重点上来，实现抓住一点保住一片，抓住一条线保住一方面。对于重点要害部位要加强防火监督检查，加强安全投入，建立防火档案，发现问题及时解决。对于要害部位，要制定详细可行的灭火预案，并组织定期的消防演练，增强全体人员处理意外事故的能力，为企业的发展保驾护航。

第二节　石油化工储运设施消防安全管理

一、危险化学品存储场所防火防爆

基于危险化学品的特性，若储存不当，在储存过程中一旦受到外界条件的影响，极易引起燃烧、爆炸和中毒，甚至引发火灾、爆炸事故，导致人员伤亡、物质损失和环境污染。

《危险化学品安全管理条例》规定：危险化学品必须储存在专用仓库、专用场地或者专用储存室（以下统称专用仓库）内，储存方式、方法与储存数量必须符合国家标准，并由专人管理。

危险化学品出入库，必须进行核查登记。库存危险化学品必须在专用仓库内单独存放，实行双人收发、双人保管制度。储存单位应当将储存剧毒化学品以及构成重大危险源的其他危险化学品的数量、地点以及管理人员的情况，报当地公安部门和负责危险化学品安全监督管理综合工作的部门备案。

危险化学品专用仓库，应该符合国家标准对安全、消防的要求，设置明显标志，储存设备和安全设施应当定期检测。

（一）危险化学品储存场所要求

1. 建筑结构

危险化学品的建筑物严禁有地下室或其他地下建筑，其耐火等级、层数、占地面积、安全疏散和防火间距应符合国家有关规定。储存地点及建筑结构的设置，除了应符合国家的有关规定外还应考虑对周围环境和居民的影响。

2. 电气安装

储存危险化学品的建筑物、场所中的消防用电设备应能充分满足消防用电的需要，并符合《建筑防火通用规范》（GB 55037-2022）的有关规定。危险化学品储存区域或建筑物内输配电线路、灯具、火灾事故照明和疏散指示标志都应符合安全要求。储存易燃、易爆危险化学品的建筑，必须安装避雷设备。

3. 通风及温度调节

储存危险化学品的建筑必须安装通风设备并注意设备的防护措施。建筑通排风系统应设有导除静电的接地装置。通风管应使用非燃烧材料制作，通风管道不宜穿过防火墙等防火分隔物，如必须穿过时应用非燃烧材料分隔。储存危险化学品建筑采暖的热媒温度不应过高，热水采暖不应超过80℃，不得使用蒸气采暖和机械采暖。采暖管道和设备的保温材料，必须采用非燃烧材料。

（二）储存方式与原则

1. 储存方式

①隔离储存：在同一房间或同一区域内不同的物料之间分开一定距离，非禁忌物料间用通道保持空间的储存方式。

②隔开储存：在同一建筑或同一区域内用隔板或墙将其与禁忌物料分离开的储存方式。

③分离储存：储存在不同的建筑物或远离所有建筑的外部区域内的储存方式。

2. 储存原则

按照危险物品的性能分区、分类、分库储存，定品种、定数量、定库房、定人员，各类危险物品不得与禁忌物料（化学性质相抵触或灭火方法不同的物料）混合储存。

3. 危险化学品储存

危险化学品储存安排取决于危险化学品分类、分项、容器类型、储存方式和消防要求。

①遇火、遇热、遇潮能引起燃烧、爆炸或发生化学反应，产生有毒气体的危险化学品不得在露天或潮湿、积水的建筑物中储存。受日光照射能发生化学反应引起燃烧、爆炸、分解、化合或能产生有毒气体的危险化学品应储存在一级建筑物中。其包装应当采取避光措施。

②爆炸品不准和其他类物品同储，必须单独隔离限量储存，仓库不准建在城镇，并且应与周围建筑、交通干道、输电线路保持一定安全距离。

③气体必须与爆炸品、氧化性物质、易燃物品、易于自燃物质、腐蚀性物质等隔离储存。易燃气体不得与助燃气体、剧毒气体同储，氧气不得与油脂混合储存，盛装液化气体的压力容器，必须有压力表、安全阀、紧急切断装置并定期检查，不得超装。

④易燃液体、遇水放出易燃气体的物质、易燃固体不可与氧化性物质混合储存，具有还原性的氧化剂应单独存放。

⑤毒性物质应储存在阴凉、通风、干燥的场所，不得露天存放和接近酸类物质。腐蚀性物质包装必须严密，不允许泄漏，严禁与液化气体和气体物品共存。

4. 储存限量

化学危险品储存安排取决于化学危险品分类、分项、容器类型、储存方式与消防的要求。储存量及储存安排见表4-1。

表4-1　危险品储存量及储存安排

项目	露天储存	隔离储存	隔开储存	分离储存
单一储存最大量 /（t/m²）	2000 ~ 2400	200 ~ 300	200 ~ 300	400 ~ 600
单位面积储存量 /t	1.0 ~ 1.5	0.5	0.7	0.7
垛距限制 /m	2	0.3 ~ 0.5	0.3 ~ 0.5	0.3 ~ 0.5
通道宽度 /m	4 ~ 6	1 ~ 2	1 ~ 2	5
与禁忌品距离 /m	10	不得同库存储	不得同库存储	7 ~ 10
墙距宽度 /m	2	0.3 ~ 0.5	0.3 ~ 0.5	0.3 ~ 0.5

（三）易燃易爆化学物品的养护管理

1. 储存条件

（1）建筑与库房条件

库房耐火等级应不低于三级。爆炸品应当储存于一级轻顶耐火建筑的库房内。

Ⅰ级和Ⅱ级易燃液体、Ⅰ级易燃固体、易于自燃的物质、气体宜储存于一级耐火建筑的库房内；遇水放出易燃气体的物质、氧化性物质和有机过氧化物可储存于一、二级耐火建筑的库房内；Ⅱ级易燃固体、Ⅲ级易燃液体可储存于耐火等级不低于三级的库房内。

（2）储存要求

物品防止阳光直射，远离火源、热源、电源，无产生火花的条件。

除满足有关分类储存的规定外，以下品种应专库储存：①爆炸品，如黑色火药类、爆炸性化合物；②气体，如易燃气体、非易燃无毒气体和毒性气体；③易燃液体，如甲醇、乙醇、丙酮；④特殊易燃固体；⑤易于自燃的物质，如黄磷、烃基金属化合物、浸动、植物油制品；⑥遇水放出易燃气体的物质；⑦氧化性物质和有机过氧化物，无机氧化剂与有机氧化剂分别储存，硝酸铵、氯酸盐类、高锰酸盐、亚硝酸盐、过氧化钠、过氧化氢专库储存。

（3）环境卫生条件

库房周围无杂草与易燃物、库房内经常打扫，地面无洒落物品，地面与货垛清洁卫生。

（4）温湿度条件

库房内设温湿度表，按规定时间观测和记录。

2. 堆垛要求

（1）堆垛方法

根据库房条件、物品性质和包装形态采取适当的堆码和垫底方法。各种物品不允许直接落地存放。根据库房地势的高低，通常应垫15cm以上。各种物品应码行列式压缝货垛，做到牢固、整齐、美观、出入库方便，一般垛高不超过3m。

（2）堆垛间距

主通道大于等于180cm；支通道大于等于80cm；墙距大于等于30cm；柱距大于等于10cm；垛距大于等于10cm；顶距大于等于50cm。

（四）消防措施

根据危险品特性和仓库条件，必须配置相应的消防设备、设施和灭火药剂，并配备经过训练的兼职和专职的消防人员。储存危险化学品建筑内依据仓库条件安装自动监测和火灾报警系统。如条件允许，应安装灭火喷淋系统（遇水燃烧化学危险品，不可用水扑救的火灾除外），其喷淋强度为15L/（min·m²），持续时间为90min。

（五）危险化学品的消防安全检查

危险化学品的安全检查按工作程序和环节的不同分为出、入库检查和在库检查。

出、入库检查是保证危险化学品安全储存的基础。主要检查内容包括以下几方面：①进入库区的人员及车辆；②危险化学品与包装；③装有稳定剂保护的危险化学品；④气体钢瓶；⑤易燃杂物。

在库检查是危险化学品仓库工作的中心环节，主要包括以下几方面：①日常管理；②季节性检查；③火源、电源检查；④库内环境检查；⑤消防设施器材检查。

二、危险化学品运输和装卸防火防爆

运输是危险化学品流通过程中的重要环节。运输与装卸危险化学品，必须符合有关法规、标准的要求，切实确保安全。主要的法规、标准有：国务院制定并公布的《危险化学品安全管理条例》；交通运输部制定的《道路危险货物运输管理规定》及《水路危险货物运输规则》；原铁道部制定的《铁路危险货物运输规则》；中国民航局制定的《中国民用航空危险品运输管理规定》以及若干国家标准和行业标准。这些法规和标准中对危险化学品的运输和装卸安全都有明确的规定。

（一）危险化学品的分类

危险品是易燃易爆有强烈腐蚀性的物品的统称，危险品的运输存在巨大的危险性，稍不注意可能会造成物资损失或者人员伤亡。根据《化学品分类和危险性公示通则》（GB 13690-2009）和《危险货物分类和品名编号》（GB 6944-2012）两个国家标准将化学品按其危险性分为 8 大类。

第一类：爆炸品，爆炸品指在外界作用下（如受热、摩擦、撞击等）能发生剧烈的化学反应，瞬间产生大量的气体和热量，使周围的压力急剧上升，发生爆炸，对周围环境、设备、人员造成破坏和伤害的物品。爆炸品在国家标准中分 5 项，其中有 3 项包含危险化学品，另外 2 项专指弹药等。

第 1 项：具有整体爆炸危险的物质和物品，如高氯酸；

第 2 项：具有燃烧危险和较小爆炸危险的物质和物品，如二亚硝基苯；

第 3 项：无重大危险的爆炸物质和物品，如四唑并 -1- 乙酸。

第二类：压缩气体和液化气体，指压缩的、液化的或加压溶解的气体。这类物品当受热、撞击或强烈震动时，容器内压力急剧增大，导致容器破裂，物质泄漏、爆炸等。它分 3 项。

第 1 项：易燃气体，如氨气、一氧化碳、甲烷等；

第 2 项：不燃气体（包括助燃气体），如氮气、氧气等；

第 3 项：有毒气体，如氯（液化的）、氨（液化的）等。

第三类：易燃液体，本类物质在常温下易挥发，其蒸气与空气混合能形成爆炸性混合物。它分 3 项。

第 1 项：低闪点液体，即闪点低于 -18℃的液体，如乙醛、丙酮等；

第 2 项：中闪点液体，即闪点在 -18 ~ 23℃的液体，如苯、甲醇等；

第 3 项，高闪点液体，即闪点在 23℃以上的液体，如环辛烷、氯苯、苯甲醚等。

第四类：易燃固体、自燃物品和遇湿易燃物品，这类物品易于引起火灾，按它的燃烧特性分为 3 项。

第 1 项：易燃固体，指燃点低，对热、撞击、摩擦敏感，易被外部火源点燃，迅速燃烧，能散发有毒烟雾或有毒气体的固体，如红磷、硫黄等；

第 2 项：自燃物品，指自燃点低，在空气中容易发生氧化反应放出热量，而自行燃烧的物品，如黄磷、三氯化钛等；

第 3 项：遇湿易燃物品，指遇水或受潮时，发生剧烈反应，放出大量易燃气体和热量的物品，有的不需明火，就能燃烧或爆炸，如金属钠、氰化钾等。

第五类：氧化剂和有机过氧化物，这类物品具有强氧化性，易引起燃烧、爆炸，按其组成分为 2 项。

第 1 项：氧化剂，指具备强氧化性，易分解放出氧和热量的物质，对热、震动和摩擦比较敏感。如氯酸铵、高锰酸钾等；

第 2 项：有机过氧化物，指分子结构中含有过氧键的有机物，其本身是易燃易爆、极易分解，对热、震动和摩擦极为敏感。如过氧化苯甲酰、过氧化甲乙酮等。

第六类：毒害品，指进入人（动物）肌体后，累积达到一定的量能与体液和组织发生生物化学作用或生物物理作用，扰乱或破坏肌体的正常生理功能，引起暂时或持久性的病理改变，甚至危及生命的物品。如各种氧化物、砷化物、化学农药等。

第七类：放射性物品，它属于危险化学品，但不属于《危险化学品安全管理条例》的管理范围，国家还另外有专门的条例来管理。

第八类：腐蚀品，指能灼伤人体组织并对金属等物品造成损伤的固体或者液体。这类物质按化学性质分3项。

第1项：酸性腐蚀品，如硫酸、硝酸、盐酸等；

第2项：碱性腐蚀品，如氢氧化钠、硫氢化钙等；

第3项：其他腐蚀品，如二氯乙醛、苯酚钠等。

（二）危险化学品运输中存在的主要问题

1. 人的因素

从事危险化学品运输的工作人员如驾驶员、押运员、装卸管理人员，有些人员文化水平较低，法律意识淡薄，他们虽然接受了有关部门的培训，但多以应试为目的，只求考试能顺利过关，不能深入、扎实地进行学习，对危险货物运输相关法规知之甚少，对所装运的危险化学品的危险特性也一知半解。万一货物发生泄露或引起火灾等事故他们就不知道如何处置，不能在第一时间采取有效措施，制止事态扩大。还有些驾驶员、押运员责任心和安全保护意识不强，他们对有关危险化学品安全运输的规定缺乏了解，疲劳驾驶、盲目开快车、强行会车、超车，过铁路岔口、桥梁、涵洞时不减速，还有的酒后驾车，这些都极容易引起撞车、翻车事故。还有的装卸人员违反操作规程野蛮装卸，不按规定装卸，都容易导致事故发生，造成灾难。

人的失误按失误者的身份可归纳为装车人的失误、押车人的失误、开车人的失误、修车人的失误4类。

（1）装车人的失误

装车人的失误主要有超重装载、超高装载、过量充装；没有对危险化学品容器采取紧固措施，使其在路上颠簸碰撞，乃至挣脱约束滚下车；危险化学品容器的阀门没有拧紧，以致发生泄露。

（2）押车人的失误

押车人的失误主要有：指使司机违章随意停车；搭乘无关人员；擅离职守，使危险化学品失去监控，油管压力升高不及时排放，最后导致超压爆炸或货物落下发生事故等。

（3）开车人的失误

开车人的失误即驾驶员的违章驾驶或失误。据统计，80%的交通事故是由驾驶员的违章或失误导致的。开车人的失误主要有以下几个方面。

①驾驶。疲劳驾驶或驾驶技术差；安全驾驶规章执行不严、事故处理应急能力差；在雨天、雪天、大雾天、弯道处、路口等行车不慎，思想麻痹，车速过快；违章超速行车或超车。

②行车路线。行车路线选择不当，违章从人口密集处通过或者道路不熟，出现意外。

③停靠与搭乘。违章在人口密集处随意停靠；违章搭乘无关人员；违章客货混装，在客车上携带危险品。

（4）修车人的失误

修车人的失误是车辆维修保养不善，检查不仔细，使有缺陷、有隐患的车辆上路；电焊工违章在易燃易爆环境下动火修理运输危险化学品的车辆，导致起火或爆炸。

2. 车辆的因素

装运危险化学品的车辆的安全状况是引起事故的一个重要因素，车辆技术状况的好坏，是危险化学品安全运输的基础，有些单位和个人只考虑眼前的经济效益，不执行国家的车辆维护和检测规定，车辆不坏不维护，有的甚至出现较小故障不进行维修而凑合着开等现象，为事故埋下了隐患。在道路上正在从事运输的机动车或即将执行运输任务的机动车缺乏应有的临时车辆技术性能检验约束，尤其是一些执行长途运输任务的机动车，在漫长的运输途中，机动车安全技术状况得不到保证。

3. 其他因素

（1）交通事故

交通事故的发生，很多时候与一些客观因素有关，天气状况的好坏也直接影响到危险化学品安全运输，雨天、雾天或冰雪天等都因为天气状况不好、视线不清、山体滑坡造成车辆颠簸或翻车而引发事故；有的时候铁路钢轨面有突起物、其他车辆事故等都对运输车辆有影响。

（2）装运因素

危险化学品包装是保护产品质量不发生变化、数量完整的基本要求，也是防止储存运输过程中发生着火、腐蚀等灾害性事故的重要措施，是安全运输的基本条件之一。在《铁路危险货物运输规则》《水路危险货物运输原则》《危险化学品安全管理条例》等法规中，对危险化学品包装的分级、包装技术要求、包装条件、运输储存及包装实验方法、检验规则都做出了规定。但部分企业通常为了节省包装成本或运输成本，对危险化学品瞒报、漏报，对其包装偷工减料，以次充好。其中部分从事危险化学品包装物、容器生产的企业无生产许可证，包装实验、检验工序简单，质量监督不规范，生产设备及工艺落后，产品直接用于公路运输的比比皆是。在实际工作中由于包装容器强度不够或者包装衬垫材料选用不当，导致容器破损，化学物料泄漏，引起事故的事件时有发生。在配装货物时，有的将性质相抵触的危险化学品同装在一辆车上，或者将灭火方法、抢救措施不同的物品混装在一起，万一发生泄漏就有可能因为混装而引发更大的灾难。

（三）危险化学品储运过程中的注意事项

凡具有腐蚀性、自然性、易燃性、毒害性、爆炸性等性质，在运输、装卸和储存保管过程中容易造成人身伤亡和财产损毁而需要特别防护的物品，均属危险品。危险品具有特殊的物理、化学性能，运输中如防护不当，极易发生事故，并且事故所造成的后果较一般车辆事故更加严重。因此，为保证安全，在危险品运输中应注意以下事项。

1. 注意包装

危险品在装运前应根据其性质、运送路程、沿途路况等采用安全的方式包装好。包装必须牢固、严密，在包装上做好清晰、规范、易识别的标志。

2. 注意装卸

危险品装卸现场的道路、灯光、标志、消防设施等必须符合安全装卸的条件。装卸危险品时，汽车应在露天停放，装卸工人应注意自身防护，穿戴必需的防护用具。严格遵守操作规程，轻装、轻卸，严禁摔碰、撞击、滚翻、重压和倒置，怕潮湿的货物应用篷布遮盖，货物必须堆放整齐，捆扎牢固。不同性质的危险品不能同车混装，如雷管、炸药等切勿同装一车。

3. 注意用车

装运危险品必须选用合适的车辆，爆炸品、一级氧化剂、有机氧化物不得用全挂汽车列车、三轮机动车、摩托车、人力三轮车和自行车装运；爆炸器、一级氧化剂、有机过氧物、一级易燃品不得用拖拉机装运。除二级固定危险品外，其他危险品不可用自卸汽车装运。

4. 注意防火

危货运输忌火，危险品在装卸时应使用不产生火花的工具，车厢内严禁吸烟，车辆不得靠近明火、高温场所和太阳曝晒的地方。装运石油类的油罐车在停驶、装卸时应安装好地线，行驶时，应使地线触地，防止静电产生火灾。

5. 注意驾驶

装运危险品的车辆，应设置《道路运输危险货物车辆标志》（GB 13392-2005）规定的标志。汽车运行必须严格遵守交通、消防、治安等法规，应控制车速，保持与前车的距离，遇有情况提前减速，避免紧急刹车，严禁违章超车，保证行车安全。

6. 注意漏散

危险品在装运过程中出现漏散现象时，应根据危险品的不同性质，进行妥善处理。爆炸品散落时，应将其移至安全处，修理或更换包装，对漏散的爆炸品及时用水浸湿，请当地公安消防人员处理；储存压缩气体或液化气体的罐体出现泄漏时，应将其移至通风场地，向漏气钢瓶浇水降温；液氨漏气时，可浸入水中，其他剧毒气体应浸入石灰水中；易燃固体物品散落时，应迅速将散落包装移于安全处所，黄磷散落后应立即浸入水中，金属钠、钾等必须浸入盛有煤油或无水液体石蜡的铁桶中；易燃液体渗漏时，应及时将渗漏部位朝上，并及时移至安全通风场所修补或更换包装，渗漏物用黄沙、干土盖没后扫净。

7. 注意停放

装载危险品的车辆不得在学校、机关、集市、名胜古迹、风景游览区停放，如必须在上述地区进行装卸作业或临时停车时，应采取安全措施，并征得当地公安部门的同意。停车时要留人看守，闲杂人员不准接近车辆，做到车在人在，保证车辆安全。

8. 注意清厢

危险品卸车后应清扫车上残留物，被危险品污染过的车辆及工具必须洗刷清毒。未经彻底清毒，严禁装运食用、药用物品、饲料及动植物。

（四）危险化学品装卸过程中的注意事项

1. 防止静电积聚

控制流速和流量。严格执行初始流速 1m/s 和作业最大流速及流量。

①接收货物容器进出入口的流速要求：

a. 水平入口的，货物液面必须没过入口上顶端 0.6m 后（不再有液体扰动和湍流），方可提速；

b. 下弯型入口，应满足管边下端口到货物表面的距离已超过入口管径的 2 倍距离，方可提速；

c. 上弯型入口，管口需满足管口到货物液面 1.2m 以上的距离，方可提速。

②浮顶式货罐则应保持 1m/s 流速，直到罐顶开始浮动为止（包括固定罐顶的内浮式货罐），方可提速，防止流速快速湍流静电积聚。

③在进行危险化学品的冲桶取样时，应确保流速不超过 1m/s，并防止液体产生飞溅和积聚静电。

④危险液化品船舶在抵港或刚装卸完毕货物，容器应静置 30min 后方可进行采样、测温、检尺等作业。

⑤液体危险化学品在采样、计量和测温时，控制动作速度，上下提放器具速度不得大于 0.5m/s。

2. 静电消除

装卸高危或易积蓄静电的液体化学品作业前，应先将所有装卸设备、设施进行有效连接并实施接地。

①接地线应使用软铜绞线，导线直径应大于 2.6mm，截面积大于 $5.5mm^2$。

②船上接地点距管线接口应大于 3m。

③装卸易燃易爆危险品时，应对管线法兰间进行铜线跨接。

④作业前，必须先连接静电接地线后接通管线；作业完毕，必须先拆卸管线，后拆静电接地线。

⑤进行货物取样、装桶时，各金属部件必须保持良好的接触或连接，并且进行可靠接地。

⑥禁止使用绝缘性容器加注易燃易爆液化危险品。

⑦码头固定管线必须进行可靠接地。

⑧不允许使用绝缘材质的检尺、测温、采样工具进行作业。在船舱或货罐进行采样、

测量时，金属部件必须与船体或货罐进行连接。

⑨在发货装车时，罐车进行装卸前，必须将管道、罐车有效地跨接和接地。

⑩增加空气湿度。促进工作区域电阻率大大降低，静电就不易积累。

⑪定期对危险化学品操作现场接地极进行检测，使接地极电阻小于 25Ω。

3. 改善工艺操作

①油舱或作业容器、管线必须惰化处理，并且检测容器内的含氧量，确保含氧量低于 1.5%。闪点低于 10℃的货物装卸应采用密闭式回路管线，并及时填充氮气。

②闪点低于 10℃危险液化品的作业管线进行吹扫时必须使用惰性气体。

③货物装卸作业过程中，作业压力必须缓慢提升，每次提压不大于 0.2MPa，两次提压间隔不小于 30min。

④装卸易产生静电积聚的货物或闪点低于 10℃的货物，需有效地加入抗静电添加剂。

⑤现场监护人员要定时用气体检漏仪测试现场挥发气体浓度。

⑥严禁使用化纤和丝绸织物快速擦拭洒漏的液体危险化学品。

⑦作业现场禁止使用非防爆通信工具。

⑧进入危险化学品区域人员，必须消除人体静电。

⑨现场作业人员必须穿防静电服和防静电鞋。作业现场严禁穿脱衣服、帽子或类似物。

⑩拆卸管线必须用铜扳手、轻拿轻放。将货物残液及时回收，密闭储存移离现场。

⑪装卸易聚合危险化学品时，作业前需要掌握：是否添加了稳定剂，所加稳定剂的名称、数量；稳定剂的加入日期及有效期。

4. 重点环节的安全控制

①装卸低闪点、易聚合危险化学品，必须用惰性气体吹扫。货舱或货罐上部空间填充惰性气体覆盖。

②作业管线必须打球扫线，扫线球临近管线终端时，降低吹扫压力，防止货舱或者罐内的货物飞溅和液体扰动产生静电。

③取样环节需要注意的事项：

a. 取样枪不能碰撞桶口，以免产生火星；

b. 取样枪和取样桶都必须落实静电接地；

c. 控制枪口流速，避免产生过量的气泡和静电积聚。

④进行货物取样或检尺时必须要等货物静置 30min 以上，工具各部件必须保持良好的接触或连接，并可靠接地。

⑤禁止使用绝缘性容器加注闪点低于 10℃液化危险品。

⑥对于与空气接触易聚合、自燃及货物储存温度有要求的，应做到：

a. 作业容器管线必须惰化处理，含氧量检测确保 1.5% 以下；

b. 货物装卸应采用密闭式回路管线，并及时填充氮气；

c.货物对温度有界限的，要严格执行货物装卸储存的温度条件（必须保持液体温度低于在正常大气压的沸点）。

⑦严格执行随货单证上货物特殊要求及安全注意事项。

（五）提高危险化学品安全运输水平

1.加强从业人员培训教育，增强法律意识和业务素质

危险化学品运输容易发生事故，而事故发生与人的因素有很大的关系，所以还应注意提高从业人员的业务素质。危险化学品种类多，而且各有各的危险性，发生事故后的处置方法也不一样，有关企业、工厂应当针对本部门的具体情况组织驾驶员、押运员等进行学习。使其熟练掌握本系统经常接触到的危险化学品的危险性等知识及安全运输的具体要求，万一发生事故应知道如何采取措施尽可能降低灾害的危害程度。还应组织他们学习必要的劳动保护知识，加强自我保护意识。对运输剧毒、易燃易爆等危险化学品的从业人员应进行有关安全知识培训，使其了解所装危险化学品的性质、危险特性、包装容器的使用特性和正确的防护处置方法，掌握各种类型灭火器具适用对象和正确使用方法，在发生意外事故时，能在第一时间采取有效措施，减少危害。

2.加强对危险化学品运输车辆的安全检查

运输危险化学品货物由于货物自身的危害性稍有不慎就可能发生事故，所以运输时一定要对运输车辆配置明显的符合标准的"危险品"标志。还要佩戴防火罩、配备相应的灭火器材和防雨淋的器具。车辆的底板必须保持完好，周围的栏板要牢固，若装运易燃易爆货物，车厢的底板若是铁质的，应铺垫木板或橡胶板。

危险化学品运输由于存在潜在的危险，若发生事故，危及公共安全和人民生命财产安全，所以做好对运输车辆的安全检查是十分必要和重要的。加强对运输车辆的定期检查，有利于减少运输事故的发生。首先，运输车型必须与所承载的危险化学品的性质、形态及包装形式一致。其次，针对选用的车型、所装运的危险化学品性质的不同，危险化学品运输车辆必须配备符合相关法律法规要求的安全装置,如需配备气管火花熄灭器、泄压阀、安全阀、遮阳物、压力表、液位计以及必要的灭火装置等。再次，对运输危险化学品的车辆、车载容器、容器的各种安全防护装置要加强检查、保养、维修，同时把车载容器当作特种设备进行管理、操作检查等，进一步提高设备的安全状况。最后，还要确保运载车辆处于良好的技术状态，行车前要仔细检查车辆状况，特别是要检查车辆的制动系统，看是否灵敏可靠，还应检查连接固定设备和灯光标志。

3.做好运输准备工作，安全驾驶

危险化学品运输危险性大，安全驾驶对保障运输安全性十分重要。行驶过程中，司机要精力充沛、思想集中，杜绝酒后开车，疲劳驾车和盲目开快车，确保安全行驶，避免紧急制动。

要注意天气状况，恶劣的天气如雨、雪、雾天，大风沙天尽量避免出车。夏天运输危险化学品要特别注意气温，温度高于30℃，白天禁止运输，应改为晚上运输。夏季

雷雨天气也比较多，要防止货物被雨淋，特别是运输金属钠、钾或碳化钙、保险粉一类的危险化学品，遇水会发生反应，引发燃烧事故，运输更应注意防止雨淋。

4. 选择合格的包装容器，正确装运货物

不同的危险化学品具有不同的危险特性，在装运货物时，要针对其特性，选择合格的包装容器，根据《危险化学品安全管理条例》规定，用于危险化学品运输工具的槽罐以及其他容器必须由专业生产企业定点生产，并经检测，检验合格的才能使用。装运货物时还要正确配装货物，不能混装混运，特别是性质相抵触的、灭火方法不一致的绝对不能同车运输。例如：装运压缩气体、液化气体时，氢气钢瓶和氧气钢瓶、氢气钢瓶与氯气钢瓶就不能同车运输；自燃物品黄磷与遇湿易燃物品金属钠、钾等不能同车运输，因为黄磷易自燃、扑救时可用水，而金属钠、钾遇水反应，会着火燃烧，甚至爆炸，所以这两类物品是绝对不能同车运输的。

配装货物时，还应注意包装和衬垫材料，包装要牢固、紧密，特别是装运有毒物品、腐蚀性物品的外包装一定要符合要求，比如溴素应选用强度高，耐酸陶瓷坛盛装。溴素包装衬垫材料要选用既能缓解冲撞、摩擦又具有吸附作用的无机难燃轻质材料，如可选用矿渣棉、岩棉、硅酸铝棉等。在实际运输中，也有选择草垫、草套、木箱、瓦楞纸等作运输溴素的衬垫材料。这些材料虽可有效地缓冲碰撞、摩擦，也是较好的吸附材料，但是万一溴素泄漏，就极易与这些材料发生氧化反应，引起自燃，因此不宜使用。

5. 发生事故时的应急处置

（1）尽快报警、组织人员抢救

运输危险化学品因为交通事故或其他原因，发生泄漏，驾驶员、押运员或周围的人要尽快设法报警，报告当地公安消防部门或地方公安机关，可能的情况下尽可能采取应急措施，或将危险情况告知周围群众，尽量减少损失。

（2）杜绝一切火源，防止燃烧、爆炸

泄漏的危险化学品如果是易燃易爆物品，现场和周围一定范围内要杜绝一切火源。所有的电气设备都应关掉，一切车辆都要停下来，电话等通信工具也得关闭，防止打出电火花引燃引爆可燃气体、可燃液体的蒸气或可燃粉尘。若储罐、容器、槽车破损，要尽快设法堵塞漏洞，切断事故源。堵塞漏洞可用软橡胶、胶泥、塞子、棉纱、棉被、肥皂等材料进行封堵。

（3）采取相应的消毒措施，减少危害

运输的危险化学品若具有腐蚀性、毒害性，在处理事故过程中，一定要采取积极慎重的措施，尽可能降低腐蚀性、毒害性物品对人的伤害。

危险化学品种类繁多，发生泄漏，紧急情况下，可在"全国中毒控制中心网"查找有关资料，采取措施进行处置。

现场施救人员还应根据有毒物品的特征，穿戴防毒衣、防毒面具、防毒手套、防毒靴，防止通过呼吸道、皮肤接触进入人体，穿戴好防护用具，可减少身体暴露部分与有毒物质接触，减少伤害。另外，如果外泄的危险化学品是液氯、液氨、液化石油气等，

在处理中除了防止燃烧、毒害以外，还要防止冻伤。氯气、氨气、石油气常温下是气体，为了便于储存、运输和使用，工业上采取加压、降低温度的措施使之成为液体，储存在钢瓶、储罐、槽车内，如果运输途中发生意外，容器阀门损坏，或者容器破裂，造成外泄液化气体，因为压力减小，外泄的液体很快可以转化为气体，这个过程需要吸收大量的热，使周围环境的温度迅速降低，所以事故现场抢救人员应注意防止冻伤。

（4）加强对现场外泄物品监测

危险化学品泄漏处置过程中，还应尤其注意对现场物品泄漏情况进行监测，特别是剧毒或者易燃易爆化学物品的泄漏更应加强监测。有关部门应组织专业检测技术人员和检验设备到场进行迅速检测，测定泄漏化学物料的性质、危害程度、危害范围，并且不间断地进行监视测定，向有关部门报告检测结果，为安全处置决策提供可靠的数据依据。

（六）汽车运输、装卸石油产品安全要求

液化石油气的运输装卸安全要求见表4-2，油品的运输装卸安全见表4-3。

表4-2　液化石油气的运输、装卸安全要求

作业项目	序号	安全要求	
运输	1	运输液化石油气罐车应按当地公安部门规定的路线、时间和车速行驶,不准带拖挂车,不得携带其他易燃、易爆危险物品。罐体内温度达到40℃时,应采取遮阳或罐外冷水降温措施	
	2	运输过程中,液化石油气罐车若发生大量泄漏时,应切断一切火源,戴好防护面具与手套;同时应立即采取防火、灭火措施,关闭阀门制止渗漏,并用雾状水保护阀门;设立警戒区,组织人员向逆风方向疏散;一般不得启动车辆	
装卸	1	作业前应接好安全地线,管道和管接头连接应牢固,并排尽空气	
	2	装卸人员应相对稳定。作业时,驾驶人员、装卸人员均不得离开现场。在正常装卸时,不得随意启动车辆	
	3	新罐车或检修后、首次充装的罐车,充装前应作抽真空或充氮置换处理,严禁直接充装	
	4	液化石油气罐车充装时需用地磅、液面计、流量计或其他计量装置进行计量,严禁超装;罐车的充装量不得超过设计所允许的最大充装量	
	5	充装完毕,应复检质量或液位,并应认真填写充装记录,若有超装,应立即处理	
	6	液化石油气罐车抵达厂（站）后,应及时卸货。罐车不得兼作储罐用。一般情况不得从罐车直接向钢瓶直接灌装;如临时需从罐车直接灌瓶,现场应符合安全防火、灭火要求,并有相应的安全措施,且应预先取得当地公安消防部门的同意	
	7	禁止采用蒸汽直接注入罐车罐内增压,或直接加热罐车罐体的方法卸货	
	8	液化石油气罐车卸货后,罐内应留有规定的余压	
	9	凡出现下列情况,罐车应立即停止装卸作业,并作妥善处理	雷击天气
			防止发生火灾
			检测出液化气体泄漏
			液压异常
			其他不安全因素

表 4-3　油品的运输、装卸安全要求

作业项目	序号	安全要求
运输	1	当罐车的罐体内温度达到 40℃，应采取遮阳或罐外冷水降温措施
	1	在灌油前和放油后，驾驶人员应检查阀门和管盖是否关牢，查看接地线是否接牢，不得敞盖行驶，严禁罐车顶部载物
	2	燃油罐车可采用泵送或自流灌装
	3	罐车进加油站卸油时，要有专人监护，避免无关人员靠近
	4	卸油时发动机应熄火；雷雨天气时，应确认避雷电措施有效，否则应停止卸油作业
	5	卸油时应夹好导电静电接线，接好卸油胶管，当确认所卸油品与储油罐所储的油品种类相同时方可缓慢开启卸油阀门
	6	卸油前要检查油罐的存油量，以防止卸油时冒顶跑油。卸油时应严格控制流速，在油品没有淹没进油管口前，油品的流速应控制在 0.7 ~ 1m/s 以内，防止产生静电
	7	卸油过程要做到不冒、不洒、不漏，各部分接口牢固，卸油时驾驶人员不得离开现场，应与加油站工作人员共同监视卸油情况，发现问题随时采取措施
	8	卸油时，卸油管应深入罐内。卸油管口至罐底距离不得大于 30mm，以防喷溅产生静电
	9	卸油要尽可能卸净，当加油站工作人员确认罐内已无储油时方可关闭放油阀门，收好放油管，盖严油罐盖
	10	测量油量在卸完油 30min 以后进行，以防测油尺与油液面、油罐之间静电放电

三、石油管道储运防火防爆

（一）石油管道储运存在的危害

1. 管道腐蚀

储运系统管道工程中，大多数使用金属管材。由于大多油品都具有一定的腐蚀性，金属管材在使用过程中易发生腐蚀，同时由于金属热传导性好，在输送介质过程中会损失大量热量，所以管道的防腐和绝热工作十分重要。管道的腐蚀是石油储运管道发生事故的最主要原因之一。

管道腐蚀中由于土壤之间的透气性差异引起的腐蚀的例子比较多见。管道的腐蚀会造成管道很多地方壁厚变薄，导致管道的变形和破裂，甚至可能穿孔发生石油泄漏事故。

2. 人为引起的危害

据统计，我国的石油管道运输事故，有将近两成的事故是因为违规操作引起的。人为引起的危害包含：误操作、违章指挥、紧急情形下作业失误。

3. 盗油现象时有发生

由于石油生产的特点及采油区域偏远，致使盗油活动非常多。而且随着社会发展及石油价格攀升，越来越多的不法分子加入到盗油活动中，很多都已经发展成为团伙作案。不法分子打孔盗油造成油品的泄露，对环境导致严重污染，对石油运输管道的危害很大。

4. 地震危险区域长输距离管道受危害较大

石油输送管道由于距离长，管道经过的区段不同，在地震危险带区域，其受地震的影响，产生的破坏程度很大。某一段管道发生了损坏，将可能导致整个输送管道的瘫痪，并可能导致重大经济损失。并且，管道由于输送的石油属于易燃物品，地震时遭到的破坏可能会引起次生灾害的发生，危及附近厂区及居民的安全。

5. 产生静电荷，引起火灾

在运输的过程中，原油各种成分之间、原油与管道及设备的摩擦将会产生静电负荷。如果储运管道未接地，管道容易聚集静电荷而产生静电电位导致火花放电，引发火灾。

（二）改善石油管道储运安全措施

1. 减少人为因素的影响

人为因素是不安全因素中最为不定的因素，也是保证安全生产的主要方面。必须采取积极有效的方法消除人为不安全行为。

①制定严格的规章制度。规范作业员工的安全行为，制定员工行为标准。使员工以此为导向，规范好自己的行为，安全生产。

②安全培训，对员工进行各种形式的安全教育，提高员工的安全作业素质，防止事故发生。

③强化监督管理。监督检查各种不完全因素，通过检查发现管道设施的缺陷，及时进行管道的补漏修复。并监督员工的行为，避免由于误操作而发生管道憋压引起的事故。

④全面提高员工技能，加强员工技术能力培训，提高员工技术素质，防止违规和误操作的发生。

⑤改善工作环境。人为行为有些是由于设备的条件引起，还有些是安全设施及布局和工作环境差所引起的，因此应当努力改善工作条件，降低不安全行为的发生。

⑥使用安全性标志，安全标志可以提醒作业人员提高警惕，注意安全，防止发生意外事故。

2. 做好石油储运管道的防腐措施

石油管道从设计、施工到运行，都要做好防腐措施，尤其是海底管道，常年浸泡在海水中，其防腐显得尤为重要，对海洋油气输送管道的质量要求也较高。在做好管道的防腐蚀设计时，应针对管道的环境特点，提出管道内、外腐蚀的技术要求，做出外防腐蚀涂层、现场补口和阴极保护系统等详细方案。海底管道应当做好防腐涂层，对涂层应当要求具备抗拉伸和抗弯曲、抗水渗透、抗阴极剥离及良好的黏附性等特点。

3. 改进反盗油工作

随着石油经济发展，盗油行为给石油企业造成越来越大的经济损失，而且影响安全。严厉打击偷油违法犯罪行为，制定相关的法律法规，加大打击力度。石油企业及相关公安系统应当通力合作，应在输油管道的重点区段实施监控。管道途经的地方政府及生活区应当加强对管道的保护，施行举报奖励制度，对偷油犯罪分子举报实施奖励。

4. 管道的防震措施

地震会导致地层的断裂及错位，这样会使其上面的管道发生扭曲甚至断裂而致使管道发生损坏，因地震而造成的管道破坏应引发有关部门的重视。

石油输送管道采取的防震措施主要有：对经过地震带管道的应当加强焊接质量，对焊接口应进行全面的射线及超声波探伤检查；管道通过地震带中的农田和池塘或者河流时，应当设置截断阀，并在截断阀的两端管道上预留接口；管道经过滑坡区域时，应对该段的管道进行稳定性验算；管道穿过建筑物时，管道应该与建筑物的基础留有一定距离，建议可以使用地沟或者架空铺设管道。我国海洋石油管道大多处在地震地带，要求管道工程建设具有抗震能力。

5. 做好储运管道的防静电措施

石油储运管道应该做好防静电接地措施，管道应该与地面接连牢靠。并且应当避免接地的电阻值过大，应该使得管道的接地电阻符合要求规范。

第五章 消防安全教育与检查

第一节 消防安全教育

一、建筑消防安全宣传教育

（一）消防安全宣传教育的意义

1. 消防安全宣传教育是消防安全管理的重要措施

消防安全管理是一项重要的社会性工作，涉及各行各业和千家万户。消防工作的群众性和社会性，决定了要做好消防安全管理工作必须首先做好消防安全宣传工作。消防安全管理工作做得如何，在一定意义上说，取决于广大职工群众对消防安全管理工作重要性的认识，取决于广大职工群众的消防安全意识与消防知识水平，只有广大职工群众确实感到做好消防安全工作是他们的利益所在，是他们自己义不容辞的责任时，才能积极地行动起来，自觉地参与到消防安全管理工作中，消防安全管理工作方能做好。

2. 开展消防安全宣传教育，是贯彻消防工作路线的重要举措

消防工作的路线是"专责机关与群众相结合"。不论是在火灾预防方面，还是在灭火救援方面及社会单位消防安全管理方面，都应当充分发挥职工群众的作用。要充分调动职工群众做好消防安全工作的积极性，增强其消防安全意识和遵守消防安全规章制度

的自觉性，提高其火灾预防、灭火和自救逃生的能力，就必须通过消防安全宣传教育这一途径来实现。因此，消防安全宣传教育是贯彻消防工作路线的重要举措。

3. 开展消防安全宣传教育，可以普及消防知识，提高公民消防安全素质

火灾统计分析结果表明，绝大多数的火灾是由于人们消防安全意识淡薄，不懂得必要的消防常识，消防安全知识匮乏或违反消防安全规章制度和安全技术操作规程所致。开展消防安全宣传教育可以提高全体公民对火灾的防范意识，掌握必备的消防知识和技能，使人们在生产、生活中自觉地遵守各项防火安全制度，自觉地检查生产、生活中的火灾隐患，并及时消除这些隐患。从根本上预防和减少火灾的发生。

4. 开展消防安全宣传教育，可促进全社会精神文明和社会的稳定

消防安全工作的任务，是保护公民生命、财产安全，保卫国家经济建设成果、维护社会秩序。从火灾造成的危害看，一方面会造成人员伤亡和经济损失，使人民群众的生命、健康受到伤害；另一方面，严重的火灾常常导致生产的停滞、企业的破产，影响经济的发展，影响社会的稳定和繁荣。所以，通过广泛的消防安全宣传教育，使职工群众人人都重视防火安全、人人都懂得防火措施、人人都能够自觉做好消防安全工作，创造良好的消防安全环境，从而提高公民的精神文明程度，促进社会的稳定和繁荣。

（二）消防安全宣传教育的对象

公民作为消防安全实践的主体，抓好他们的消防安全宣传教育对提升全社会的消防安全能力至关重要。消防安全宣传教育的目的就是提高公民消防安全意识，普及消防安全知识，提高广大人民群众的消防安全素质。增强社会消防安全能力和社会的整体消防安全素质。因此，消防安全宣传教育的对象主要是广大的社会民众。这也是由消防安全宣传教育的特点所决定的。

在对公民的消防安全宣传教育中，农民工、社区群众、单位职工应当是重点，而老、弱、病、残、儿童应当是消防安全宣传教育的重中之重。随着改革开放的不断深入和社会经济的不断发展，城镇居民社区和农村人口的结构都发生了显著变化，大量青壮年外出务工，农村部分家庭只剩下妇女、儿童和老年人留守，其中老、弱、病、残及弱势群体的人口比重相对增加。因为老、弱、病、残及弱势群体的自防自救能力相对较弱，一旦发生火灾，将面临严重的威胁，因此，老、弱、病、残及弱势群体人员是消防安全宣传教育的重中之重。

（三）消防安全宣传教育的内容

开展消防安全宣传教育，应根据不同的教育对象，选取不同的教育内容。由于消防安全宣传教育是一种消防知识普及性教育，教育的对象主要是广大人民群众，因此内容要相对简单、适用、通俗易懂。如，火灾案例教育，可以使公民充分认识到火灾的危害；公民的消防安全义务，可以使人们知道作为一个公民，在消防方面应该履行的义务；消防工作二十条，可以使人们懂得日常生活中，哪些事情不该做，做了或许会引起火灾等。另外，用火用电基本常识，常见火灾预防措施和扑救方法，常见灭火器材的使用方法，

火场自救与逃生方法等内容都是消防安全宣传教育的可选内容。

（四）消防安全宣传教育的要求

1. 要有针对性

消防安全宣传教育的首要要求就是要有针对性。所谓针对性就是在选择消防安全宣传教育的内容和形式时，要考虑宣传教育的对象、宣传时间和地点，针对具体的宣传教育对象和时间地点合理选择宣传内容和形式，这样才能达到良好的效果。由于不同时期针对不同人群消防工作的要求和重点不同，如春季和秋季不同，城市和农村不同，化工企业和轻纺企业不同，电焊工和仓库保管员不同，消防安全教育的内容也是有区别的。所以，在进行消防安全教育时，要注意区别这些不同特点，抓住其中的主要矛盾，有针对性、有重点地进行。

2. 要讲究时效性

任何火灾，都是在某种条件下发生的，它往往反映某个时期消防工作的特点。所以，消防安全宣传教育，应尤其注意利用一切机会，抓住时机进行。譬如，某地发生一起校园的火灾，各院校就要及时利用这一火灾案例对学生进行宣传教育，分析起火和成灾的直接原因与间接原因，应该从中吸取什么教训，如何防止此类火灾的发生等。如果时过境迁之后再去宣传这个案例，其时效性显然不如短时间之内的好。另外消防安全教育的内容应和季节相吻合。如夏季应宣传危险物品防热、防自燃等知识，冬季宣传炉火取暖防火、防燃气泄漏爆炸等。若不按事物的时间规律去做，就不会有很好的效果。

3. 要有知识性

任何事物的发生、发展都有其必然的原因和规律，火灾也不例外。要让人们知道预防火灾的措施、灭火的基本方法等知识，在进行消防安全教育时就必须设法让人们知道火灾发生、发展的原因和规律。这就要求在选择消防安全宣传教育的内容时要有知识性。比如，在进行消防安全宣传教育时，经常要讲到"不能用铜丝或铁丝代替保险丝""不能随地乱扔烟头""不能携带易燃易爆物品乘坐交通工具"，等等，在强调这些违禁行为的同时，还要讲明为什么不能这样做，这样做可能会造成什么样的后果，带来什么样的危害，将原因和道理寓于其中。这样，人们通过知识性的宣传教育，就能自然掌握消防安全知识，自觉注意消防安全。

4. 要有趣味性

在消防安全宣传教育的内容和方法上还应具有趣味性。所谓趣味性，就是通过对宣传教育内容的加工，针对不同的对象、时间、地点、内容，用形象、生动、活泼的艺术性手法或语言，将不同的听者、看者的注意力都聚集于所讲的内容上的一种手法。同样的内容，同一件事物，不同的宣传手法会产生不同的效果。所以要掌握趣味性的手法，形式要新颖，不拘一格，语言要生动活泼、引人入胜。要让受教育者如闻其声、如观其行、如睹其物、如临其境；使所宣讲内容对听者、看者具备吸引力，使人想听、想看，达到启发群众、教育群众的目的。

二、安全培训教育

（一）消防安全培训教育的管理职责

1. 应急管理机关的职责

①掌握本地区消防安全培训教育工作情况，向本级人民政府及相关部门提出工作建议；

②协调有关部门指导和监督社会消防安全培训教育工作；

③会同教育行政部门、人力资源及社会保障部门对消防安全专业培训机构实施监督管理；

④定期对社区居民委员会、村民委员会的负责人和专（兼）职消防救援队伍、志愿消防救援队伍的负责人开展消防安全培训。

2. 教育行政部门的职责

教育行政部门在消防安全培训教育工作中应当履行下列职责。

①将学校消防安全培训教育工作纳入培训教育规划，并实施教育督导和工作考核；

②指导和监督学校将消防安全知识纳入教学内容；

③将消防安全知识纳入学校管理人员和教师在职培训内容；

④依法在职责范围内对消防安全专业培训机构进行审批和监督管理。

3. 民政部门的职责

①将消防安全培训教育工作纳入减灾规划并组织实施，结合救灾、扶贫济困和社会优抚安置、慈善等工作开展消防安全教育；

②指导社区居民委员会、村民委员会和各类福利机构开展消防安全培训教育工作；

③负责消防安全专业培训机构的登记，并且实施监督管理。

4. 人力资源和社会保障部门的职责

①指导和监督机关、企业和事业单位将消防安全知识纳入干部、职工教育、培训内容；

②依法在职责范围内对消防安全专业培训机构进行审批和监督管理。

5. 安全生产监督管理部门的职责

①指导、监督矿山、危险化学品、烟花爆竹等生产经营单位展开消防安全培训教育工作；

②将消防安全知识纳入安全生产监管监察人员和矿山、危险化学品、烟花爆竹等生产经营单位主要负责人、安全生产管理人员及特种作业人员培训考核内容；

③将消防法律法规和有关技术标准纳入注册安全工程师及职业资格考试内容。

（二）消防安全培训教育的对象

1. 企业事业单位的领导干部

单位消防安全管理工作的推进有两个原动力，一个是领导自上而下的规划推动力，另一个是职工自下而上的需求拉动力。这两个动力相互作用，缺一不可。而各级领导对消防安全管理工作的重视和支持是发挥这两个原动力的关键。若各级领导以及职工都能从消防安全管理的作用、任务和根本价值取向上取得共识，在实际工作中，建筑消防安全管理的分歧和矛盾就仅仅是具体方法、形式、进度以及所涉及利益关系上的调整。要做好单位消防安全管理工作，就必须加强领导，统筹规划，精心组织，全面实施。只有这样才能切实落实消防安全管理措施和管理制度，保障单位的消防安全。因此，对单位领导进行消防安全法律法规教育、火灾案例教育等方面的培训，提高其消防安全意识是十分必要的。

2. 企事业单位的消防安全管理人员

企事业单位的消防安全管理人员长期从事单位消防安全管理的实际工作，是普及消防安全知识不可或缺的力量，他们个人消防安全素质的高低，消防安全管理能力的强弱，将影响整个单位消防安全管理的质量，所以，对企事业单位消防安全管理人员的培训应该采取较为专业的方式，主要由消防救援部门对他们进行专业知识和技能的培训教育，使他们掌握一定的消防安全知识、消防技能和消防安全管理方法，以对本单位进行更加有效的消防安全管理。

3. 企事业单位的职工

企事业单位的职工是单位的主人，是消防安全实践的主体，他们个人消防安全素质的好坏，将直接影响企业事业单位的安全。单位应当根据本单位的特点建立健全消防安全培训教育制度，明确机构和人员，保障培训工作经费，定期开展形式多样的消防安全宣传教育；对新上岗和进入新岗位的职工进行上岗前的消防安全培训；对在岗的职工每年至少进行一次消防安全培训；消防安全重点单位每半年至少组织一次灭火和应急疏散演练，其他单位每年至少组织一次演练。

4. 重点岗位的专业操作人员

单位重点岗位的专业操作人员是单位消防安全培训的重点，由于岗位的重要性，使得他们操作的每一个阀门，安装的每一个螺丝，敷设的每一根电线，按动的每一个按钮，添加的每一种物料等都可能成为事故的来源，如若不具备一定的事业心，不掌握一定的消防安全知识和专业操作技术，就有可能出现差错，就会带来事故隐患，甚至造成事故。而一旦造成事故将直接威胁职工的生命安全和单位的财产安全。所以，必须对重点岗位专业操作人员进行消防安全培训，使其了解和掌握消防法律、法规，消防安全规章制度和劳动纪律；熟悉本职工作的概况，生产、使用、储存物资的火险特点，危险场所和部位，消防安全注意事项；了解本岗位工作流程及工作任务，熟悉岗位安全操作规程，重点防火部位和防火措施和紧急情况的应对措施和报警方法等。

5. 进城务工人员

进城务工人员是指户籍在农村而进城打工的人员，俗称农民工。随着经济建设的飞速发展，还会有更多的农民工进城务工。他们大部分在建筑业第一线从事具体劳动，其安全意识的强弱，消防安全知识的多少和消防安全素质的高低，将直接影响公共消防安全和自身安全。另外，由于生活环境和受教育程度的不同，他们对城市生活还比较陌生，对城市家庭使用的燃气、家电等的性能和使用方法都还不是很清楚；对企业生产过程中的消防安全知识、逃生自救知识也知之较少，常常因操作失误而造成事故，甚至危及自己的生命；尤其是遇到火灾事故因不知如何逃生而丧失性命。加强对进城务工人员的消防安全培训教育非常重要。

（三）消防安全培训教育的形式

1. 按培训对象人数的多少

（1）集中培训

①授课式。主要是以办培训班或学习班的形式，将培训人员集中一段时间，由教员在课堂上讲授消防安全知识。这种方式，一般是有计划进行的一种消防安全培训方式。如成批的新工人入厂时进行的消防安全培训、消防救援机构或其他有关部门组织的消防安全培训等多采用此种方式。

②会议式。就是依据一个时期消防安全工作的需要，采取召开消防安全工作会、消防专题研讨会、火灾事故现场会等形式，进行消防安全培训教育。

根据消防工作的需要，定期召开消防安全工作会议，研究解决消防安全工作中存在的问题；针对消防安全管理工作的疑难问题或单位存在的重大消防安全隐患，召开专题研讨会，研究解决问题的方法，同时又对管理人员进行了消防安全教育；火灾现场会教育是用反面教训进行消防安全教育的方式。本单位或者其他单位发生了火灾，及时组织职工或领导干部在火灾现场召开会议，用活生生的事实进行教育，效果应该是最好的。在会上领导干部要引导分析导致火灾的原因，认识火灾的危害，提出今后预防类似火灾的措施和要求。

（2）个别培训

个别培训就是针对职工岗位的具体情况，对职工进行个别指导，纠正错误之处，使操作人员逐步达到消防安全的要求。个别培训主要有岗位培训教育、技能督察教育两种。

岗位培训教育是根据职工操作岗位的实际情况和特点而进行的。通过培训使受训职工能正确掌握"应知应会"的内容和要求。技能督察教育是指消防安全管理人员在深入职工操作岗位督促检查消防教育结果时发现问题，要弄清原因和理由，提出措施和要求，根据各人的不同情况，使用个别指导或其他更恰当的方法对职工进行教育。

2. 按培训教育的层次

（1）厂级培训教育

新工人来单位报到后，首先要由消防安全管理人员或有关技术人员对他们进行消防安全培训，介绍本单位的特点、重点部位、安全制度、灭火设施等，学会使用一般的灭火器材。从事易燃易爆物品生产、储存、销售和使用的单位，还要组织他们学习基本的化工知识，了解全部的工艺流程。经消防安全培训教育，考试合格者要填写消防安全教育登记卡，然后持卡向车间（部门）报到。未经过厂级消防安全教育的新工人，车间能够拒绝接收。

（2）车间级培训教育

新工人到车间（部门）后，还要进行车间级培训教育，介绍本车间的生产特点、具体的安全制度及消防器材分布情况等。教育后同样要在消防安全教育登记卡上登记。

（3）班组级培训教育

班组级消防安全培训教育，主要是结合新工人的具体工种，介绍岗位操作中的防火知识、操作规程及注意事项，以及岗位危险状况紧急处理或应急措施等。对在易燃易爆岗位操作的工人以及特殊工种人员，上岗操作还要先在老工人的监护下进行，在经过一段时间的实习后，经考核确认已具备独立操作的能力时，才可独立操作。

3. 激励教育

在消防安全培训教育中，激励教育是一项不可或缺的教育形式。激励教育有物质激励和精神激励两种，如对在消防安全工作中有突出表现的职工或单位给予表彰或给予一定的物质奖励，而对失职的人员给予批评或扣发奖金、罚款等物质惩罚，并通过公众场合宣布这些奖励或惩罚。这样从正反两方面进行激励，不仅会使有关人员受到物质和精神上的激励，同时对其他同志也有很强的辐射作用。所以激励教育对职工群众是十分必要的。

（四）消防安全培训教育的内容

1. 消防安全工作的方针和政策教育

国家制定的消防工作的法律、法规、路线、方针、政策，对现代国家的消防安全管理起着调整、保障、规范和监督作用，是社会长治久安，人民安居乐业的一种保障。消防安全工作，是随着社会经济建设和现代化程度的发展而发展的。"预防为主，防消结合"的消防工作方针以及各项消防安全工作的具体政策，是保障公民生命财产安全、社会秩序安全、经济发展安全、企业生产安全的重要措施。因此，进行消防安全教育，首先应当进行消防工作的方针和政策教育，这是做好消防安全工作的前提。

2. 消防安全法律、法规教育

消防安全法律、法规是人人应该遵守的准则。通过消防安全法律、法规教育，使广大职工群众懂得哪些应该做，应该怎样做；哪些不应该做，为什么不应该做，做了又有什么危害和后果等，进而使各项消防法规得到正确的贯彻执行。针对不同层次、不同类型的培训对象，选择不同法规进行教育。

3. 消防安全科普知识教育

消防安全科普知识，是普通公民都应掌握的消防基础知识，其主要内容应当包括：

火灾的危害；生活中燃气、电器防火、灭火的基本方法；日用危险物品使用的防火安全常识；常用电器使用防火安全常识；发生火灾后报警的方法、常见的应急灭火器材的使用，如何自救互救和疏散等。使广大人民群众都懂得这些基本的消防安全科普知识，是有效地控制火灾发生或减少火灾损失的重要基础。

4.火灾案例教育

人们对火灾危害的认识通常是从火灾事故的教训中得到的，要提高人们的消防安全意识和防火警惕性，火灾案例教育是一种最具说服力的教育方式。通过典型的火灾案例，分析起火原因和成灾原因，使人们意识到日常生活中疏忽就可能酿成火灾，不掌握必要的灭火知识和技能就可能使火灾蔓延，造成更大的生命和财产损失。因此，火灾案例教育可从反面提高人们对防火工作的认识，从中吸取教训，总结经验，采取措施，做好防火工作。

5.消防安全技能培训

消防安全技能培训主要是对重点岗位操作人员而言的。在一个工业企业单位，要达到生产作业的消防安全，操作人员不仅要掌握消防安全基础知识，而且还应具有防火、灭火的基本技能。若消防安全教育只是使受教育者拥有消防安全知识，那么还不能完全防止火灾事故的发生。只有操作人员在实践中灵活地运用所掌握的消防知识，并且具有熟练的操作能力和应急处理能力，才能体现消防安全教育的效果。

（五）消防安全培训教育的要求

1.充分重视，定期进行

单位领导要充分认识消防安全培训教育的重要性，并将消防安全培训教育列入工作日程，作为企业文化的一个重要组成部分来抓。制定消防安全培训制度并督促落实。通过多种形式开展经常性的消防安全培训教育，切实提高职工的消防安全意识和消防安全素质。根据国家有关规定，单位应该全员进行消防安全培训，消防安全重点单位对每名员工应当至少每年进行一次消防安全培训，其中公众聚集场所对员工的消防安全培训应当至少每半年进行一次。新上岗和进入新岗位的员工上岗前应再进行消防安全培训。

2.抓住重点，注重实效

培训的重点是各级、各岗位的消防安全责任人，专、兼职消防安全管理人员；消防控制室的值班人员、重点岗位操作人员；义务消防人员、保安人员；电工、电气焊工、油漆工、仓库管理员、客房服务员；易燃易爆危险品的生产、储存、运输、销售从业人员等重点工种岗位人员，以及其他依据规定应当接受消防安全专门培训的人员。要求根据不同的培训对象，合理选择培训内容，不走过场，注重培训的实际效果。

3.三级培训，严格执行

要严格执行厂（单位）、车间（部门）、班组（岗位）三级消防安全培训制度。不仅仅是新进厂的职工要经过三级消防安全培训，而且进厂后职工在单位范围内有工作调动时，也要在进入新部门（车间）、新岗位时接受新的消防安全培训。岗位的消防安全培训，应当是经常性的，要不断提高职工预防事故的警惕性和消防安全知识水平。特别是当生产情况发生变化时，更应对操作工人及时进行培训。以适应生产变化的需要。接受过三级消防安全培训的工人，因违章而造成事故的，本人负主要责任；如未对工人进行三级消防安全培训教育，因为不懂消防安全知识而造成事故的，则有关单位的领导要承担主要责任。

4. 消防安全培训教育要有较强的针对性、真实性、知识性、时效性和趣味性

消防安全培训教育同消防安全宣传教育一样，要有较强的针对性、真实性、知识性、时效性和趣味性。尤其是消防安全培训教育内容的选择，一定要具有针对性。要充分考虑培训对象的身份、特点、所在行业、从事的工种等各种情况。同时也要考虑培训的目的、要求、时间、地点等，按照具体的情况，合理选择培训内容和形式，使消防安全培训教育有重点、有针对性地进行。取得良好的培训效果，切实达到培训的目的。

5. 采取不同层次、多种形式进行培训

要根据单位和培训对象的实际情况采取不同层次、多种形式进行培训。对于大中型企业（或单位）的法定代表人，消防控制室操作人员，消防工程的设计、施工人员，消防产品生产、维修人员和易燃易爆危险物品生产、使用、储存、运输、销售的专业人员宜由省一级的消防安全培训机构组织培训；对于通常的企业法定代表人，企业消防安全管理人员，特种行业的电工、焊工等宜分别由省辖市一级的消防安全培训机构或区、县级的消防安全培训机构组织培训；对于机关、团体、企业、事业单位普通职工的消防安全培训，宜由单位的消防安全管理部门组织。培训形式可多种多样，根据具体情况从上述形式中选择。

第二节　消防安全检查

一、消防安全检查的目的和形式

（一）消防安全检查的目的

单位消防安全检查的目的就是通过对本单位消防安全管理和消防设施的检查了解单位消防安全制度、安全操作规程的落实和遵守情况以及消防设施、设备的配置和运行情况，以督促规章制度、措施的贯彻落实，提高和警示员工的安全防范意识和发现火灾隐患并督促落实整改，减少火灾的发生及最大限度减少人员伤亡及其财产损失。这既是单位自我管理、自我约束的一种重要手段，也是及时发现和消除火灾隐患、预防火灾发生的重要措施。

（二）消防安全检查的形式

消防安全检查是一项长期的、经常性的工作，在组织形式上应使用经常性检查和定期性检查相结合、重点检查和普遍检查相结合的方式。具体检查形式主要有以下几种。

1. 一般日常性检查

这种检查是按照岗位消防责任制的要求，以班组长、安全员、义务消防员为主对所处的岗位和环境的消防安全情况进行检查，通常以人员在岗在位情况、火源电源气源等危险源管理、灭火器配置、疏散通道和交接班情况为检查的重点。

一般日常性检查能及时发现不安全因素，及时消除安全隐患，它是消防安全检查的重要形式之一。

2. 定期防火检查

这种检查是按规定的频次进行，或者按照不同的季节特点，或者结合重大节日进行检查的。这种检查通常由单位领导组织，或由有关职能部门组织，除了对所有部位进行检查外，还要对重点部位进行重点检查。这种检查的频次对企事业单位应当至少每季度检查一次，对重点部位至少每月检查一次。

3. 专项检查

根据单位实际情况以及目前主要任务和消防安全薄弱环节开展的检查，如用电检查、用火检查、疏散设施检查、消防设施检查、危险品储存与使用检查等。专项检查应有专业技术人员参加。

4. 夜间检查

夜间检查是预防夜间发生大火的有效措施，检查主要依靠夜间值班干部、警卫和专、兼职消防管理人员。重点是检查火源电源的管理、白天的动火部位、重要仓库以及其他有可能发生异常情况的部位，及时堵塞漏洞，消除隐患。

5. 防火巡查

防火巡查是消防安全重点单位一种必要的消防安全检查形式，也是《消防法》赋予消防安全重点单位必须履行的一项职责。消防安全重点单位应当实施每日防火巡查，并确定巡查的人员、内容、部位和频次。公共娱乐场所在营业期间的防火巡查应当至少每2h一次，营业结束时应当对营业现场进行检查，消除遗留火种。宾馆、饭店、医院、养老院、寄宿制的学校、托儿所、幼儿园应当加强夜间防火巡查；重要的仓库和劳动密集型企业也应当重视日常的防火巡查，其他消防安全重点单位可以结合实际需要组织防火巡查。

防火巡查人员应当及时纠正违章行为，妥善处置火灾危险，无法当场处置的，应该立即报告。发现初起火灾应当立即报警并及时扑救。

防火巡查应当填写巡查记录，巡查人员及其主管人员应当在巡查记录上签名。

　　单位防火巡查的内容，一般都是动态管理上的薄弱环节，而且一旦失查就可能造成重大事故的情况，包含以下内容：

　　①用火、用电有无违章情况；

　　②安全出口、疏散通道是否畅通，安全疏散指示标志、应急照明是否完好；

　　③消防设施、器材和消防安全标志是否在位、完整；

　　④常闭式防火门是否处于关闭状态，防火卷帘下是否堆放物品影响使用；

　　⑤消防安全重点部位的人员在岗情况；

　　⑥其他消防安全情况。

6. 其他形式的检查

　　根据需要进行的其他形式检查，如重大活动前的检查、开业前的检查、季节性检查等。

二、消防安全检查的方法和内容

（一）单位消防安全检查的方法

　　消防安全检查的方法是指单位为达到实施消防安全检查的目的所使用的技术措施和手段。消防安全检查手段直接影响检查的质量，单位消防安全管理人员在进行自身消防安全检查时应根据检查对象的情况，灵活运用以下各种手段，了解检查对象的消防安全管理情况。简单地说就是查、问、看、测。

1. 查阅消防档案

　　消防档案是单位履行消防安全职责、反映单位消防工作基本情况和消防管理情况的载体。查阅消防档案应注意以下问题：

　　①消防安全重点单位的消防档案应包括消防安全基本情况和消防安全管理情况。其内容必须按照《机关、团体、企业、事业单位消防安全管理规定》中第四十二条、第四十三条的规定，全面翔实地反映单位消防工作的实际状况。

　　②制定的消防安全制度和操作规程是否符合相关法规和技术规程。

　　③灭火和应急救援预案是否可靠，演练是否按计划进行。

　　④查阅公安机关消防机构填发的各种法律文书，特别要注意责令改正或重大火灾隐患限期整改的相关内容是否得到落实。

　　⑤防火检查、防火巡查记录是否完善。

　　⑥消防安全教育、培训内容是否完整。

2. 询问员工

　　询问员工是消防安全管理人员实施消防安全检查时最常用的方法。为在有限的时间之内获得对检查对象的大致了解，并通过这种了解掌握被检查对象的消防安全知识和能力状况，消防管理人员能够通过询问或测试的方法直接而快速地获得相关的信息。

　　①询问各部门、各岗位的消防安全管理人员，了解其实施和组织落实消防安全管理工作的概况以及对消防安全工作的熟悉程度。

②询问消防安全重点部位的人员，了解单位对其培训的概况。

③询问消防控制室的值班、操作人员，了解其是否具备岗位资格。

④公众聚集场所应随机抽询数名员工，了解其组织引导在场群众疏散的知识和技能以及报火警和扑救初起火灾的知识和技能。

3. 查看消防通道、安全出口、防火间距、防火防烟分区设置、灭火器材、消防设施、建筑及装修材料等情况

消防通道、安全出口、消防设施、灭火器材、防火间距、防火防烟分区等是建筑物或者场所消防安全的重要保障，国家的相关法律与技术规范对此都做了相应的规定。查看消防通道、消防设施、灭火器材、防火间距、防火分隔等，主要是通过眼看、耳听、手摸等方法，判断消防通道是否畅通，防火间距是否被占用，灭火器材是否配置得当并完好有效，消防设施各组件是否完整齐全无损、各组件阀门及开关等是否置于规定启闭状态、各种仪表显示位置是否处于正常允许范围，建筑装修材料是否符合耐火等级和燃烧性能要求，必要时再辅以仪器检测、鉴定等手段等，确保检查效果。

4. 测试消防设施

按照《消防法》的要求，单位应对消防设施至少每年检测一次。这种检测一般由专业的检测公司进行。采取专用检测设备测试消防设施设备的工况，要求检测员具备相应的专业技术基础知识，熟悉各类消防设施的组成和工作原理，掌握检查测试方法以及操作中应注意的事项。对一些常规消防设施的测试，利用专用检测设备对火灾报警器报警、消防电梯强制性停靠、室内外消火栓压力、消火栓远程启泵、压力开关和水力警铃、末端试水装置、防火卷帘升降、防火阀启闭、防排烟设施启动等项目进行测试。

（二）单位消防安全检查的内容单位进行消防安全检查应当包含以下内容：

①火灾隐患的整改情况以及防范措施的落实情况；

②安全疏散通道、疏散指示标志、应急照明和安全出口情况；

③消防车通道、消防水源情况；

④灭火器材配置及有效情况；

⑤用火、用电有无违章情况；

⑥重点工种人员以及其他员工消防知识的掌握情况；

⑦消防安全重点部位的管理情况；

⑧易燃易爆危险物品和场所防火防爆措施的落实情况及其他重要物资的防火安全情况；

⑨消防（控制室）值班情况和设施运行、记录情况；

⑩防火巡查情况；

⑪消防安全标志的设置情况和完好、有效情况；

⑫其他需要检查的内容。

三、一般单位内部的日常管理检查要点

（一）消防安全组织机构及管理制度的检查

1. 检查方法

查看消防安全组织机构和管理制度的相关档案及文件。

2. 要求

消防安全责任人及消防安全管理人的设置及职责明确；消防安全管理制度健全；相关火灾危险性较大岗位的操作规程和操作人员的岗位职责明确；义务消防救援队伍组成和灭火及疏散预案完善；消防档案包括单位基本情况、建筑消防审批验收资料、安全检查、巡查、隐患整改、教育培训、预案演练等日常消防管理记录在案。

（二）单位员工消防安全能力的检查

1. 检查方法

任意选择几名员工，询问其消防基本知识掌握的情况，对于疏散通道和安全出口的位置及数量的了解情况、疏散程序和逃生技能的掌握情况；模拟一起火灾，检查现场疏散引导员的数量和位置；检查疏散引导员引导现场人员疏散逃生的基本技能；常用灭火器的选用和操作方法等。

2. 要求

①员工熟练掌握报警方法，发现起火能立即呼救、触发火灾报警按钮或者使用消防专用电话通知消防控制室值班人员，并拨打"119"电话报警。

②熟悉自己在初起火灾处置中的岗位职责、疏散程序和逃生技能，以及引导人员疏散的方法要领。

③熟悉疏散通道和安全出口的位置及数量，按照灭火和应急疏散预案要求，通过喊话和广播等方式，引导火场人员通过疏散通道和安全出口正确逃生。

④宾馆、饭店的员工还应当掌握逃生器械的操作方法，指导逃生人员正确使用缓降器、缓降袋、呼吸器等逃生器械。

⑤员工掌握室内消火栓和灭火器材的位置和使用的操作要领，能按照起火物类型选用对应的灭火器并按操作要领正确扑救初起火灾。

⑥员工掌握基本的防火知识，熟悉本岗位火灾危险性、工艺流程、操作规程，能紧急处理一般的事故苗头。

⑦电、气焊等特殊工种相关操作人员具备电、气焊等特殊工种上岗资格，动火作业许可证完备有效；动火监护人员到场并配备相应的灭火器材；员工掌握可燃物清理等火灾预防措施，掌握灭火器操作等火灾扑救技能。

（三）重点火灾危险源的检查

1. 检查方法

查看厨房、配电室、锅炉房及柴油发电机房等火灾危险性较大的部位与使用明火部位的管理情况。

2. 要求

①厨房排油烟机及管道的油污定期清洗；电气设备的除尘及检查等消防安全管理措施落实；燃油燃气设施消防安全管理等制度完备，燃油储量符合规定（不大于一天的使用量）；

②电气设备及其线路未超负荷装设，无乱拉乱接；隐蔽线路应当穿管保护；电气连接应当可靠；电气设备的保险丝未加粗或以其他金属代替；电气线路具有足够的绝缘强度和机械强度；未擅自架设临时线路；电气设备与周围可燃物维持一定的安全距离。

③使用明火的部位有专人管理，人员密集场所未使用明火取暖。

（四）建筑内、外保温材料及防火措施的检查

1. 检查方法

现场观察和抽样做材料燃烧性能鉴定。

2. 要求

①一类高层公共建筑和高度超过 100m 的住宅建筑，保温材料的燃烧性能应为 A 级；

②二类高层公共建筑和高度大于 27m 但小于 100m 的住宅建筑，保温材料应采用低烟、低毒且燃烧性能不应低于 B1 级；

③其他建筑保温材料的燃烧性能不应低于 B2 级；

④保温系统应采用不燃材料做防护层，当使用 B1 级材料时，防护层厚度不低于 10mm；

⑤建筑外墙的外保温系统与基层墙体、装饰层之间的空腔，应在每层楼板处采用防火封堵材料封堵。

（五）消防控制室的检查

1. 检查方法

①查看消防控制室设置是否合理，内部设备布置是否符合规定，功能是否完善；查看值班员数量及上岗资格证书；任选火灾报警探测器，用专用测试工具向其发出模拟火灾报警信号，待火灾报警探测器确认灯启动后，检查消防控制室值班人员火灾信号确认情况；模拟火灾确认之后，检查消防控制室值班人员火灾应急处置情况。

②检查其他操作比如开机、关机、自检、消音、屏蔽、复位、信息记录查询、启动方式设置等要领的掌握情况。

2. 要求

①消防控制室的耐火等级应为一、二级，且应独立设置或设在一层或负一层并有直通室外的出口，内部设备布置合理，能满足受理火警、操控消防设施和检修的基本要求；

②同一时段值班员数量不少于两人，并且持有消防控制室值班员（消防设施操作员）上岗资格证书；

③接到模拟火灾报警信号后，消防控制室值班人员以最快的方式确认是否发生火灾；模拟火灾确认之后，消防控制室值班人员立即将火灾报警联动控制开关转至自动状态（平时已处于自动状态的除外），启动单位内部应急灭火疏散预案，并按预案操作相关消防设施。如切换电源至消防电源、启动备用发电机、启动水泵、防排烟风机，关闭防火卷帘和常开式防火门，打开应急广播引导人员疏散，同时拨打"119"火警电话报警并报告单位负责人，然后观察各个设备动作后的信号反馈情况，确认各项预案步骤落实到位。

④消防控制室内不应堆放杂物和无关物品。

（六）防火分区及建筑防火分隔措施的检查

1. 防火分区的检查

（1）检查方法

实际观察和测量。

（2）要求

防火分区应按照功能划分且分区面积符合规范要求；无擅自加盖增加建筑面积或拆除防火隔断、破坏防火分区的情况；无擅自改变建筑使用功能使原防火分区不能满足现功能要求的情况。

2. 防火卷帘的检查

（1）外观检查

组件应齐全完好，紧固件无松动现象；门帘各接缝处、导轨、卷筒等缝隙应有防火密封措施，防止烟火窜入；防火卷帘上部、周围的缝隙应采用相同耐火极限的不燃材料填充、封堵。

（2）功能检查

分别操作机械手动、触发手动按钮、消防控制室手动输出遥控信号、分别触发两个相关的火灾探测器，查看卷帘的手动和自动控制运行情况及信号反馈情况。

（3）要求

①防火卷帘应运行平稳，无卡涩。远程信号控制，防火卷帘应按固定的程序自动下降。设置在非疏散通道位置的只用于防火分隔用途的防火卷帘，在火灾报警探测器报警之后能一步直接下降至地面。

②当防火卷帘既用于防火分隔又作为疏散的补充通道时，防火卷帘应具备二步降的功能，即在感烟探测器报警之后下降至距地面1.8m的位置停止，待感温探测器报警之

后继续下降至地面。

③对设在通道位置和消防电梯前室设置的卷帘，还应有内外两侧手动控制按钮，保证消防员出入时和卷帘降落后尚有人员逃生时启动升降。

④防火卷帘还应有易焰片熔断降落功能。

3.防火门的检查

（1）外观检查

防火门设置合理，组件齐全完好，启闭灵活、关闭严密。

（2）功能检查

将常闭式防火门从任意一侧手动开启至最大开度之后放开，观察防火门的动作状态；对常开式防火门将消防控制室防火门控制按钮设置于自动状态，用专用测试工具向常开式防火门任意一侧的火灾报警探测器发出模拟火灾报警信号，观察防火门的动作状态。

（3）要求

①防火门应该为向疏散方向开启的平开门，并在关闭后应能从任何一侧手动开启。

②常闭式防火门应能自行关闭，双扇防火门应能按顺序关闭；电动常开式防火门应能在火灾报警后按控制模块设定顺序关闭并将关闭信号反馈至消防控制室。设置在疏散通道上并设有出入口控制系统的防火门，应能自动和手动解除出入口控制系统。

③防火门的耐火极限符合设计要求，和安装位置的分隔作用要求相一致。防火门与墙体间的缝隙应用相同耐火等级的材料进行填充封堵。

④防火门不得跨越变形缝，并且不得在变形缝两侧任意安装，应统一安装在楼层较多的一侧。

4.防火阀和排烟防火阀等管道分隔设施的检查

（1）检查方法

检查阀体安装是否合理、可靠，分别手动、电动和远程信号控制开启和关闭阀门，观察其灵活性和信号反馈情况。

（2）要求

①阀门应当紧贴防火墙安装，且安装牢固、可靠，铭牌清晰，品名与管道对应。

②阀门启闭应当灵活，无卡涩。电动启闭应当有信号反馈，而且信号反馈正确。阀体无裂缝和明显锈蚀，管道保温符合特定要求。

③易熔片的熔断温度和火灾温度自动控制是否符合阀门动作温度要求。

④必要时，应打开防火阀检查内部焊缝是否平整密实，有无虚焊漏焊；油漆涂层是否均匀，有无锈蚀剥落；弹簧弹力有无松弛，阀片轴润滑是否正常，电气连接是否可靠；有无异物堵塞，尤其是防火阀在经历火灾后应立即检查并更换易熔片和其他因火灾损坏的部件。

5. 电梯井、管道井等横、竖向管道孔洞分隔的检查

（1）检查方法

查看电缆井、管道井等竖向井道以及管道穿越楼板和隔墙的孔洞的分隔及封堵情况。

（2）要求

①电缆井、管道井、排烟道、通风道等竖向井道，应分别独立设置。井壁的耐火极限不应低于1.00h，检查门应采用丙级防火门。

②电缆井、管道井等竖向井道在每层楼板处使用不低于楼板耐火极限的不燃烧体或防火封堵材料封堵；与房间相连通的孔洞采用防火封堵材料封堵；特别是电缆井桥架内电缆空隙也应在每层封堵，且应满足耐火极限要求。

③电梯井应独立设置，井内严禁敷设可燃气体和甲、乙、丙类液体管道，不应敷设与电梯无关的电缆、电线等。电梯井的井壁除设置电梯门洞和通气孔洞外，不应设置其他洞口。电梯层门的耐火极限不应低于1.00h。

④现代建筑一般不设垃圾井道，对老建筑的垃圾道应封死，避免有人随意丢弃垃圾或其他引火物。垃圾应实行袋装化管理。

⑤玻璃幕墙应在每层楼板处用一定耐火等级的材料进行封堵。

（七）安全疏散设施的检查

1. 疏散走道和安全出口的检查

（1）检查方法

查看疏散走道和安全出口的通行情况。

（2）要求

①疏散走道和安全出口畅通，无堵塞、占用、锁闭及分隔现象，未安装栅栏门、卷帘门等影响安全疏散的设施；

②平时需要控制人员出入或者设有门禁系统的疏散门具有保证火灾时人员疏散畅通的可靠措施；人员密集的公共建筑不宜在窗口、阳台等部位设置栅栏，当必须设置时，应设有易于从内部开启的装置；窗口、阳台等部位宜设置辅助疏散逃生设施。

③疏散走道、楼梯间应无可燃装修和堆放杂物。

④进入楼梯间和前室的门应为乙级防火门，平时应处于关闭状态。楼梯间的门除通向屋顶平台和一楼大厅的门外，其他各层进入楼梯间的门都应向楼梯间开启。楼梯间内一楼与地下室的连接梯段处应有分隔措施，以防人员疏散时误入地下层。

2. 应急照明和疏散指示标志的检查

（1）检查方法

①查看外观、附件是否齐全、完整。

②应急照明灯的设置位置是否符合要求；疏散指示标志方向是否正确。

③断开非消防用电，用秒表测量应急工作状态的转换时间和持续时间。

④使用照度计测量两个应急照明灯之间地面中心的照度是否达到要求。

（2）要求

①应急照明灯能正常启动；电源转换时间应不大于5s。

②应急照明灯和疏散指示灯的供电持续时间应符合相关要求，照度应符合设置场所的照度要求。

③消防应急灯具的应急工作时间应不小于灯具本身标称的应急工作时间。

④安装在走廊和大厅的应急照明灯应置于顶棚下或者接近顶棚的墙面上，楼梯间应置于休息平台下，且正对楼梯梯段。

⑤消防疏散标志灯应安装在疏散走道1m以下的墙面上，间距不应大于20m；供电应连接于消防电源上，当用蓄电池作应急电源时，其连续供电时间应满足持续时间的要求。

⑥对安装在疏散通道高处的消防疏散指示标志，应使指示标志正对疏散方向，标志牌前不得有遮挡物；消防疏散指示标志灯安装在安全出口时应置于出口的顶部，安装在走道侧面墙壁上和安装在转角处时应符合相关要求。

⑦商场、展览等人员密集场所除在墙面设置灯光疏散指示灯外，还应该在疏散通道地面上设置灯光疏散指示标志灯或蓄光型疏散指示标志，且亮度符合要求。

3. 避难层（间）的检查

（1）检查方法

查看避难层（间）的设置和内部设施情况。

（2）要求

①保证避难层（间）的有效面积能满足疏散人员的要求（每平方米少于5人），不得设置办公场所和其他与疏散无关的用房。

②避难层（间）的通风系统应独立设置，建筑内的排烟管道和甲、乙类燃气管道不得穿越避难层（间），避难层（间）内不可有任何可燃装修和堆放可燃物品，通过避难层的楼梯间应错开设置。

③避难层（间）应设应急照明，地面照度不低于3lx；医院避难层（间）地面的照度不低于10lx。

④应急照明、应急广播和消防专用电话及其他消防设施的供电电源应连接至消防电源。

（八）火灾自动报警系统的检查

1. 火灾报警功能的检查

（1）检查方法

观察各类探测器的型号选择、保护面积、安装位置是否符合规范《火灾自动报警系统设计规范》（GB 50116-2013）的要求，并且任选一只火灾报警探测器，用专用测试工具向其发出模拟火灾报警信号，观察其动作状态。

（2）要求

①探测器选型准确，保护面积适当，安装位置正确。

②发出模拟火灾信号后，火灾报警确认灯启动，并将报警信号反馈至消防控制室，编码位置准确。

2. 故障报警功能的检查

（1）检查方法

任选一只火灾报警探测器，将其从底座上取下，观察其动作状态。

（2）要求

故障报警确认灯启动，并且将报警信号反馈至消防控制室。

3. 火警优先功能的检查

（1）检查方法

任选一只火灾报警探测器，将其从底座上取下；与此同时，任选另外一只火灾报警探测器，用专用测试工具向其发出模拟火灾报警信号，观察其动作状态。

（2）要求

故障报警状态下，火灾报警控制器首先发出故障报警信号；火灾报警信号输出后，火灾报警控制器优先发出火灾报警信号。故障报警状态暂时中止，当处理完火灾报警信号（消音）后，故障信号还会出现，可以滞后处理，以确保火警优先。

4. 手报按钮和探测器安装位置的检查

（1）检查方法

目测或工具测量。

（2）要求

①手报按钮应安装在楼梯口或疏散走廊的墙壁上，高度为 1.3 ~ 1.5m，间隔距离不大于 20m。

②感烟探测器应安装在楼板下，进烟口与楼板距离不大于 10cm，斜坡屋面应安装在屋脊上，倾斜度不大于 45°；安装在走廊时，两个感烟探测器间距不大于 15m，对袋型走道间距不大于 8m 且应居中布置；两个感温探测器的安装间距不大于 10m；探测器的工作显示灯闪亮并面向出入口。

③探测器与侧墙或梁的距离不应小于 0.5m，距离送风口不小于 1.5m；当梁的高度大于 0.6m 时，两梁之间应作为独立探测区域。

（九）消防给水灭火设施的检查

1. 室内、室外消火栓系统的检查

（1）室内消火栓组件的检查。

①检查方法：任选一个综合层和一个标准层，查看室内消火栓的数量和安装要求；任选几个消火栓箱，查看箱内组件，用带压力表的枪头测试消火栓的静压。

②要求：室内消火栓竖管直径不小于 100mm，消火栓间距对多层建筑不大于

50m，对于高层建筑不大于30m。室内消火栓箱内的水枪、水带等配件齐全，水带长度不小于20m，水带与接口绑扎牢固。出水口应与墙面垂直。消火栓出水口静压大于0.3MPa，但不宜大于0.7MPa。消火栓箱的手扳按钮按下后既能发出报警信号还能启动消防水泵。

（2）室内消火栓启泵和出水功能的检查

①检查方法：按照设计出水量的要求，开启相应数量的室内消火栓；将消防控制室联动控制设备设置在自动位置，按下消火栓箱内的启泵按钮，查看消火栓及消防水泵的动作情况，并且目测充实水柱长度。

②要求：消火栓泵启动正常并将启泵信号反馈至消防控制室；水枪出水正常；充实水柱通常长度不应小于10m，体积大于25000m³的商店、体育馆、影剧院、会堂、展览建筑及车站、码头、机场建筑等，充实水柱长度不应小于13m。

（3）室外消火栓的检查

①检查方法：任选一个室外消火栓，检查出水情况。

②要求：室外消火栓不应被埋压、圈占、遮挡，标志明显；安装位置距建筑外墙不宜小于5m，距消防车道不宜大于2m，两个消火栓之间的间距不应大于60m；有专用开启工具，阀门开启灵活、方便，消火栓出水正常；在冬季冻结区域还应有防冻措施。设置室外消火栓箱的，箱内水带、枪头等备件齐全。

（4）水泵接合器的检查

①检查方法：任选一个水泵接合器，检查供水范围。

②要求：水泵接合器不应被埋压、圈占、遮挡，标志明显，并标出供水系统的类型及供水范围，安装在墙壁的水泵接合器的安装高度距地面宜为0.7m，距建筑物外墙的门窗洞口不小于2m，且不应设置在玻璃幕墙下。设置在室外的水泵接合器应便于消防车取水，且距室外消火栓或消防水池不宜小于15m。

2. 消防水泵房、消防水池、消防水箱的检查。

（1）检查方法

①消防水泵房设置是否合理，是否有直通室外地面的出口。

②储水池是否变形、损伤、漏水、严重腐蚀，水位标志是否清楚、储水量是否满足要求。寒冷地区消防水池（水箱）应当有保温防冻措施。

③操作控制柜，检查水泵能否启动。

④水管是否锈蚀、损伤、漏水。管道上各阀门开闭位置是否正确。

⑤利用手动或减水检查浮球式补水装置动作状况。利用压力表测定屋顶高位水箱最远阀或试验阀的进水压力和出水压力是否在规定值以内。

⑥水质是否腐败、有无浮游物和沉淀。

（2）要求

①消防水泵房不应设置在地下三层及以下或埋深10m以下，并有直通室外出口，单独建造耐火等级不应低于二级。

②配电柜上的消火栓泵、喷淋泵、稳压（增压）泵的开关设置在自动（接通）位置。

③消火栓泵和喷淋泵进、出水管阀门，高位消防水箱出水管上的阀门，以及自动喷水灭火系统、消火栓系统管道上的阀门保持常开。

④高位消防水箱、消防水池、气压水罐等消防储水设施的水量达到规定的水位。

⑤北方寒冷地区，高位消防水箱与室内外消防管道有防冻措施。

（十）通风、防排烟系统的检查

1. 外观检查

①风机管道安装牢固，附件齐全，排烟管道符合耐火极限要求，无变形、开裂和杂物堵塞；通风口、排烟口无堵塞，启闭灵活；管道设置合理，排烟管道的保温层符合耐火要求。

②防火阀、排烟防火阀标识清晰，表面不应有变形及明显的凹凸，不应有裂纹等缺陷，焊接应光滑平整，不允许有虚焊、气孔夹杂等缺陷。

2. 功能检查

①采用自然排烟的走道的开窗面积分别不小于走道面积的2%，防烟楼梯间及其前室的开窗面积不小于$2m^2$，与电梯间合用前室的开窗面积不小于$3m^2$，并且在火灾发生时能自动开启或便于人工开启。

②机械排烟风机能正常启动，无不正常噪声；各送风、排烟口能正常开启；挡烟垂壁能自动降落。

③防火阀、排烟防火阀的手动开启与复位应灵活可靠，关闭时应严密。

④对电动防火阀应分别触发两个相关的火灾探测器或由控制室发出信号查看动作情况，防火阀和排烟防火阀在关闭后应向控制室反馈信号，确认阀门已关闭。

⑤将消防控制室防排烟系统联动控制设备设置在自动位置，任选一只火灾报警探测器，向其发出模拟火灾报警信号，其报警区域内的排烟设施应能正常启动。

3. 要求

当系统接到火灾报警信号后，相应区域的空调送风系统停止运行；相应区域的挡烟垂壁降落，排烟口开启并同时联动启动排烟风机，排烟口风速不宜大于10m/s；设有补风系统的防排烟系统，相应区域的补风机启动；相应区域的正压送风机启动，送风口的风速不宜大于7m/s；相应区域的防烟楼梯间及其前室及合用前室的余压值符合要求，确保楼梯间风压大于前室，前室风压大于疏散走道。

（十一）灭火器设置的检查

1. 检查方法

查看灭火器的选型、数量、设置点；查看压力指示器、喷射软管、保险销、喷头或阀嘴、喷射枪等组件；查看压力指示器和灭火器的生产或维修日期。

2. 要求

灭火器选型符合配置场所的火灾类别和配置规定；组件完好；压力指针位于绿色区域，灭火器处于使用有效期内。

第六章　建筑防火

第一节　防火防烟分区

一、防火分区

防火分区是在建筑内部采用防火墙、楼板及其他防火分隔设施分隔而成，能在一定时间内防止火灾向同一建筑的其余部分蔓延的局部空间。作为建筑中的一项极其重要的被动防火措施，建筑内的人员安全疏散和消防给排水、通风、电气等的防火设计，均与防火分区的划分和分隔方式紧密相关。在建筑内划分防火分区，可以在建筑一旦发生火灾时，有效地把火势控制在一定的范围内，减少火灾损失，同时为人员安全疏散、消防扑救提供有利条件。

（一）防火分区的划分原则

防火分区分为两类：一类是水平防火分区，用以避止火灾在水平方向扩大蔓延；另一类是竖向防火分区，用以防止火灾在多层或高层建筑的层与层之间竖向蔓延。

水平防火分区是指使用防火墙、防火卷帘、防火门及防火分隔水幕等分隔设施在各楼层的水平方向分隔出的防火区域，它可以阻止火灾在楼层的水平方向蔓延。竖向防火分区在多、高层建筑防火中极为重要，火灾通常沿着建筑物的各种竖向井道和开口向上部楼层蔓延。烟气和高温在建筑内的竖向发展速度是水平方向的数倍，而人员竖向的疏散速度却远远小于烟气竖向的蔓延速度，且为逆向运动。所以，烟气和高温对上部楼层人员的疏散威胁更大。竖向防火分区除采用耐火楼板进行竖向分隔外，建筑外部的竖向防火通常采用防火挑檐、窗槛墙等技术手段；建筑内部设置的敞开楼梯、自动扶梯、中庭、工艺开口等以及电线电缆井、各类管道竖井、电梯井等，也需要分别分隔，以保证竖向防火分区的完整性。

防火分区的划分应根据建筑物的使用性质、高度、长度、火灾危险性以及建筑物的耐火等级、使用人员特征和人数、可燃物的数量、建筑的消防设施配置、附近的消防救援力量及建设投资等情况进行综合考虑。划分防火分区的一般原则和措施主要有以下八个方面：

①优先考虑安全疏散的合理性，尽量与使用功能区划协调统一。同一建筑物内，在水平方向，不同的火灾危险性区域或不同使用功能、不同用户之间，要尽量使用防火墙将其划分为不同的防火分区；在竖直方向，要尽可能利用楼板将上、下楼层划分为不同的防火分区。

②区域的使用性质越重要，或火灾危险性越高，或扑救难度越大，防火分区的建筑面积要越小。

③建筑高度越高或建筑的耐火等级越低，防火分区的建筑面积要越小。高层建筑的防火分区大小要比单、多层建筑严格；地下建筑的防火分区大小要比地上建筑严格。

④防火分区之间的防火分隔措施，要具备在火灾情况下不会导致火灾蔓延出火源所在防火分区的性能。分隔物要首先考虑采用防火墙等可靠、固定的物理分隔方式。

⑤用于人员疏散、避难、通行使用的疏散楼梯和避难走道、避难层，要设置耐火墙体与其他部位分隔；采取防烟、排烟措施，确保其在火灾时不会受到烟与火的侵袭；避免设置影响人员快速、安全通行的物体或设施；不应敷设或穿过影响该空间安全使用的可燃液体、可燃气体管道等。当住宅建筑的疏散楼梯间确需设置可燃气体管道时，只能设置在敞开楼梯间内，并需要采用金属管，同时要穿金属管予以保护。

⑥在同一座建筑内，不同火灾危险的场所、不同使用功能的场所之间要尽量采用防火墙进行分隔；建筑在垂直方向最好以每个楼层为基础划分不同的防火分区。

⑦有特殊防火要求的建筑或场所，比如体育馆等建筑的观众厅以及生产车间、仓库等，可以通过设置自动灭火系统等方式或按国家规定经专项论证来扩大防火分区的建筑面积。

⑧防火分区的防火分隔物体要尽量采用防火墙和甲级防火门，减少使用防火卷帘、防火水幕等可靠性相对较低的设施。

（二）厂房的防火分区

1. 基本要求

厂房的建筑高度、层数和面积主要根据生产工艺需要确定。从防火减灾的角度，则要根据生产的火灾危险性类别和建筑的耐火等级等来控制火灾可能造成的危害。厂房的生产工艺，火灾危险性类别，建筑物的耐火等级、层数和面积构成了一个互相联系、互相制约的统一体。层数多，不方便疏散和扑救；面积大，火灾容易在大范围内蔓延，同样不利于疏散和扑救。

根据不同厂房生产的特点和火灾危险性类别，在不同的耐火等级条件下，甲类生产防火分区最大允许建筑面积要求最严格，乙类生产次之，以下类推。厂房的层数和每个防火分区最大允许建筑面积的要求见表6-1。

运行、维护良好的自动灭火系统，能及时控制和扑灭建筑内的初起火灾，有效控制火势蔓延，能较大地提高建筑的消防安全性。所以，厂房内设置自动灭火系统时，每个防火分区的最大允许建筑面积可按表6-1中的数值增加1倍；对于丁、戊类的地上厂房，每个防火分区的最大允许建筑面积可以不限。厂房内局部设置自动灭火系统时，其防火分区的增加面积可按该局部面积的1倍计算。但应注意，设置自动灭火系统的该局部空间应与该防火分区内的其他空间进行有效的防火分隔。

表6-1　厂房的层数和每个防火分区的最大允许建筑面积

生产的火灾危险性类别	厂房的耐火等级	最多允许层数	每个防火分区的最大允许建筑面积（m²）			
			单层厂房	多层厂房	高层厂房	地下或半地下厂房（包括地下或半地下室）
甲	一级	宜采用单层	4000	3000	—	—
	二级		3000	2000	—	—
乙	一级	不限	5000	4000	2000	—
	二级	6	4000	3000	1500	—
丙	一级	不限	不限	6000	3000	500
	二级	不限	8000	4000	2000	500
	三级	2	3000	2000	—	—
丁	一、二级	不限	不限	不限	4000	1000
	三级	3	4000	2000	—	—
	四级	1	1000	—	—	—
戊	一、二级	不限	不限	不限	6000	1000
	三级	3	5000	3000	—	—
	四级	1	1500	—	—	—

厂房内的操作平台、检修平台，当使用人数少于10人时，平台的面积可以不计入所在防火分区的建筑面积内。

厂房内的防火分区之间应采取防火墙分隔。除甲类厂房外的一、二级耐火等级厂房，当防火分区的建筑面积大于规范规定且设置防火墙确有困难时，可以使用防火卷帘或防火分隔水幕分隔。采用防火分隔水幕时，应符合《自动喷水灭火系统设计规范》的规定；采用防火卷帘时，应符合本章第三节有关防火卷帘的设置要求。

2. 纺织、造纸和卷烟厂房

①除麻纺厂房和高层厂房外，一级耐火等级的纺织厂房和二级耐火等级的单层纺织厂房，每个防火分区的最大允许建筑面积可以按照表6-1中的数值增加0.5倍。但对于厂房内的原棉开包、清花车间，均应采用耐火极限不低于2.50h的防火隔墙与厂房内的其他部位分隔，在防火隔墙上需要开设的门、窗、洞口，应使用甲级防火门、窗。

②一、二级耐火等级的单、多层造纸生产联合厂房，每个防火分区的最大允许建筑面积可按表6-1中的数值增加1.5倍；一、二级耐火等级的湿式造纸联合厂房，当纸机烘缸罩内设置自动灭火系统、完成工段设置有效灭火设施保护时，每个防火分区的最大允许建筑面积可按工艺要求确定。

③一、二级耐火等级卷烟生产联合厂房内的原料、备料及成组配方、制丝、储丝和卷接包、辅料周转、成品暂存、二氧化碳膨胀烟丝等生产用房，应划分独立的防火分隔单元，当工艺条件许可时，应采用防火墙进行分隔。其中，制丝、储丝和卷接包车间可划分为一个防火分区，且每个防火分区的最大允许建筑面积可按工艺要求确定；但制丝、储丝及卷接包车间之间应采用耐火极限不低于2.00h的防火隔墙和1.00h的楼板进行分隔；厂房内各水平和竖向防火分隔之间的开口应采用防止火灾蔓延的措施。

对于上述纺织、造纸和卷烟厂房，当设置自动灭火系统时，每个防火分区的最大允许建筑面积同样可在上述面积增加的基础上再增加1.0倍；厂房内局部设置自动灭火系统时，其防火分区的增加面积可按该局部面积的1.0倍计算。

（三）仓库的防火分区

1. 基本要求

仓库的特点是集中存放大量物品、价值较高，尤其是高架仓库和高层仓库。高架仓库是指层高在7m以上的机械操作和自动控制的货架仓库。高架仓库和高层仓库的共同特点是储存物品比单层、多层仓库多数倍，甚至数十倍，发生火灾后的损失巨大，且难以施救。因此，仓库的耐火等级、层数和面积要严于厂房和民用建筑。

甲类物品库房失火后，燃烧速度快，火势猛烈，并且还可能发生爆炸。因此，其防火分区面积不宜过大。不同层数或高度仓库的防火分区最大允许建筑面积的要求见表6-2。

仓库内设置自动灭火系统时，每座仓库的最大允许占地面积及每个防火分区的最大允许建筑面积可按表6-2中的数值增加1倍。

表 6-2　不同层数仓库的防火分区最大允许建筑面积

储存物品的火灾危险性类别	仓库的耐火等级	最多允许层数	每座仓库的最大允许占地面积和每个防火分区的最大允许建筑面积(m²)						地下或半地下仓库（包括地下或半地下室）
			单层仓库		多层仓库		高层仓库		
			每座仓库	防火分区	每座仓库	防火分区	每座仓库	防火分区	防火分区
甲	一级	1	180	60	—	—	—	—	—
	一、二级	1	750	250	—	—	—	—	—
乙	一、二级	3	2000	500	900	300	—	—	—
	三级	1	500	250	—	—	—	—	—
丙	一、二级	5	4000	1000	2800	700	—	—	150
	三级	1	1200	400	—	—	—	—	—
丁	一、二级	不限	不限	3000	不限	1500	4800	1200	500
	三级	3	3000	1000	1500	500	—	—	—
	四级	1	2100	700	—	—	—	—	—
戊	一、二级	不限	不限	不限	不限	2000	6000	1500	1000
	三级	3	3000	1000	2100	700	—	—	—
	四级	1	2100	700	—	—	—	—	—

仓库内的防火分区之间必须采用防火墙分隔。甲、乙类仓库内防火分区之间的防火墙不应该开设门窗洞口。

2. 特殊仓库

①一、二级耐火等级的煤均化库，每个防火分区的最大允许建筑面积不应大于12000m2。

②耐火等级不低于二级并且独立建造的硝酸铵仓库、电石仓库、聚乙烯等高分子制品仓库、尿素仓库、配煤仓库、造纸厂的独立成品仓库，每座仓库的最大允许占地面积和每个防火分区的最大允许建筑面积能够按照表6-2中的数值增加1倍。

③一、二级耐火等级粮食平房仓的最大允许占地面积不应大于12000m²，每个防火分区的最大允许建筑面积不应大于3000m²；三级耐火等级粮食平房仓的最大允许占地面积不应大于3000m²，每个防火分区的最大允许建筑面积不应大于1000m²。

④对于冷库，不同耐火等级和层数库房中冷藏间的最大允许占地面积和防火分区最大允许建筑面积见表6-3。冷藏间内设置的防火墙应将外墙、屋面、楼面和地面的可燃保温材料完全截断。

表 6-3　不同耐火等级和层数冷库中冷藏间的防火分区最大允许面积（m²）

冷藏间耐火等级	最多允许层数	冷藏间的最大允许占地面积和防火分区的最大允许建筑面积（m²）			
		单层、多层冷库		高层冷库	
		冷藏间占地	防火分区	冷藏间占地	防火分区
一、二级	不限	7000	3500	5000	2500
三级	3	1200	400	—	—

当需要设置地下室时，只允许设置一层地下室，且地下冷藏间占地面积不应大于地上冷藏间的最大允许占地面积，防火分区不应大于 1500m²。

3.物流建筑的防火设计

物流建筑覆盖面广，涉及行业众多，业态类型各异，服务功能也各不相同。物流建筑也不是单纯的仓库库房概念，既有仓储，又有加工，还有物流服务，比如现代航空、陆路运输服务的货运站房，商贸流通行业的仓库等。因此，仅按以往单一的仓库建筑进行物流建筑设计，已经不完全适合不同功能建筑的设计需求。物流建筑的基本使用功能按物流活动要素归类为作业、存储两大类。作业包括运输、装卸、搬运、包装、物流加工、配送等动态物流活动；存储包括货物的存放与保管等静态物流活动。物流建筑设计需根据建筑内所处理物品的火灾危险性类别等确定其设防标准，其基本设计原则包括以下内容：

①当建筑功能以分拣、加工等作业为主时，应按《建筑防火通用规范》有关厂房的规定确定。其中，仓储部分应按中间仓库确定。

②当建筑功能以仓储为主或建筑难以区分主要功能时，应按《建筑防火通用规范》有关仓库的规定确定；但当分拣等作业区使用防火墙与储存区完全分隔时，作业区和储存区的防火要求可分别按该规范有关厂房和仓库的规定确定。其中，当分拣等作业区采用防火墙与储存区完全分隔且符合下列条件时，除自动化控制的丙类高架仓库外，储存区的防火分区最大允许建筑面积和储存区部分建筑的最大允许占地面积，可按表 6-2 中的数值增加 3 倍：

a.储存除可燃液体、棉、麻、丝、毛及其他纺织品、泡沫塑料等物品外的丙类物品，建筑的耐火等级不低于一级；

b.储存丁、戊类物品且建筑的耐火等级不低于二级；

c.建筑内全部设置自动喷水灭火系统和火灾自动报警系统。

（四）民用建筑的防火分区

1.基本要求

民用建筑的类别较多，使用功能复杂，即使同一使用功能的建筑，其内部的用途也有较大区别。所以，不同功能建筑的火灾危险性存在一定差异，其防火分区要尽量按照建筑内的不同功能或使用用途进行划分。民用建筑内防火分区的建筑面积大小与其建筑高度、建筑的耐火等级、火灾扑救难度和使用性质密切相关。通常来说，建筑高度低、耐火等级高、使用人员少的建筑，其防火分区面积可大些。当然，防火分区划分得越小，越有利于保证建筑物的消防安全与方便灭火、控火。但建筑的建造毕竟是为满足其功能要求，如果防火分区划分的过小，则势必会影响建筑物的使用功能。所以，有些建筑或其中某些场所也不能完全按照这样的原则去划分防火分区，如商店建筑中的营业厅、展览建筑中的展览厅、体育馆中的观众厅等。

当民用建筑中防火分区的面积增大时，室内可能容纳的人员和可燃物的数量就会相应增加，根据确定防火分区大小的基本理论，对民用建筑中防火分区的面积应按照建筑物的不同耐火等级和建筑高度进行相应的限制。一、二级耐火等级的单、多层民用建筑，建筑高度低、耐火性能好，有利于安全疏散和扑救火灾。因此，其防火分区面积可大些。三、四级建筑物的屋顶是可燃的，能够导致火灾蔓延扩大，因而其防火分区面积应比一、二级要小些。

高层民用建筑内部装修、陈设等可燃物多，并设有贵重设备、空调系统等，一旦失火，蔓延快，火灾扑救难度大，人员疏散也较困难，容易造成伤亡事故和重大损失。地下建筑或建筑的地下部分开设直接对外的开口十分困难，其出入口（楼梯）既是人流疏散口，又是热流、烟气的排出口，并且又是消防救援队伍救火的进入口。一旦形成火灾时，人员交叉混乱，不仅造成疏散扑救困难，而且威胁上部建筑的安全。因此，对这些建筑的防火分区应较单、多层建筑控制得更严一些。

不同耐火等级建筑的允许建筑高度或层数和防火分区最大允许建筑面积的要求，见表 6-4。

表 6-4　不同耐火等级和高度建筑的防火分区最大允许建筑面积

名称	耐火等级	防火分区的最大允许建筑面积（m²）	备注
高层民用建筑	一、二级	1500	对于体育馆、剧场的观众厅，防火分区的最大允许建筑面积可适当增加
单、多层民用建筑	一、二级	2500	
	三级	1200	—
	四级	600	—
地下或半地下建筑（室）	一级	500	设备用房的防火分区最大允许建筑面积不应大于 1000m²

当建筑内设置自动灭火系统时，防火分区的最大允许建筑面积可按表 6-4 中的数值增加 1 倍；局部设置时，防火分区的增加面积可按该局部面积的 1 倍计算。裙房与高层建筑主体之间设置防火墙时，裙房的防火分区可按单、多层建筑的要求确定。

需要指出，建筑内设置自动扶梯、中庭、敞开楼梯等上下层相连通的开口时，其防火分区的建筑面积应按上下层相连通的建筑面积叠加计算，且不应大于相关规定。

民用建筑内的防火分区之间应采用防火墙分隔，确有困难时，可采用防火卷帘等防火分隔设施分隔。使用防火卷帘分隔时，应符合本章第三节有关防火卷帘的设置要求。

2.营业厅、展览厅

为保证建筑的使用功能得以较好地实现，设置在一、二级耐火等级建筑内的营业厅、展览厅，当设置自动灭火系统和火灾自动报警系统并采用不燃或难燃装修材料时，每个防火分区的最大允许建筑面积能够按照下列要求适当增加：

①设置在高层建筑内时，不应大于 4000m²；

②设置在单层建筑内或仅在多层建筑的首层设置营业厅或展览厅时，不应大于 10000m²；

③设置在地下或半地下时，不应大于 2000m²。

（五）木结构建筑的防火分区

木结构体系主要分为轻型木结构体系和重型木结构体系。轻型木结构和重型木结构的构件大小不同、组装方法不同以及其达到规定消防安全水平所采用的手段也不同。我国对用作民用建筑、丁类或戊类厂房、丁类或戊类库房的不同类型和层数木结构建筑防火墙间的允许建筑长度和每层最大允许建筑面积进行了一定限制，见表6-5。

表6-5　木结构建筑防火墙间的允许建筑长度和每层最大允许建筑面积

层数（层）	防火墙间的允许建筑长度（m）	防火墙间的每层最大允许建筑面积（m²）
1	100	1800
2	80	900
3	60	600

当设置自动喷水灭火系统时，防火墙间的允许建筑长度和每层最大允许建筑面积可按表6-5规定增加1倍；当为丁、戊类地上厂房时，防火墙间的每层最大允许建筑面积不限。体育场馆等高大空间建筑，其建筑高度和建筑面积可适当增加。

（六）城市交通隧道的防火分区

隧道是一种与外界直接连通口有限的相对封闭的空间。隧道内有限的逃生条件和热烟排除出口使得隧道火灾具有燃烧后周围温度升高快、持续时间长、着火范围大、消防扑救与进入困难等特点，增加了疏散和救援人员的生命危险，隧道衬砌和结构也易受到破坏，其直接损失和间接损失巨大。隧道火灾不但严重威胁人的生命和财产安全，而且也可能对交通设施、人类的生产活动造成巨大破坏。

城市交通隧道工程是指在城市建成区内建设的机动车和非机动车交通隧道及其辅助建筑。根据国家标准《城市规划基本术语标准》（GB/T 50280），城市建成区，简称"建成区"，是指城市行政区内实际已成片开发建设、市政公用设施和公共设施基本具备的地区。但不同类型隧道在火灾防护上没有本质区别，原则上均应根据隧道允许通行的车辆和货物来考虑其实际的火灾场景，以确定更合理、更有效的消防安全措施。

城市交通隧道的防火，主要还是通过主动和被动防火手段加强隧道结构的防护，改善人员逃生和灭火救援条件，而要实现车辆通行的要求，在车行隧道部分难以进行防火分区划分。所以，隧道内的防火分区，严格地讲，是针对设置在隧道内的变电站、管廊、专用疏散通道、通风机房及其他辅助用房等场所与相邻空间及车行隧道之间的防火分隔。

上述房间要采用耐火极限不低于 2.00h 的不燃性墙体和甲级防火门等与车行隧道分隔。隧道内附设的地下设备用房,占地面积大,人员较少,每个防火分区的最大允许建筑面积不应大于 1500m²。

二、防烟分区

(一)防烟分区的划分

防烟分区是在建筑内部由挡烟设施分隔而成,配合机械排烟设施设置能在一定时间内防止火灾烟气向同一建筑的其余部分蔓延的局部空间。划分防烟分区是为了在火灾初起阶段将烟气控制在一定范围内,便于有组织地将烟气排出室外。划分防烟分区的一般原则为:

一是不设置机械排烟设施的房间和走道,不划分防烟分区;室内顶棚高度大于 6m 的场所,可以不划分防烟分区。

二是走道和房间按规定需要设置机械排烟设施时,可根据具体情况将走道与房间的机械排烟设施分开或合并设置,并划分防烟分区。对于大面积的场所,一般需要分开设置;对于办公室、酒店等多个小房间的场所,往往合并设置。

三是防火分区之间不允许烟气和火势相互蔓延。因此,防烟分区不应跨越防火分区。但一个防烟分区可以包括一个或多个楼层,一个楼层也能够包括一个或多个防烟分区。

四是一座建筑的某几层需设置机械排烟设施,且采用竖井进行排烟时,按规定不需要设置机械排烟设施的其他各层,如增加投资不多,可考虑扩大设置范围,各层也宜划分防烟分区,并设置排烟设施。

五是当建筑内不同空间之间采取分区防烟方法进行防烟时,应在这些空间之间划分防烟分区。

六是防烟分区的长度或宽度不应超过其顶棚高度的 8 倍。

(二)防烟分区的分隔设施

在空间内设置挡烟垂壁,把烟气蓄积在防烟分区内并增加烟气层厚度,有利于迅速启动排烟口,并提高排烟效果。划分防烟分区的设施主要有挡烟垂壁、隔墙、防火卷帘、楼板下的梁等。

挡烟垂壁是用不燃材料制成,垂直安装在建筑顶棚或吊顶下,能在火灾时阻止烟气横向流动并形成一定蓄烟空间的挡烟设施。用于防烟分区划分的挡烟垂壁有固定式和活动式两种,工程中要优先使用固定式挡烟垂壁。顶棚下凸出不小于 500mm 的结构梁以及顶棚或吊顶下凸出不小于 500mm 的不燃性的连续物体等均可作为固定式挡烟垂壁。

活动式挡烟垂壁主要有卷帘式挡烟垂壁和翻板式挡烟垂壁两种。其平时处于卷起状态,在火灾时下降至设计的挡烟高度,并且有效下降高度均不应小于 500mm。卷帘式挡烟垂壁的单节宽度应不大于 6000mm,翻板式挡烟垂壁的单节宽度应不大于 2400mm。

挡烟垂壁的基本设置要求包括两点：第一，应垂直向下凸出一定深度。除上述要求的 500mm 下垂高度外，还不应小于室内地面至顶棚的高度的 20%。室内地面至顶棚的高度的计算方法为：对于平屋顶和具备水平顶棚区域的锯齿状屋顶，该高度为从顶棚至地板的距离；对于斜屋顶，该高度为从排烟口中心至地板的距离。第二，当挡烟垂壁的下垂高度小于顶棚高度的 30% 时，挡烟垂壁的设置间距不应小于顶棚的高度。

第二节　安全疏散

一、安全出口与疏散出口

安全出口和疏散出口的位置、数量、宽度对于满足人员安全疏散极其重要。建筑的使用性质、高度、区域的面积及内部布置、室内空间高度均对疏散出口的设计有密切影响。设计时应区别对待，充分考虑区域内使用人员的特性，合理确定相应的疏散设施，为人员疏散提供安全的条件。

（一）安全出口

安全出口是供人员安全疏散用的楼梯间、室外楼梯的出入口或直通室内外安全区域的出口。现行国家标准《住宅设计规范》规定：

①十层以下的住宅建筑，当住宅单元任一层的建筑面积大于 650m²，或任一套房的户门至安全出口的距离大于 15m 时，该住宅单元每层的安全出口不应少于 2 个。

②十层及十层以上但不超过十八层的住宅建筑，当住宅单元任一层的建筑面积大于 650m²，或任一套房的户门至安全出口的距离大于 10m 时，该住宅单元每层的安全出口不应少于 2 个。

③十九层及十九层以上的住宅建筑，每层住宅单元的安全出口不应少于 2 个。

④安全出口应分散布置，两个安全出口的距离不应小于 5m。

⑤楼梯间及前室的门应向疏散方向开启。

1. 疏散楼梯

（1）平面布置

为了提高疏散楼梯的安全可靠程度，在展开疏散楼梯的平面布置时，应满足下列防火要求：

①疏散楼梯宜设置在标准层（或防火分区）的两端，以便于为人们提供两个不同方向的疏散路线。

②疏散楼梯宜靠近电梯设置。发生火灾时，人们习惯于利用经常走的疏散路线展开疏散，而电梯则是人们经常使用的垂直交通运输工具，靠近电梯设置疏散楼梯，可将常

用疏散路线与紧急疏散路线相结合，有利于人们快速进行疏散。如果电梯厅为开敞式时，为避免因高温烟气进入电梯井而切断通往疏散楼梯的通道，两者之间应进行防火分隔。

③疏散楼梯宜靠外墙设置。这种布置方式有利于采用带开敞前室的疏散楼梯间，同时，也便于自然采光、通风和进行火灾的扑救。

（2）竖向布置

①疏散楼梯应保持上、下畅通。高层建筑的疏散楼梯宜通至平屋顶，以便当向下疏散的路径发生堵塞或被烟气切断时，人员能上到屋顶暂时避难，等待消防部门利用登高车或者直升机进行救援。

②应避免不同的人流路线相互交叉。高层部分的疏散楼梯不应和低层公共部分（指裙房）的交通大厅、楼梯间、自动扶梯混杂交叉，避免紧急疏散时两部分人流发生冲突，引起堵塞和意外伤亡。

2. 疏散门

疏散门是人员安全疏散的主要出口。其设置应满足下列要求：

①疏散门应向疏散方向开启，但人数不超过60人的房间且每樘门的平均疏散人数不超过30人时，其门的开启方向不限（除甲、乙类生产车间外）。

②民用建筑及厂房的疏散门应采用平开门，不应采用推拉门、卷帘门、吊门、转门和折叠门；但丙、丁、戊类仓库首层靠墙的外侧可使用推拉门或卷帘门。

③当门开启时，门扇不应影响人员的紧急疏散。

④公共建筑内安全出口的门应设置在火灾时能从内部易于开启门的装置；人员密集的公共场所、观众厅的入场门、疏散出口不应设置门槛，从门扇开启90。的门边处向外1.4m范围内不应设置踏步，疏散门应为推闩式外开门。

⑤高层建筑直通室外的安全出口上方，应设置挑出宽度不小于1.0m的防护挑檐。

3. 安全出口设置基本要求

为了在发生火灾时能够迅速安全地疏散人员，在建筑防火设计时必须设置足够数量的安全出口。每座建筑或每个防火分区的安全出口数目不应少于2个，每个防火分区相邻2个安全出口或者每个房间疏散出口最近边缘之间的水平距离不应小于5.0安金出口应分散布置，并应有明显标志。一、二级耐火等级的建筑，当一个防火分区的安全出口全部直通室外确有困难时，符合下列规定的防火分区可利用设置在相邻防火分区之间向疏散方向开启的甲级防火门作为安全出口：

①该防火分区的建筑面积大于1000m²时，直通室外的安全出口数量不应少于2个；该防火分区的建筑面积小于等于1000m²时，直通室外的安全出口数量不应少于1个。

②该防火分区直通室外或避难走道的安全出口总净宽度，不应小于计算所需总净宽度的70%。

4. 公共建筑安全出口设置要求

公共建筑可设置一个安全出口的特殊情况：

①除歌舞娱乐放映游艺场所外的公共建筑，当符合下列条件之一时，可设置一个安

全出口。

②除托儿所、幼儿园外，建筑面积不大于 200m² 且人数不超过 50 人的单层建筑或多层建筑的首层。

③除医疗建筑、老年人建筑及托儿所、幼儿园的儿童用房和儿童游乐厅等儿童活动场所等外，符合表 6-6 规定的 2、3 层建筑。

表 6-6　公共建筑可设置一个安全出口的条件

耐火等级	最多层数	每层最大建筑面积（m²）	人数
一、二级	3 层	200	第二层和第三层的人数之和不超过 50 人
三级	3 层	200	第二层和第三层的人数之和不超过 25 人
四级	2 层	200	第二层人数不超过 15 人

④一、二级耐火等级公共建筑，当设置不少于 2 部疏散楼梯且顶层局部升高层数不超过 2 层、人数之和不超过 50 人、每层建筑面积不大于 200m² 时，该局部高出部位可设置一部与下部主体建筑楼梯间直接连通的疏散楼梯，但至少应另设置一个直通主体建筑上人平屋面的安全出口，该上人屋面应符合人员安全疏散要求。

⑤相邻两个防火分区（除地下室外），当防火墙上有防火门连通，并且两个防火分区的建筑面积之和不超过规范规定的一个防火分区面积的 1.40 倍的公共建筑。

⑥公共建筑中位于两个安全出口之间的房间，当其建筑面积不超过 60m² 时，可设置一个门，门的净宽不应小于 0.9m；公共建筑中位于走道尽端的房间，当其建筑面积不超过 75m² 时，可设置一个门，门的净宽不应当小于 1.40m。

5. 住宅建筑安全出口设置要求

住宅建筑每个单元每层的安全出口不应少于 2 个，且两个安全出口之间的水平距离不应小于 5m。符合下列条件时，每个单元每层可设置 1 个安全出口：

①建筑高度不大于 27m，每个单元任一层的建筑面积小于 650m² 且任一套房的户门至安全出口的距离小于 15m；

②建筑高度大于 27m 且不大于 54m，每个单元任一层的建筑面积小于 650m² 且任一套房的户门至安全出口的距离不大于 10m，户门使用乙级防火门，每个单元设置一座通向屋顶的疏散楼梯，单元之间的楼梯通过屋顶连通；

③建筑高度大于 54m 的多单元建筑，每个单元任一层的建筑面积小于 650m² 且任一套房的户门至安全出口的距离不大于 10m，户门使用乙级防火门，每个单元设置一座通向屋顶的疏散楼梯，54m 以上部分每层相邻单元的疏散楼梯通过阳台或凹廊连通。

6. 厂房、仓库安全出口设置要求

厂房、仓库的安全出口应分散布置。每个防火分区、一个防火分区的每个楼层，相邻 2 个安全出口最近边缘之间的水平距离不应小于 5m。厂房、仓库符合下列条件时，可设置一个安全出口：

①甲类厂房，每层建筑面积不超过 100m²，且同一时间的生产人数不超过 5 人。

②乙类厂房，每层建筑面积不超过 150m²，且同一时间的生产人数不超过 10 人。

③丙类厂房，每层建筑面积不超过 250m²，且同一时间的生产人数不超过 20 人。

④丁、戊类厂房，每层建筑面积不超过 400m²，并且同一时间内的生产人数不超过 30 人。

⑤地下、半地下厂房或厂房的地下室、半地下室，其建筑面积不大于 50m² 且经常停留人数不超过 15 人。

⑥一座仓库的占地面积不大于 300m² 或防火分区的建筑面积不大于 100m²。

⑦地下、半地下仓库或仓库的地下室、半地下室，建筑面积不大于 100m²。

需要特别提出的是，地下、半地下建筑每个防火分区的安全出口数目不应少于 2 个。但由于地下建筑设置较多的地上出口有困难，因此当有 2 个或 2 个以上防火分区相邻布置时，每个防火分区可利用防火墙上一个通向相邻分区的甲级防火门作为第二安全出口，但每个防火分区必须有一个直通室外的安全出口。

（二）疏散出口

1. 基本概念

疏散出口包括安全出口和疏散门。疏散门是直接通向疏散走道的房间门、直接开向疏散楼梯间的门（如住宅的户门）或者室外的门，不包括套间内的隔间门或住宅套内的房间门。安全出口是疏散出口的一个特例。

2. 疏散出口设置基本要求

民用建筑应根据建筑的高度、规模、使用功能和耐火等级等因素合理设置安全疏散设施。安全出口、疏散门的位置、数量和宽度应满足人员安全疏散的要求。

①建筑内的安全出口和疏散门应分散布置，并应当符合双向疏散的要求。

②公共建筑内各房间疏散门的数量应经计算确定且不应少于 2 个，每个房间相邻 2 个疏散门最近边缘之间的水平距离不应小于 5m。

③除托儿所、幼儿园、老年人建筑、医疗建筑、教学建筑内位于走道尽端的房间外，符合下列条件之一的房间可设置 1 个疏散门：

a. 位于两个安全出口之间或袋形走道两侧的房间，对于托儿所、幼儿园、老年人建筑，建筑面积不大于 50m²；对于医疗建筑、教学建筑，建筑面积不大于 75m²；对于其他建筑或场所，建筑面积不大于 120 nm²。

b. 位于走道尽端的房间，建筑面积小于 50m² 且疏散门的净宽度不小于 0.90m，或由房间内任一点至疏散门的直线距离不大于 15m、建筑面积不大于 200m² 且疏散门的净宽度不小于 1.40m。

c. 歌舞娱乐放映游艺场所内建筑面积不大于 50m² 且经常停留人数不超过 15 人的厅、室或房间。

d. 建筑面积不大于 200m² 的地下或半地下设备间；建筑面积不大于 50m² 且经常停留人数不超过 15 人的其他地下或者半地下房间。

对于一些人员密集场所人数众多，如剧院、电影院和礼堂的观众厅，其疏散出口数目应经计算确定，且不应少于2个。为保证安全疏散，应控制通过每个安全出口的人数：即每个疏散出口的平均疏散人数不应超过250人；当容纳人数超过2000人时，其超过2000人的部分，每个疏散出口的平均疏散人数不应超过400人。

体育馆的观众厅，其疏散出口数目应经计算确定，并且不应少于2个每个疏散出口的平均疏散人数不宜超过400～700人。

高层建筑内设有固定座位的观众厅、会议厅等人员密集场所，观众厅每个疏散出口的平均疏散人数不应超过250人。

二、疏散走道与避难走道

疏散走道贯穿整个安全疏散体系，是保证人员安全疏散的重要因素。其设计应简捷明了，方便寻找、辨别，避免布置成"S"形、形或袋形。

（一）疏散走道

疏散走道是指发生火灾时，建筑内人员从火灾现场逃往安全场所的通道。疏散走道的设置应保证逃离火场的人员进入走道后，能顺利地继续通行至楼梯间，到达安全地带。

疏散走道的布置应满足以下要求：

①走道应简捷，并按规定设置疏散指示标志和诱导灯。

②在1.8m高度内不宜设置管道、门垛等突出物，走道中的门应当向疏散方向开启。

③尽量避免设置袋形走道。

④疏散走道的宽度应符合表6-7的要求。办公建筑的走道最小净宽应满足表6-8的要求。

表6-7　疏散走道、安全出口、疏散楼梯和房间疏散门每100人的最小疏散净宽度

（单位：m/百人）

层数	地上1～2层	地上3层
每100人的疏散净宽度	0.75	1.00

表6-8　办公建筑的走道最小净宽

（单位：m）

走道长度	走道净宽	
	单面布房	双面布房
< 40	1.30	1.50
> 40	1.50	1.80

⑤疏散走道在防火分区处应设置常开甲级防火门。

（二）避难走道

设置防烟设施且两侧使用防火墙分隔，用于人员安全通行至室外的走道。

避难走道的设置应符合下列规定：

①走道楼板的耐火极限不应低于1.50h。

②走道直通地面的出口不应少于2个，并应设置在不同方向；当走道仅与一个防火分区相通且该防火分区至少有1个直通室外的安全出口时，可设置1个直通地面的出口。

③走道的净宽度不应小于任一防火分区通向走道的设计疏散总净宽度。

④走道内部装修材料的燃烧性能应为A级。

⑤防火分区至避难走道入口处应设置防烟前室，前室的使用面积不应小于$6.0m^2$，开向前室的门应采用甲级防火门，前室开向避难走道的门应采用乙级防火门。

⑥走道内应设置消火栓、消防应急照明、应急广播及消防专线电话。

三、疏散楼梯与楼梯间

当建筑物发生火灾时，普通电梯没有采取有效的防火防烟措施，且供电中断，一般会停止运行，上部楼层的人员只有通过楼梯才能疏散到建筑物的外边，因此楼梯成为最主要的垂直疏散设施。

所谓的疏散楼梯是相对于带有电梯的建筑而言的，它是在发生紧急情况下用来疏散人群的，当然，它也是可以正常情况下使用的，但不可以在通道内摆设物品，更不能将通道的出入口封闭，要保持通道的畅通。没有电梯的建筑，通用的楼梯就是疏散楼梯，也是不可以在通道内摆设物品的。

（一）疏散楼梯间的一般要求

①楼梯间应能天然采光和自然通风，并宜靠外墙设置。靠外墙设置时，楼梯间及合用前室的窗口与两侧门、窗洞口最近边缘之间的水平距离不应小于1.0m。

②楼梯间内不应设置烧水间、可燃材料储藏室。

③楼梯间不应设置卷帘。

④楼梯间内不应有影响疏散的凸出物或者其他障碍物。

⑤楼梯间内不应敷设或穿越甲、乙、丙类液体的管道。公共建筑的楼梯间内不应敷设或穿越可燃气体管道。居住建筑的楼梯间内不宜敷设或穿越可燃气体管道，不宜设置可燃气体计量表；当必须设置时，应采用金属配管和设置切断气源的装置等保护措施。

⑥除通向避难层错位的疏散楼梯外，建筑中的疏散楼梯间在各层的平面位置不应改变。

⑦用作丁、戊类厂房内第二安全出口的楼梯可采用金属梯，但净宽度不应小于0.90m，倾斜角度不应大于45°。

丁、戊类高层厂房，当每层工作平台上的人数不超过2人且各层工作平台上同时工作的人数总和不超过10人时，其疏散楼梯可采取敞开楼梯或利用净宽度不小于0.90m、倾斜角度不大于60°的金属梯。

⑧疏散用楼梯和疏散通道上的阶梯不宜采用螺旋楼梯和扇形踏步。必须采用时，踏步上、下两级所形成的平面角度不应大于10°，且每级离扶手250mm处的踏步深度不应小于220mm。

⑨高度大于10m的三级耐火等级建筑应设置通至屋顶的室外消防梯。室外消防梯不应面对老虎窗，宽度不应小于0.6m，且宜从离地面3.0m高处设置。

⑩除住宅建筑套内的自用楼梯外，地下、半地下室与地上层不应共用楼梯间，必须共用楼梯间时，在首层应采用耐火极限不低于2.00h的不燃烧体隔墙和乙级防火门将地下、半地下部分与地上部分的连通部位完全分隔，并应当有明显标志。

（二）敞开楼梯间

敞开楼梯间是低、多层建筑常用的基本形式，也称普通楼梯间。该楼梯的典型特征是，楼梯与走廊或大厅都是敞开在建筑物内，在发生火灾时不能阻挡烟气进入，而且可能成为向其他楼层蔓延的主要通道。敞开楼梯间安全可靠程度不大，但使用方便、经济，适用于低、多层的居住建筑和公共建筑中。

（三）封闭楼梯间

封闭楼梯间指设有能阻挡烟气的双向弹簧门或乙级防火门的楼梯间。封闭楼梯间有墙和门与走道分隔，比敞开楼梯间安全。但由于其只设有一道门，在火灾情况下人员进行疏散时难以保证不使烟气进入楼梯间，所以，对封闭楼梯间的使用范围应加以限制。

1. 封闭楼梯间的适用范围

多层公共建筑的疏散楼梯，除与敞开式外廊直接相连的楼梯间外，均应采用封闭楼梯间。相关建筑主要包括医疗建筑、旅馆、老年人建筑，设歌舞娱乐放映游艺场所的建筑，商店、图书馆、展览建筑、会议中心及类似使用功能的建筑，6层及以上的其他建筑，高层建筑的裙房；建筑高度不超过32m的二类高层建筑；建筑高度大于21m且不大于33m的住宅建筑，其疏散楼梯间应使用封闭楼梯间。当住宅建筑的户门为乙级防火门时，可不设置封闭楼梯间。

2. 封闭楼梯间的设置要求

①封闭楼梯间应靠外墙设置，并设可开启的外窗排烟，当不能天然采光和自然通风时，应按防烟楼梯间的要求设置。

②建筑设计中为方便通行，常把首层的楼梯间敞开在大厅中。此时楼梯间的首层可将走道和门厅等包括在楼梯间内，形成扩大的封闭楼梯间，但应采用乙级防火门等措施与其他走道和房间隔开。

③除楼梯间门外，楼梯间的内墙上不应开设其他的房间门窗及管道井、电缆井的门或检查口。

④高层建筑、人员密集的公共建筑、人员密集的多层丙类厂房设置封闭楼梯间时，楼梯间的门应采用乙级防火门，并且应向疏散方向开启；其他建筑封闭楼梯间的门可采用双向弹簧门。

（四）防烟楼梯间

防烟楼梯间系指在楼梯间入口处设有前室或阳台、凹廊，通向前室、阳台、凹廊和楼梯间的门都为乙级防火门的楼梯间。防烟楼梯间设有两道防火门和防排烟设施，发生火灾时能作为安全疏散通道，是高层建筑中常用的楼梯间形式。

1. 防烟楼梯间的类型

（1）带阳台或凹廊的防烟楼梯间

带开敞阳台或凹廊的防烟楼梯间的特点是以阳台或凹廊作为前室，疏散人员须通过开敞的前室和两道防火门才能进入楼梯间内。

（2）带前室的防烟楼梯间

①利用自然排烟的防烟楼梯间。设靠外墙的前室，并在外墙上设有开启面积不小于 $2m^2$ 的窗户，平时可以是关闭状态，但发生火灾时窗户应全部开启。由走道进入前室和由前室进入楼梯间的门必须是乙级防火门，平时及火灾时乙级防火门处于关闭状态。

②采用机械防烟的楼梯间。楼梯间位于建筑物的内部，为避免火灾时烟气侵入，采用机械加压方式进行防烟。加压方式有仅给楼梯间加压、分别对楼梯间和前室加压以及仅对前室或合用前室加压等不同方式。

2. 防烟楼梯间的适用范围

发生火灾时，防烟楼梯间能够保障所在楼层人员安全疏散，是高层和地下建筑中常用的楼梯间形式。防烟楼梯间除应满足疏散楼梯的设置要求外，还应满足以下要求：

①当不能天然采光和自然通风时，楼梯间应按规定设置防烟设施，并应设置应急照明设施。

②在楼梯间入口处应设置防烟前室、开敞式阳台或者凹廊等。前室可与消防电梯间的前室合用。

③前室的使用面积：公共建筑不应小于 $6.0m^2$，居住建筑不应小于 $4.5m^2$；合用前室的使用面积：公共建筑、高层厂房以及高层仓库不应小于 $10.0m^2$，居住建筑不应小于 $6.0m^2$。

④疏散走道通向前室以及前室通向楼梯间的门应采用乙级防火门，并应向疏散方向开启。

⑤除楼梯间门和前室门外，防烟楼梯间及其前室的内墙上不应开设其他门窗洞口。

（五）室外疏散楼梯

在建筑的外墙上设置全部敞开的室外楼梯，不容易受烟火的威胁，防烟效果和经济性都较好。

室外楼梯作为疏散楼梯应符合下列要求：

①栏杆扶手的高度不应小于 1.1m；楼梯的净宽度不应小于 0.9m。

②倾斜度不应大于 45°。

③楼梯和疏散出口平台均应采取不燃材料制作。平台的耐火极限不应低于 1.00h，

楼梯段的耐火极限不应低于 0.25h。

④通向室外楼梯的门宜采用乙级防火门，并应向室外开启；门开启时，不得减少楼梯平台的有效宽度。

⑤除疏散门外，楼梯周围 2.0m 内的墙面上不应设置其他门、窗洞口，疏散门不应正对楼梯段。

高度大于 10m 的三级耐火等级建筑应设置通至屋顶的室外消防梯。室外消防梯不该面对老虎窗，宽度不应小于 0.6m，且宜从离地面 3.0m 高处设置。

（六）剪刀楼梯

剪刀楼梯，又名登合楼梯或套梯，是在同一个楼梯间内设置了一对相互交叉，又相互隔绝的疏散楼梯。剪刀楼梯在每层楼层之间的梯段一般为单跑梯段。剪刀楼梯的特点是，同一个楼梯间内设有两部疏散楼梯，并构成两个出口，有利于在较为狭窄的空间内组织双向疏散。

剪刀楼梯的两条疏散通道是处在同一空间内，只要有一个出口进烟，就会使整个楼梯间充满烟气，影响人员的安全疏散，为防止出现这种情况应采取下列防火措施：剪刀楼梯应具有良好的防火、防烟能力，应采用防烟楼梯间，并且分别设置前室。为确保剪刀楼梯两条疏散通道的功能，其梯段之间应设置耐火极限不低于 1.00h 的实体墙分隔。楼梯间内的加压送风系统不应合用。

四、避难层（间）

避难层是高层建筑中用作消防避难的楼层。一般建筑高度超过 100m 的高层建筑，为消防安全专门设置的供人们疏散避难的楼层。通过避难层的防烟楼梯应在避难层分隔、同层错位或上下层断开，但人员均必须经避难层方能上下，使得人们遇到危险时能够安全逃生。

（一）避难层

避难层按其围护方式大体划分为以下三种类型：敞开式避难层、半敞开式避难层、封闭式避难层。

敞开式避难层是指四周不设围护构件的避难层，一般设于建筑顶层或平屋顶上。这种避难层结构简单，投资小，但防护能力较差，不能绝对确保不受烟气侵入，也不能阻挡雨雪风霜，比较适合于温暖地区。

半敞开式避难层四周设有高度不低于 1.2m 的防护墙，上部开设窗户和固定的金属百叶窗。这种避难层既能防止烟气侵入，又具有良好的通风条件，可以进行自然排烟。但它不适用于寒冷地区。

封闭式避难层，周围设有耐火的围护结构（外墙、楼板），室内设有独立的空调和防排烟系统，如在外墙上开设窗口时，应采用防火窗。封闭式避难层可防止烟气和火焰的侵害以及免受外界气候的影响。这种避难层设有可靠的消防设施，足以防止烟气和火焰的侵害，同时还可以避免外界气候条件的影响，因此适用于我国广大地区。

1. 避难层的设置条件及面积指标

建筑高度超过 100m 的公共建筑和住宅建筑应设置避难层。避难层（间）的净面积应能满足设计避难人数避难的要求，可按 5 人 /m^2 计算。

2. 避难层的设置数量

根据目前国内主要配备的 50m 高云梯车的实际情况，从首层到第一个避难层之间的高度不应大于 50m，以便火灾时可将停留在避难层的人员由云梯车救援下来。结合各种机电设备及管道等所在设备层的布置需要和使用管理以及普通人爬楼梯的体力消耗情况，两个避难层之间的高度不大于 50m。

3. 避难层的防火构造要求

为保证避难层具有较长时间抵抗火烧的能力，避难层的楼板宜采用现浇钢筋混凝土楼板，其耐火极限不应低于 2.00h。为确保避难层下部楼层起火时不致使避难层地面温度过高，在楼板上宜设隔热层。避难层四周的墙体及避难层内的隔墙，其耐火极限不应低于 3.00h，隔墙上的门应采用甲级防火门。避难层可与设备层结合布置。通常各种设备、管道竖井应集中布置，分隔成间，既方便设备的维护管理，又可使避难层的面积完整。易燃、可燃液体或气体管道，排烟管道应集中布置，并采取防火墙与避难区分隔；管道井、设备间应采用耐火极限不低于 2.00h 的防火隔墙与避难区分隔。

4. 避难层的安全疏散

为保证避难层在建筑物起火时能正常发挥作用，避难层应至少有两个不同的疏散方向可供疏散。通向避难层的防烟楼梯间，其上下层应错位或断开布置，这样楼梯间里的人都要经过避难层才能上楼或下楼，为疏散人员提供了继续疏散还是停留避难的选择机会。同时，使上、下层楼梯间不能相互贯通，减弱了楼梯间的"烟囱"效应。楼梯间的门宜向避难层开启，在避难层进入楼梯间的入口处应设置明显的指示标志。

为了保障人员安全、消除或减轻人们的恐惧心理，在避难层应设应急照明，其供电时间不应小于 1.50h，照度不应低于 3.00lx。除避难间外，避难层应设置消防电梯出口。消防电梯是供消防人员灭火和救援使用的设施，在避难层必须停靠；而普通电梯因不能阻挡烟气进入，则禁止在避难层开设电梯门。

5. 通风与防排烟系统

避难层应设置直接对外的可开启窗口或独立的机械防烟设施，外窗应采用乙级防火窗或耐火极限不低于 1.00h 的 C 类防火窗。

6. 灭火设施

为了扑救超高层建筑及避难层的火灾，在避难层应配置消火栓和消防软管卷盘。

7. 消防专线电话和应急广播设备

为数众多的避难者停留在避难层，为了及时和防灾中心及地面消防部门互通信息，避难层应设有消防专线电话和应急广播。

（二）避难间

建筑高度大于 24m 的病房楼，应在二层及以上各楼层设置避难间。

避难间的使用面积应按每个护理单元不小于 $25.0m^2$，确定。当电梯前室内有 1 部及以上病床梯兼做消防电梯时，可利用电梯前室作为避难间。

建筑高度超过 100m 的公共建筑，应设置避难层（间）。

第一个避难层（间）的楼地面至灭火救援场地地面的高度不应大于 50m，两个避难层（间）之间的高度不宜大于 50m。通向避难层的疏散楼梯应当在避难层分隔、同层错位或上下层断开。避难层（间）的净面积应能满足设计避难人员避难的要求，并宜按 5.0 人 /m^2 计算。避难层可兼做设备层，但设备管道宜集中布置，其中的易燃、可燃液体或气体管道应集中布置，设备管道区应采用耐火极限不低于 3.00h 的防火隔墙与避难区分隔。管道井和设备间应采用耐火极限不低于 2.00h 的防火隔墙与避难区分隔，管道井和设备间的门不应直接开向避难区；确需直接开向避难区时，与避难层出入口的距离不应小于 5m，且应采用甲级防火门。避难间内不应设置易燃、可燃液体或气体管道，不应开设除外窗、疏散门之外的其他开口。避难间在设置消防电梯出口、消火栓和消防软管卷盘、消防专线电话和应急广播、疏散体系、通风防排烟等要求与避难层要求一致。

避难间附设在办公、客房等人员使用的楼层时，该楼层不得设置歌舞娱乐游艺放映场所、商场等公众聚集场所以及厨房等直接动用明火的场所。避难间与该楼层的其他房间之间应采用防火墙隔开，避难间除开向防烟楼梯间或其前室的门外，不可开设其他门洞。

五、逃生疏散辅助设施

（一）应急照明及疏散指示标志

在发生火灾时，为了保证人员的安全疏散以及消防扑救人员的正常工作，必须保持一定的电光源，据此设置的照明总称为火灾应急照明。为防止疏散通道在火灾下骤然变暗就要保证一定的亮度，防止人们心理上的惊慌，确保疏散安全，以显眼的文字、鲜明的箭头标记指明疏散方向，引导疏散，这种用信号标记的照明，称为疏散指示标志。

1. 应急照明

除住宅建筑外，其他民用建筑、厂房和丙类仓库的下列部位也应设置疏散应急照明灯具：封闭楼梯间、防烟楼梯间及其前室、消防电梯间的前室或合用前室和避难层（间）；消防控制室、消防水泵房、自备发电机房、配电室、防烟与排烟机房以及发生火灾时仍需正常工作的其他房间；观众厅、展览厅、多功能厅和建筑面积超过 $200m^2$ 的营业厅、餐厅、演播室；建筑面积超过 $100m^2$ 的地下、半地下建筑或者地下室、半地下室中的公共活动场所；公共建筑中的疏散走道。

建筑内消防应急照明灯具的照度应满足疏散走道的地面最低水平照度不应低于

1.0lx；人员密集场所、避难层（间）内的地面最低水平照度不应低于 3.0lx；楼梯间、前室或合用前室、避难走道的地面最低水平照度不应低于 5.0lx；消防控制室、消防水泵房、自备发电机房、配电室、防烟与排烟机房以及发生火灾时仍旧需正常工作的其他房间的消防应急照明，仍应保证正常照明的照度。消防应急照明灯具宜设置在墙面的上部、顶棚上或出口的顶部。

2. 疏散指示标志

公共建筑及其他一类高层民用建筑，高层厂房（仓库）及甲、乙、丙类厂房应沿疏散走道和在安全出口、人员密集场所的疏散门的正上方设置灯光疏散指示标志。下列建筑或场所应在其内疏散走道和主要疏散路线的地面上增设能保持视觉连续的灯光疏散指示标志或蓄光疏散指示标志：总建筑面积超过 8000m^2 的展览建筑；总建筑面积超过 5000m^2 的地上商店；总建筑面积超过 500m^2 的地下、半地下商店；歌舞娱乐放映游艺场所；座位数超过 1500 个的电影院、剧院，座位数超过 3000 个的体育馆、会堂或礼堂。

疏散指示标志设置要求中：安全出口和疏散门的正上方应使用"安全出口"作为指示标识；沿疏散走道设置的灯光疏散指示标志，应设置在疏散走道及其转角处距地面高度 1.0m 以下的墙面上，且灯光疏散指示标志间距不应大于 20.0m；对于袋形走道，不应大于 10.0m；在走道转角区，不应大于 1.0m。疏散指示标志应符合现行国家标准《消防安全标志》与《消防应急照明和疏散指示系统》的有关规定。

建筑内设置的消防疏散指示标志和消防应急照明灯具，应符合现行国家标准《建筑防火通用规范》《消防安全标志》和《消防应急照明和疏散指示系统》的有关规定。应急照明灯和灯光疏散指示标志，应设玻璃或其他不燃烧材料制作的保护罩。应急照明和疏散指示标志备用电源的连续供电时间，对于高度超过 100m 的民用建筑不应少于 1.5h，对于医疗建筑、老年人建筑、总建筑面积大于 100000m^2 的公共建筑不应少于 1.0h，对于其他建筑不应少于 0.5h。

（二）避难袋

避难袋的构造有三层，最外层由玻璃纤维制成，可耐 800℃的高温；第二层为弹性制动层，束缚下滑的人体和控制下滑的速度；内层张力大而柔软，使人体以舒适的速度向下滑降。

避难袋可用在建筑物内部，也可用于建筑物外部。用于建筑内部时，避难袋设于防火竖井内，人员打开防火门进入按层分段设置的袋中，即可滑到下一层或者下几层。用于建筑外部时，装设在低层建筑窗口处的固定设施内，失火后将其取出向窗外打开，通过避难袋滑到室外地面。

（三）缓降器

缓降器是高层建筑的下滑自救器具，由于其操作简单，下滑平稳，是应用最广泛的辅助安全疏散产品。缓降器由摩擦棒、套筒、自救绳和绳盒等组成，无须其他动力，通过制动机构控制缓降绳索的下降速度，让使用者在保持一定速度平衡的前提下，安全地缓降至地面。有的缓降器用阻燃套袋替代传统的安全带，这种阻燃套袋可以将逃生人员包括头部在内的全身保护起来，以阻挡热辐射，并且降低逃生人员下视地面的恐高心理。缓降器根据自救绳的长度分为三种规格。绳长 38m 适用于 6 ~ 10 层；绳长 53m 适用于 11 ~ 16 层；绳长 74m 适用于 16 ~ 20 层。

使用缓降器时将自救绳和安全钩牢固地系在楼内的固定物上，把垫子放在绳子和楼房结构中间，以防自救绳磨损。疏散人员穿戴好安全带和防护手套后，携带好自救绳盒或将盒子抛到楼下，将安全带和缓降器的安全钩挂牢。然后一手握套筒，一手拉住由缓降器下引出的自救绳开始下滑。可用放松或拉紧自救绳的方法控制速度，放松为正常下滑速度，拉紧为减速直到停止。第一个人滑到地面后，第二个人方可开始使用。

（四）避难滑梯

避难滑梯是一种非常适合病房楼建筑的辅助疏散设施。当发生火灾时病房楼中的伤病员、孕妇等行动缓慢的病人，可在医护人员的帮助下，由外连通阳台进入避难滑梯，靠重力下滑到室外地面或安全区域从而获得逃生。

避难滑梯是一种螺旋形的滑道，节省占地，简便易用、安全可靠、外观别致，能够适应各种高度的建筑物，是高层病房楼理想的辅助安全疏散设施。

（五）室外疏散救援舱

室外疏散救援舱由平时折叠存放在屋顶的一个或多个逃生救援舱和外墙安装的齿轨两部分组成。火灾时专业人员用屋顶安装的绞车将展开后的逃生救援舱引入建筑外墙安装的滑轨，逃生救援舱可以同时与多个楼层走道的窗口对接，将高层建筑内的被困人员送到地面，在上升时又可将消防救援人员等应急救援人员送到建筑内。

室外疏散救援舱比缩放式滑道和缓降器复杂，一次性投资较大，需要由受过专门训练的人员使用和控制，而且需要定期维护、保养和检查，作为其动力的屋顶绞车必须有可靠的动力保障。其优点是每往复运行一次可以疏散多人，特别适合于疏散乘坐轮椅的残疾人和其他行动不便的人员，它在向下运行将被困人员送到地面后，还可以在向上运行时将救援人员输送到上部。

（六）缩放式滑道

采用耐磨、阻燃的尼龙材料和高强度金属圈骨架制作成可缩放式的滑道，平时折叠存放在高层建筑的顶楼或其他楼层。火灾时可打开释放到地面，并将末端固定在地面事先确定的锚固点，被困人员依次进入后，滑降到地面。紧急情况下，也可以用云梯车在贴近高层建筑被困人员所处的窗口展开，甚至能够用直升机投放到高层建筑的屋顶，由消防人员展开后疏散屋顶的被困人员。

此类产品的关键指标是合理设置下滑角度，并通过滑道材料与使用者身体之间的摩擦有效控制下滑速度。

第三节　建筑设备防火

一、采暖系统防火防爆

采暖是采用人工方法提供热量，使在较低的环境温度下，仍旧能保持适宜的工作或生活条件的一种技术手段。按设施的布置情况主要分集中采暖和局部采暖两大类。其中，集中采暖由锅炉房供给热水或蒸汽（称载热体），通过管道分别输送到各有关室内的散热器，将热量散发后再流回锅炉循环使用，或将空气加热后用风管分别送到各有关房间。局部采暖则有火炉、电炉或煤气炉等就地发出热量，只供给本房间内部或少数房间应用。有些地区也采用火墙、火炕等简易采暖设施，也有利用太阳能或辐射热作为热源的采暖方式。

（一）选用采暖装置的原则

①甲、乙类厂房和甲、乙类库房内严禁采用明火和电热散热器采暖。因为用明火或电热散热器的采暖系统，其热风管道可能被烧坏，或者带入火星与易燃易爆气体或蒸气接触，易引起爆炸火灾事故。

②散发可燃粉尘、可燃纤维的生产厂房不应使用肋形散热器，以防积聚粉尘。为防止纤维或粉尘积集在管道和散热器上受热自燃，散热器表面平均温度不应超过 82.5℃。但输煤廊的采暖散热器表面平均温度不应超过 130℃。若散发物（包括可燃气体、蒸气、粉尘）与采暖管道和散热器表面接触能引起燃烧爆炸时，应使用不循环使用的热风采暖，且不应在这些房间穿过采暖管道，如必须穿过时，应用不燃烧材料隔热。

③在生产过程中散发可燃气体、可燃蒸气、可燃粉尘、可燃纤维（CS2 气体、黄磷蒸气及其粉尘等）与采暖管道、散热器表面接触能引起燃烧的厂房以及在生产过程中散发受到水或水蒸气的作用能引起自燃、爆炸的粉尘（生产和加工钾、钠、钙等物质）或产生爆炸性气体（电石、碳化铝、氢化钾、氢化钠、硼氢化钠等释放出的可燃气体）的厂房，应采用不循环使用的热风采暖，以避免此类场所发生火灾爆炸事故。

（二）采暖设备的防火防爆措施

1. 采暖管道要与建筑物的可燃构件保持一定的距离

采暖管道穿过可燃构件时，要用不燃烧材料隔开绝热；或根据管道外壁的温度，在管道与可燃构件之间维持适当的距离。当管道温度大于 100C 时，距离不小于 100mm 或采用不燃材料隔热；当温度小于等于 100℃时，距离不小于 50mm。

2. 加热送风采暖设备的防火设计

①电加热设备与送风设备的电气开关应有连锁装置，以防风机停转时，电加热设备仍单独继续加热，温度过高而引起火灾。在重要部位，应设感温自动报警器；必要时加设自动防火阀，以控制取暖温度，避免过热起火。装有电加热设备的送风管道应用不燃材料制成。

②甲、乙类厂房、仓库的采暖管道和设备的绝热材料应采用不燃材料，以防火灾沿着管道的绝热材料迅速蔓延到相邻房间或整个房间。对于其他建筑，可采用燃烧毒性小的难燃绝热材料，但应首先考虑采用不燃材料。

③存在与采暖管道接触能引起燃烧爆炸的气体、蒸气或粉尘的房间内不应穿过采暖管道，当必须穿过时，应采用不燃材料隔热。

④车库采暖设备的防火设计中，车库内应设置热水、蒸气或热风等采暖设备，不应用火炉或其他明火采暖方式，以防火灾事故的发生。甲、乙类物品运输车的汽车库、Ⅰ、Ⅱ、Ⅲ类汽车库、Ⅰ、Ⅱ类修车库需要采暖时应设集中采暖。Ⅳ类汽车库、Ⅲ、Ⅳ类修车库，当采用集中采暖有困难时，可采用火墙采暖，但对容易暴露明火的部位，如炉门、节风门、除灰门，严禁设在汽车库、修车库内，必须设置在车库外。汽车库采暖部位不应贴邻甲、乙类生产厂房、库房布置，防止燃烧、爆炸事故的发生。

二、通风与空调系统防火防爆

建筑物内的通风和空调系统给人们的工作和生活创造了舒适的环境条件，若系统设计不当，不仅设备本身存有火险隐患，通风和空气调节系统的管道还将成为火灾在建筑物内蔓延传播的重要途径，并纵横交错贯穿于建筑物中，火灾由此蔓延的后果非常严重。在散发可燃气体、可燃蒸气和粉尘的厂房内，加强通风，及时排除空气中的可燃有害物质，是一项很重要的防火防爆措施。

（一）通风、空调系统的防火防爆原则

①甲、乙类生产厂房中排出的空气不应循环使用，以防止排出的含有可燃物质的空气重新进入厂房，增加火灾危险性。丙类生产厂房中排出的空气，如含有燃烧或爆炸危险的粉尘、纤维（如棉、毛、麻等），易引发火灾的迅速蔓延，应在通风机前设滤尘器对空气进行净化处理，并应使空气中的含尘浓度低于其爆炸下限的25%之后，再循环使用。

②甲、乙类生产厂房用的送风和排风设备不应布置在同一通风机房内，且其排风设备也不应和其他房间的送、排风设备布置在一起。因为甲、乙类生产厂房排出的空气中常常含有可燃气体、蒸气和粉尘，如果将排风设备与送风设备或与其他房间的送、排风设备布置在一起，一旦发生设备事故或起火爆炸事故，这些可燃物质将会沿着管道迅速传播，扩大灾害损失。

③通风和空气调节系统的管道布置，横向宜按防火分区设置，竖向不宜超过5层，以构成一个完整的建筑防火体系，防止和控制火灾的横向、竖向蔓延。当管道在防火分

隔处设置防止回流设施或防火阀，且高层建筑的各层设有自动喷水灭火系统时，能有效地控制火灾蔓延，其管道布置可不受此限制。

④有爆炸危险的厂房内的排风管道，禁止穿过防火墙和有爆炸危险的车间隔墙等防火分隔物，以防止火灾通过风管道蔓延扩大到建筑的其他部分。

⑤民用建筑内存放容易起火或爆炸物质的房间，设置排风设备时应采用独立的排风系统，且其空气不应循环使用，以防止易燃易爆物质或发生的火灾通过风道扩散到其他房间。此外，其排风系统所排出的气体应通向安全地点进行泄放。

⑥排除含有比空气轻的可燃气体与空气的混合物时，其排风管道应顺气流方向向上坡度敷设，以防在管道内局部积聚而形成有爆炸危险的高浓度气体。

⑦排风口设置的位置应根据可燃气体、蒸气的密度不同而有所区别。比空气轻者，应设在房间的顶部；比空气重者，则应设在房间的底部，以利于及时排出易燃易爆气体。进风口的位置应布置在上风方向，并尽可能远离排气口，保证吸入的新鲜空气中，不再含有从房间排出的易燃、易爆气体或物质。

⑧可燃气体管道和甲、乙、丙类液体管道不应穿过通风管道和通风机房，也不应沿通风管道的外壁敷设，以防甲、乙、丙类液体管道万一发生火灾事故沿着通风管道蔓延扩散。

⑨含有爆炸危险粉尘的空气，在进入排风机前应先进行净化处理，以防浓度较高的爆炸危险粉尘直接进入排风机，遇到火花发生事故；或者在排风管道内逐渐沉积下来自燃起火和助长火势蔓延。

⑩有爆炸危险粉尘的排风机、除尘器应与其他一般风机、除尘器分开设置，且应按单一粉尘分组布置，这是因为不同性质的粉尘在一个系统中，容易发生火灾爆炸事故。如硫黄与过氧化铅、氯酸盐混合物能发生爆炸；炭黑混入氧化剂的自燃点会降低。

⑪净化有爆炸危险粉尘的干式除尘器和过滤器，宜布置在厂房之外的独立建筑内，且与所属厂房的防火间距不应小于 10m，以免粉尘一旦爆炸波及厂房扩大灾害损失。当有连续清尘设备，或风量不超过 15000m³/h 且集尘斗的储尘量小于 60Kg 的定期清灰的除尘器和过滤器可布置在厂房的单独房间内，但应采用耐火极限分别不低于 3.00h 的隔墙和 1.50h 的楼板与其他部位分隔。

⑫有爆炸危险的粉尘和碎屑的除尘器、过滤器和管道，都应设有泄压装置，以防一旦发生爆炸造成更大的损害。净化有爆炸危险的粉尘的干式除尘器和过滤器，应布置在系统的负压段上，以避免其在正压段上漏风而引起事故。

⑬甲、乙、丙类生产厂房的送、排风管道宜分层设置，以避免火灾从起火层通过管道向相邻层蔓延扩散。但进入厂房的水平或垂直送风管设有防火阀时，各层的水平或垂直送风管可合用一个送风系统。

⑭排除有燃烧、爆炸危险的气体、蒸气和粉尘的排风管道应采用易于导除静电的金属管道，应明装不应暗设，不得穿越其他房间，且应直接通到室外的安全处，尽量远离明火和人员通过或停留的地方，以防止管道渗漏发生事故时造成更大影响。

⑮通风管道不宜穿过防火墙和不燃性楼板等防火分隔物。如必须穿过时，应在穿过

处设防火阀；在防火墙两侧各 2m 范围内的风管保温材料应采用不燃材料；并在穿过处的空隙用不燃材料填塞，以防火灾蔓延。有爆炸危险的厂房，其排风管道不应穿过防火墙和车间隔墙。

（二）通风、空调设备防火防爆措施

根据《建筑防火通用规范》《人民防空防火规范》和《汽车库、修车库、停车场设计防火规范》的有关规定，建筑的通风、空调系统的设计应当符合下列要求：

①空气中含有容易起火或爆炸物质的房间，其送、排风系统应采用防爆型的通风设备和不会发生火花的材料（如可采用有色金属制造的风机叶片和防爆的电动机）。

②含有易燃、易爆粉尘（碎屑）的空气，在进入排风机前应采用不产生火花的除尘器进行处理，以防止除尘器工作过程中产生火花引起粉尘、碎屑燃烧或爆炸事故。对于遇湿可能形成爆炸的粉尘（如电石、锌粉、铝镁合金粉等），严禁采用湿式除尘器。

③排除、输送有燃烧、爆炸危险的气体、蒸气和粉尘的排风系统，应采用不燃材料并设有导除静电的接地装置。其排风设备不应布置在地下、半地下建筑（室）内，以防止有爆炸危险的蒸气和粉尘等物质的积聚。

④排除、输送温度超过 80℃ 的空气或其他气体以及容易起火的碎屑的管道，与可燃或难燃物体之间应保持不小于 150mm 的间隙，或使用厚度不小于 50mm 的不燃材料隔热，以防止填塞物与构件因受这些高温管道的影响而导致火灾。当管道互为上下布置时，表面温度较高者应布置在上面。

⑤下列任何一种情况下的通风、空气调节系统的送、回风管道上都应设置防火阀：

a.送、回风总管穿越防火分区的隔墙处，主要防止防火分区或者不同防火单元之间的火灾蔓延扩散。

b.穿越通风、空气调节机房及重要的房间（如重要的会议室、贵宾休息室、多功能厅、贵重物品间等）或火灾危险性大的房间（如易燃物品实验室、易燃物品仓库等）隔墙及楼板处的送、回风管道，以防机房的火灾通过风管蔓延到建筑物的其他房间，或者防止火灾危险性大的房间发生火灾时经通风管道蔓延到机房或其他部位。

c.多层建筑和高层建筑垂直风管与每层水平风管交接处的水平管段上，以防火灾穿过楼板蔓延扩大。但当建筑内每个防火分区的通风、空气调节系统均独立设置时，该防火分区内的水平风管与垂直总管的交接处可不设置防火阀。

d.在穿越变形缝的两侧风管上各设一个防火阀，以使防火阀在一定时间内达到耐火完整性和耐火稳定性要求，起到有效隔烟阻火的作用。

⑥防火阀的设置宜靠近防火分隔处设置。有熔断器的防火阀，其动作温度宜为 70℃。防火阀安装时，可明装也可暗装。当防火阀暗装时，应在安装部位设置方便检修的检修口。为保证防火阀能在火灾条件下发挥作用，穿过防火墙两侧各 2m 范围内的风管绝热材料应采用不燃材料且具有足够的刚性和抗变形能力，穿越处的空隙应用不燃材料或防火封堵材料严密填实。

⑦防火阀的易熔片或其他感温、感烟等控制设备触发，应能顺气流方向自行严密关

闭，并应设有单独支吊架等防止风管变形而影响关闭的措施。其他感温元件应安装在容易感温的部位，其作用温度应较通风系统正常工作时的最高温度约高 25℃，通常可采用 70℃。

⑧通风、空气调节系统的风管、风机等设备应采用不燃烧材料制作，但接触腐蚀性介质的风管和柔性接头，可采用难燃材料。体育馆、展览馆、候机（车、船）楼（厅）等大空间建筑、办公楼和丙、丁、戊类厂房内的通风、空气调节系统，当风管按防火分区设置且设置了防烟防火阀时，可采用燃烧产物毒性较小并且烟密度等级小于等于 25 的难燃材料。

⑨公共建筑的厨房、浴室、卫生间的垂直排风管道，应采取防止回流设施或在支管上设置防火阀。公共建筑的厨房的排油烟管道宜按防火分区设置，且在与垂直排风管连接的支管处应设置温度为 150℃的防火阀，以免影响平时厨房操作中的排风。

⑩风管和设备的保温材料、用于加湿器的加湿材料、消声材料（超细玻璃棉、玻璃纤维、岩棉、矿渣棉等）及其黏结剂，宜采用不燃烧材料，当确有困难时，可采用燃烧产物毒性较小且烟密度等级小于等于 50 的难燃烧材料（如自熄性聚氨酯泡沫塑料、自熄性聚苯乙烯泡沫塑料等），以减少火灾蔓延。有电加热器时，电加热器的开关和电源开关应与风机的启停连锁控制，以避免通风机已停止工作，而电加热器仍继续加热导致过热起火，电加热器前后各 0.8m 范围内的风管和穿过设有火源等容易起火房间的风管，均必须采用不燃烧保温材料，以防电加热器过热引起火灾。

⑪燃油、燃气锅炉房在使用过程中存在逸漏或挥发的可燃性气体，要在燃油、燃气锅炉房内保持良好的通风条件，使逸漏或挥发的可燃性气体与空气混合气体的浓度能很快稀释到爆炸下限值的 25% 以下。锅炉房应选用防爆型的事故排风机。可采用自然通风或机械通风，当设置机械通风设施时，该机械通风设备应设置导除静电的接地装置。燃油锅炉房的正常通风量按换气次数不少于 3 次 /h 确定。燃气锅炉房的正常通风量按换气次数不少于 6 次 /h 确定，事故通风量为正常通风量的 2 倍。

⑫电影院的放映机室宜设置独立的排风系统。当需要合并设置时，通向放映机室的风管应设置防火阀。

⑬设置气体灭火系统的房间，由于灭火后产生大量气体，人员进入之前需将这些气体排出，应设置有排除废气的排风装置；为了不使灭火气体扩散到其他房间，与该房间连通的风管应设置自动阀门，火灾发生时，阀门应自动关闭。

⑭设置通风系统的汽车库，其通风系统应独立设置，不应和其他建筑的通风系统混设，以防止积聚油蒸气而引起爆炸事故。喷漆间、电瓶间均应设置独立的排气系统。风管应采用不燃材料制作，且不应穿过防火墙、防火隔墙，当必须穿过时，除应采用不燃材料将孔洞周围的空隙紧密填塞外，还应在穿过处设置防火阀。防火阀的动作温度宜为 70℃。风管的保温材料应采用不燃或难燃材料；穿过防火墙的风管，其位于防火墙两侧各 2m 范围内的保温材料应为不燃材料。

三、燃油、燃气设施防火防爆

在民用建筑中，常见的燃油、燃气设施有柴油发电机、直燃机和厨房设备，其火灾危险性和防火防爆措施各有特点。

（一）柴油发电机防火防爆

根据我国经济、技术条件和供电情况，建筑中通常采用柴油发电机组作为应急电源。

1. 柴油发电机房的火灾危险性

柴油发电机房主要安装了发电机组、电气设备和供油设施，它可能发生下列几种火灾：因发电设备超温、油路泄漏、机内电路短路导致的固体表面火灾。供电线路短路或其他原因的火灾引起电器设备着火。供油系统的输油管路、容器泄漏或火灾时遭到破坏，油类流淌到地面，接触到高温烟气或明火而燃烧的非水溶性可燃液体（柴油）火灾。

2. 柴油发电机房的防火防爆措施

柴油发电机房布置在民用建筑内时，宜布置在首层或地下一、二层，不应布置在人员密集场所的上一层、下一层或贴邻。柴油发电机应采用丙类柴油做燃料，柴油的闪点不应小于 55℃。应采用耐火极限不低于 2.00h 的不燃烧体隔墙和 1.50h 的不燃烧体楼板与其他部位隔开，门应采用甲级防火门。机房内设置储油间时，其总储存量不应大于 1m、储油间应采用防火墙与发电机间分隔；必须在防火墙上开门时，应设置甲级防火门。应设置火灾报警装置。建筑内其他部位设置自动喷水灭火系统时，应设置自动喷水灭火系统。柴油发电机进入建筑物内的燃料供给管道应在进入建筑物前和设备间内，设置自动和手动切断阀；储油间的油箱应密闭且应设置通向室外的通气管，通气管应设置带阻火器的呼吸阀；油箱的下部应设置防止油品流散的设施；燃油供给管道的敷设、采用丙类液体燃料储罐布置应符合现行国家标准的有关规定。

（二）直燃机的防火防爆

溴化锂直燃式制冷机组的基本工作原理是通过燃油或燃气直接提供热源，制取 5℃以上的冷水和 70℃以下热水的冷热水机组。伴随城市建筑的快速发展，大型建筑及高层建筑内使用空气调节系统越来越多，直燃机具有体积小、能耗少、功能全、无大气污染及一次性投资费用较低的优点。由于城市用地紧张，在建筑以外单独设置直燃机房的可能性较小，溴化锂直燃机体小，安全可靠度高，适合设置在室内。

1. 直燃机的火灾危险性

直燃机机组使用燃油（轻油、柴油），燃气（煤气、天然气、液化石油气）做燃料，这些燃料的物化性质决定了燃料本身就具备一定的火灾危险性。当设备在运行过程中当设备控制失灵、管道阀门泄漏以及机件损坏时燃油、燃气泄漏，液体蒸气、气体与空气形成爆炸混合物，遇明火、热源产生燃烧、爆炸。若操作人员违反操作规程造成直燃机熄火，会使炉膛内的气体、雾化油体积急剧膨胀造成炉膛爆炸。水平烟道，烟囱内的气体、油气、油的裂解气爆炸。

2. 直燃机房的防火防爆措施

直燃机组机房的安全问题，其核心是防止可燃性气体泄漏，使爆炸不致发生。

通常机组应布置在首层或地下一层靠外墙部位，不应布置在人员密集场所的上一层，下一层或贴邻，并采用无门窗洞口的耐火极限不低于 2.00h 的隔墙和 1.50h 的楼板与其他部位隔开。当必须开门时，应设甲级防火门。燃油直燃机房的油箱不应大于 lm3，并应设在耐火极限不低于二级的房间内，该房间的门应使用甲级防火门。

直燃机房人员疏散的安全出口不应少于两个，至少应设一个直通室外的安全出口，从机房最远点到安全出口的距离不应超过 35m。疏散门应为乙级防火门，外墙开口部位的上方，应设置宽度不小于 1.00m 不燃烧体的防火挑檐或不小于 1.20m 的窗间墙。

机房应设置火灾自动报警系统（燃油直燃机房应设温感报警探测器，燃气直燃机房应设可燃气体报警探测器）及水喷雾灭火装置，并且可靠联动，报警探测器检测点不少于两个，且应布置在易泄漏的设备或部件上方，当可燃气体浓度达到爆炸下限 25% 时，报警系统应能及时准确报警和切断燃气总管上的阀门和非消防电源，并启动事故排风系统。设置水喷雾灭火系统的直燃机房应设置排水设施。

主机房应设置可靠的送风、排风系统，室内不应出现负压。直燃机工作期间排风系统的换气次数可按 10 ~ 15 次 /h，非工作期间可按 3 次 /h 计算，其机械排风系统与可燃气体浓度报警系统联动。并且送风量不应小于燃烧所需的空气量（18m³/10⁴Kcal）和人员所需新鲜空气量之和，以确保主机房的天然气浓度低于爆炸下限，应能保证在停电情况下正常运行。

应设置双回路供电，并应在末端配电箱处设自动切换装置。燃气直燃机房使用气体如比重比空气小（如天然气），机房应采用防爆照明电器；使用气体比重比空气大（如液化石油气），则机房应设不发火地面，且使用液化石油气的机房不应布置在地下各层。

燃气直燃机房应有事故防爆泄压设施，并应符合消防技术规范的要求，外窗、轻质屋盖、轻质墙体（自重不超过 60Kg/m²）可为泄压设施，在机房四周和顶部及柱子迎爆面安装爆炸减压板，降低爆炸时产生的爆炸压力峰值，保护主体结构。防爆泄压面积的设置应避开人员集中的场所和主要交通道路，并宜靠近容易发生爆炸的部位。

进入地下机房的天然气管道应尽 fit 缩短，除与设备连接部分的接头外，统统采用焊接，并穿套管单独铺设，应尽量减少阀门数量，进气管口应设有可靠的手动和自动阀门。进入建筑物内的燃气管道必须采用专用的非燃材料管道和优质阀门，保证燃气不致泄漏。进气、进油管道上应设置紧急手动和自动切断阀，燃油直燃机应设事故油箱。

机房内的电气设备应采用防爆型，溴化锂机组所带的真空泵电控柜也应采取隔爆措施，保证在运行过程中不产生火花。电气设备应有可靠的接地措施。

烟道和烟囱应具有能够确保稳定燃烧所需的截面积结构，在工作温度下应有足够的强度，在烟道周围 0.50m 以内不允许有可燃物，烟道不可从油库房及有易燃气体的房屋中穿过，排气口水平距离 6m 以内，不允许堆放易燃品。

每台机组宜采用单独烟道，多台机组共用一个烟道时，每个排烟口应设置风门。

（三）厨房设备防火防爆

1. 厨房的火灾危险性

①燃料多。厨房是使用明火进行作业的场所，所用的燃料一般有液化石油气、煤气、天然气、炭等，若操作不当，很容易引起泄漏、燃烧和爆炸。

②油烟重。厨房常年与煤炭、气火打交道，场所环境一般较湿，燃料燃烧过程中产生的不均匀燃烧物及油蒸汽蒸发产生的油烟很容易积聚，形成一定厚度的可燃物油层和粉尘附着在墙壁、油烟管道和抽油烟机的表面，如不及时清洗，或许会引起火灾。

③电气线路隐患大。在有些厨房，仍然存在装修用铝芯线代替铜芯线，电线不穿管、电闸不设后盖的现象。这些设施在水电、油烟的长期腐蚀下，很容易发生漏电、短路起火等事故。另外厨房内运行的机器比较多，超负荷现象严重，特别是一些大功率电器设备，在使用过程中会因电流过载引发火灾。

④灶具器具易引发事故。灶具和餐具若使用不当，极易引发厨房火灾。生活中因高压锅、蒸汽锅、电饭煲、冷冻机、烤箱等操作不当引发火灾的案例不在少数。

⑤用油不当引发火灾。厨房用油大致划分为两种：一是燃料用油；二是食用油。燃料用油指的是柴油、煤油，大型宾馆和饭店主要用柴油。柴油闪点较低，在使用过程中因调火、放置不当等原因很容易引发火灾。

2. 厨房设备防火防爆措施

除住宅外，其他建筑内的厨房隔墙应采用耐火极限不低于 2.00h 的不燃烧体，隔墙上的门窗应为乙级防火门窗。同时，餐厅建筑面积大于 1000m² 的餐馆或食堂，其烹饪操作间的排油烟罩及烹饪部位宜设置自动灭火装置，且应在燃气或燃油管道上设置紧急事故自动切断装置。由于厨房环境温度较高，其洒水喷头选择也应符合其工作环境温度要求，应选用公称动作温度为 93℃的喷头，颜色为绿色。

对厨房内燃气、燃油管道、阀门必须进行定期检查，以防泄漏。如发现燃气泄漏应首先关闭阀门，及时通风，并严禁使用任何明火和启动电源开关。厨房灶具旁的墙壁、抽油烟机罩、油烟管道应及时清洗。厨房内的电器设施应严格按照国家技术标准设置，各种机械设备不允许超负荷用电，并注意使用过程中防止电器设备和线路受潮。使用检测合格的各种灶具和炊具工作结束后，操作人员应及时关闭所有燃气燃油阀门，切断电源、火源。

第七章 建筑防火系统与设施

第一节 灭火器

一、灭火器的基础知识

灭火器是扑救建筑初起火较方便、经济、有效的消防器材。灭火器不是消防设备，也不是消防设施。器材是指器械和材料，比如：照相机器材、铁路器材；设备是指进行某项工作或工艺供应某种需要所必需的成套建筑和器物；设施是指为某种需要而建立的机构、组织、建筑等。

灭火器配置的设计计算是个工程计算，计算所使用的每个条件、考虑的各个因素都是日后灭火器在实际使用中须检查的项目。如上文所述的可燃物燃烧特点、不同场所工作人员的特点、建筑物的内外环境等。因此灭火器的设置点是极为科学严谨的。

（一）火灾种类和危险等级对灭火器配置场所影响

1. 火灾场所的种类

按照消防研究的理论火灾种类划分为五类，即：A 类火灾（固体物质火灾）、B 类火灾（液体火灾或可熔化固体物质火灾）、C 类火灾（气体火灾）、D 类火灾（金属火灾）、E 类火灾（物体带电燃烧的火灾）。灭火器的配置需考虑该所主要以哪类火为主，根据火的种类考虑配置哪种灭火剂的灭火器。原则上该场所需只配置同一种灭火剂的灭火器。

2. 火灾场所的危险等级

工业建筑、民用建筑的火灾危险等级都划分为三级，即：严重危险级、中危险级、轻危险级。划分是根据生产、使用、储存物品的火灾危险性，人员密集程度，可燃物数量，用电用火情况，火灾蔓延速度，扑救难度等因素来划定的。详见表 7-1。

表 7-1 工业与民用建筑火灾级别对照表

危险级别	建筑分类	
	工业建筑	民用建筑
严重危险级	火灾危险性大，可燃物多，起火后蔓延迅速，扑救困难，容易造成重大财产损失的场所	使用性质重要，人员密集，用电用火多，可燃物多，起火后蔓延迅速，扑救困难，容易造成重大财产损失或人员群死群伤的场所
中危险级	火灾危险性较大，可燃物较多，起火后蔓延较迅速，扑救较难的场所	使用性质较重要，人员较密集，用电用火较多，可燃物较多，起火后蔓延较迅速，扑救较难的场所
轻危险级	火灾危险性较小，可燃物较少，起火后蔓延较缓慢，扑救较易的场所	使用性质一般，人员不密集，用电用火较少，可燃物较少，起火后蔓延缓慢，扑救较易的场所

确定配置场所火灾危险性，在设计计算时就选定了用什么灭火级别的灭火器（灭火级别直接确定了在什么危险等级单具灭火器的最大保护面积，并且间接确定了配置灭火器的质量）。

确定了场所的火灾种类和火灾危险性，该场所需配置什么种类的灭火剂的和多大质量灭火器就确定了。在实际使用时需对所配置场所的使用性质，包括可燃物的种类和物态等进行检查，上述项目是否发生变化，如有变化需重新进行计算，并对配置灭火器进行调整。

（二）灭火器放置的位置确定

在确定火灾种类和火灾危险性后，根据水平建筑和防火分区的原则确定保护面积，在灭火器设计计算术语中叫确定"计算单元"。在计算单元中要以单具灭火器最大保护面积和最大保护距离（又叫单具灭火器最小配置灭火级别）对计算单元进行全覆盖。在实际使用中的意义就是灭火器有效保护建筑各个点，不留死角。而且考虑计算单元内是否有消火栓和灭火设施等，有其他设施可以降低灭火器配置级别的要求。单具灭火器最大保护面积和最大保护距离有固定表格给出。

灭火器最低配置及单位保护面积见表 7-2、表 7-3。

表 7-2 A 类火灾场所灭火器最低配置基数

危险等级	严重危险级	中危险级	轻危险级
单具灭火器最低配置灭火级别	3A	2A	1A
单位灭火器级别最大保护面积（m^2/A）	50	75	100

表 7-3　B 类火灾场所灭火器最低配置基数

危险等级	严重危险级	中危险级	轻危险级
单具灭火器最低配置灭火级别	89B	55B	21B
单位灭火器级别最大保护面积（m²/B）	0.5	1	1.5

灭火器的最大保护距离见表 7-4、表 7-5。

表 7-4　A 类火灾场所灭火器最大保护距离（单位：m）

危险等级	灭火器型式	
	手提式灭火器	推车式灭火器
严重危险级	15	30
中危险级	20	40
轻危险级	25	50

表 7-5　B、C 类火灾场所灭火器最大保护距离（单位：m）

危险等级	灭火器型式	
	手提式灭火器	推车式灭火器
严重危险级	9	18
中危险级	12	24
轻危险级	15	30

通过以上引入的各个条件进行最后计算，明确相同种类的灭火剂、相同质量的灭火器在建筑内的位置，以及在每个位置上放置灭火器的数量。在初期施工时放置灭火器的位置应用标识明确标出，并且不得改变；如果配置点在光线不良的位置，标识还需具有发光指示。在实际使用检查时需检查灭火器是否放置在配置图（建筑施工消防图册）的设置点位置上，标识是否明显。

对于临建建筑需设计部门提供消防（含灭火器）配置图，没有提供的需要按照临建的性能请专业人士进行计算。

通过以上参数的引入最终计算出相同危险等级和火灾种类的水平建筑内设置几个灭火器放置点，每个配置点灭火器的类型、规格与数量。在实际使用中检查时需要检查灭火器的类型、规格、灭火级别和配置数量是否符合配置设计要求。

二、灭火器类型

（一）灭火器类型

①按操作使用方法不同，划分为手提式灭火器和推车式灭火器。

②按充装的灭火剂类型不同，分为水基型灭火器、干粉灭火器、二氧化碳灭火器、洁净气体灭火器。

③按驱动灭火器的压力形式分类：贮气瓶式、贮压式。贮气瓶式：灭火器另有气瓶贮存驱动气体与灭火剂分别容装（气瓶或外挂或在灭火器瓶体内），灭火剂由贮气瓶释放的压缩气体或液化气体的压力驱动喷出。贮压式：灭火剂由贮于同一容器内的压缩气体或灭火剂蒸汽压力驱动喷出。

（二）手提式灭火器和推车式灭火器

1. 手提式灭火器

手提式灭火器：能在其内部压力作用下，将所装的灭火剂喷出以扑救火灾，并可手提移动的灭火器具。其充装的灭火剂有：

①水基型灭火器：水型包含清洁水、带添加剂的水，如湿润剂、增稠剂、阻燃剂、发泡剂等。该类灭火器多为贮压式，带有指示器指示内部压力值的区域。灭火剂充装量用升（L）表示，最大9L。

②干粉型灭火器：干粉灭火剂划分为BC型（以碳酸类为基料）、ABC型（以磷酸盐、磷酸铵和硫酸铵混合物、聚磷酸铵为基料）；为D类火特别配制的灭D类火灾的灭火剂（在实际使用中非常少见）。与水基型相同多为贮压式，带有指示器。灭火剂充装量用公斤（kg）表示，最大12Kg。

③二氧化碳灭火器：内装具有一定压力的二氧化碳气体，因压力较高，该类灭火器外形特征无压力指示器。二氧化碳灭火器检修需有压力容器资质的机构进行。灭火剂充装量用公斤（kg）表示，最大7Kg。

④洁净气体灭火器：内装非导电的气体或汽化液体的灭火剂，喷射在物质表面不留残余物。灭火剂为七氟丙烷JG541等。灭火剂充装量用公斤（kg）表示，最大6Kg。

2. 推车式灭火器

推车式灭火器：指装有轮子可由一人推（或拉）至火场，并能在其内部压力作用下，将所装的灭火剂喷出以扑救火灾的灭火器具。总质量大于25Kg，但不大于450Kg。按驱动灭火器的压力形式分有贮气瓶式和贮压式两种；按灭火剂分有水基型、干粉（BC型、ABC型）、二氧化碳、洁净气体。

额定充装量如下：

推车式水基型灭火器：20L、45L、60L、125L。

推车式干粉灭火器：20Kg、50Kg、100Kg、125Kg。

推车式二氧化碳灭火器和洁净气体灭火器：10Kg、20Kg、30Kg、50Kg。

推车式灭火器器头阀门有操作杆、压把杆、冲击突头、阀轮或球阀。当前常见有压把杆和阀轮或球阀形式的，又以压把杆最多。

三、灭火器的配置

（一）一般规定

按照前文所述，按照不同火的种类配置不同灭火剂的灭火器。

灭火器配置场所依据火灾种类配置灭火器。A 类火灾场所应选择 ABC 干粉灭火器、水基灭火器或卤代烷灭火器。B 类火灾场所应选择 BC 类干粉灭火器、二氧化碳灭火器、灭 B 类火灾的水基灭火器或卤代烷灭火器。C 类火灾场所使用 ABC 或 BC 干粉灭火器、二氧化碳灭火器、卤代烷灭火器。D 类火灾场所应选择扑灭金属火灾的专用灭火器。E 类火灾场所应选用 ABC 或 BC 干粉灭火器、卤代烷灭火器、二氧化碳灭火器（但不得选用带金属喇叭喷筒的灭火器）。ABC 干粉灭火器与 BC 干粉灭火器不能同时在一个场所混合配置使用。同时，对于碱金属（钾、钠）、电石类火灾，不能用水型灭火器去扑灭。灭火器类型适用性见表 7-6。

《建筑灭火器配置设计规范》（GB 50140-2005）规定，非必要场所不可配置卤代烷灭火器。

表 7-6　灭火器类型适用性

火灾场所	灭火器类型				
	水型灭火器	干粉灭火器		卤代烷灭火器	二氧化碳灭火器
		磷酸铵盐干粉灭火器	碳酸氢钠干粉灭火器		
A 类场所	适用。水能冷却并穿透固体燃烧而灭火，并可有效防止复燃	适用。粉剂能附着在燃烧物的表面起到窒息作用	不适用。碳酸氢钠对固体燃烧物无附着作用，只能控火，不能灭火	适用。具有冷却和覆盖燃烧物表面及与空气隔绝的作用	不适用。灭火器喷出的二氧化碳无液滴，全是气体，对 A 类火灾基本无效
B 类场所	不适用。水射流冲击液面会激溅油火，致使火势蔓延，造成火情扩大，灭火困难	适用。干粉灭火剂能快速窒息火焰，具有中断燃烧过程的连锁反应的化学活性		适用。洁净气体灭火剂能快速窒息火焰，抑制燃烧连锁反应而终止燃烧过程	适用。二氧化碳靠气体堆积在燃烧物表面，稀释并隔绝空气
C 类场所	不适用。灭火器喷出的细小水流对气体火灾作用很小，基本没用	适用。喷射干粉灭火剂能快速扑灭气体火焰，具有中断燃烧过程的连锁反应的化学性能		适用。洁净气体灭火剂能抑制燃烧连锁反应，而终止燃烧	适用。二氧化碳窒息灭火，不留残渣，不污损设备
E 类场所	不适用	适用	适用于带电的 B 类火灾	适用	适用于带电的 B 类灭火

（二）灭火器配置中需要注意的问题

灭火器使用后的影响因素：对于图纸档案资料、高精尖电子设备，比如，大型集中控制的机房等、精密仪器仪表等用干粉灭火器会留下残渣，不适于用干粉灭火器。

灭火器设置点的环境温度：主要考虑到储存的环境温度。对于温度较高的环境温度要考虑采取措施，如室外需要放置在阴凉处，防止阳光直接烤晒，对于接近高温的工作环境要考虑灭火器放置在尽可能的通风处。对于冬季室外放置的灭火器，除采取一定保温措施外还需要配置一定的抗低温灭火器，比如 –20 Y 或 –40 龙的干粉灭火器等，以及加入添加防冻剂的水型灭火器。

使用灭火器人员的体能：根据工作场所主要员工的体能进行灭火器的配置，以男员工为主的场所可以配置大中型规格的手提式灭火器，对于以女员工为主或老年人的场所可以配置中小规格的手提式灭火器（该种配置也是经过计算后，根据计算结果进行选配的，在建筑施工图确定后则不能再进行改变）。

第二节　火灾自动报警系统

一、火灾探测器的组成和分类

（一）火灾探测器的组成

火灾探测器一般由敏感元件、电路、固定部件和外壳等 4 部分组成。

1. 敏感元件

敏感元件是探测器的核心部件，其功能是将火灾特征物理量转换成电信号。因而，凡是对烟雾、温度、辐射光强和气体浓度等敏感的传感元件都可以作为火灾探测器的敏感元件。

2. 电路

电路在探测器中的主要功能是将传感元件所得到的火灾特征物理量转换成电信号进行处理和放大，便于送至区域报警控制器报警。探测器电路由匹配电路、抗干扰电路、保护电路、指示电路、检查电路和接口电路等组成。

3. 固定部件和外壳

固定部件和外壳的作用是将传感元件、电路和印刷线路板、插接件等零部件有机地连成一体，构成造型，以保证足够的机械强度，达到规定的电气性能，以防止外界光线、灰尘、气流、电磁波、机械力及蚊虫等对探测器的干扰和影响。

（二）火灾探测器的分类

火灾探测器的分类方法很多，实际的分类方法包含结构模型分类，火灾分类检测和环境分类的使用。

1. 监视火灾特征进行分类

烟雾探测器可分为五种类型：烟雾，温度，光线，复杂气体和可燃气体，根据工作原理，每种气体分为几种类型。

2. 根据感应元件的结构分类

①线型火灾探测器对警戒范围中某一线路周围的火灾参数作出响应。其连续线路可以是"硬"的（如空气管线型差温火灾探测器），也可以是"软"的（如红外光束线型感烟火灾探测器）。

②点式火灾探测器对警报范围内特定点的火灾参数做出响应。大部分火灾探测器属于此类。

3. 根据操作后是否能复位分类

①当火灾警报信号的产生条件不再存在时，可重置的火灾探测器无需更换组件即可从警报状态恢复到监视状态。根据不同的重置方式，可以分为三种类型：

a. 如果自动重置火灾探测器，则可以自动返回监视状态。

b. 如果通过遥控器远程重置火灾探测器，则能够通过遥控器操作恢复监视状态。

c. 手动重置火灾探测器，并改进手动调节以返回监视状态。

②如果不再存在生成火灾警报信号的条件，则不能重置火灾探测器〉在从警报状态恢复到监视状态的操作之后，无法将组件更换或恢复到监视状态 a

4. 根据使用环境及安装场所分类

①陆用型用于内陆无腐蚀性气体的环境，其使用温度范围在 −10 ~ 50℃，相对湿度在 95% 以下。在消防产品中未在环境中使用的产品被认为是陆基产品。

②船用型主要用于轮船，高温、高湿场所。

③耐寒型主要用于气温在 −40℃以下的高寒场所和北方无采暖的仓库以及冬季平均温度低于 −10℃的气体。

④耐腐蚀型主要适用于空间经常滞留腐蚀性气体的场所。

⑤防爆型主要用于生产易燃易爆产品的场合，其结构符合国家有关防爆规定。

5. 其他分类法

①有两种类型的可分离和不可分离的火灾探测器，具体取决于在维护期间是否可以将其拆除。

②根据火灾探测后的动作可分为延迟与非延迟两种当今使用的大多数类型的延迟具有 3 到 10 秒之间的可调延迟。

③根据安装方法的不同，可以分为暴露型和内置型两种类型。内置场所用于室内装饰水平高的场所，而裸露场所用于其他场所。

（三）火灾探测器的主要技术参数

1. 工作电压和公差

烟雾探测器的工作电压是正常运行所需的电源电压。

公差是指火灾探测器工作电压的允许波动范围。按照国家标准，公差为额定工作电压的 −15% 至 10%。

2. 响应阈值和灵敏度

响应阈值是火灾探测器运行的最小参数值。其他类型火灾探测器的响应单位阈值也不同。例如，固定温度火灾探测器的响应阈值为温度值，温差探测器的响应阈值为温度上升率，燃气火灾探测器的响应阈值为气体的浓度值。

灵敏度是指火灾探测器对火灾参数的灵敏度。检测器的灵敏度能够分为三个级别，以用于各种环境条件。

3. 电流监控

监视电流表示火灾探测器在被监视时的工作电流。监视电流表示检测器在监视状态下的功能。所以，监控器电流越小越好。

4. 最大允许警报电流

报警状态下允许的放大工作电流超过此值会损坏火灾探测器。最大允许警报电流越大，火灾探测器的负载能力越强，因而必须更大。

5. 警报电流

警报电流是指检测器处于警报状态时的工作电流，小于最大警报电流。火灾探测器的安装距离和数量由报警电流值和容差值决定。

6. 工作环境条件

火灾探测器对工作环境条件（环境温度，相对湿度，气流速度和清洁度等）的适应性越好。

7. 保护区（即侦察范围）

保护区是火灾探测器的报警范围，并且是确定自动火灾报警系统中使用的火灾探测器数量的基础。

8. 可靠性

稳定性是烟雾探测器最重要的性能，它全面反映了其他性能。

二、感烟火灾探测器

烟雾火灾探测器是一种探测燃烧或热解过程中产生的固体或液体颗粒的探测器，用于在火灾早期检测烟雾，并发送火灾报警信号以检测早期火灾，具备很高的灵敏度和响应速度。快速，广泛使用等。

感烟火灾探测器分为点型火灾探测器和线型火灾探测器。

（一）点型烟雾火灾探测器

点型烟雾火灾探测器在警报范围内的特定点响应烟雾参数。分为离子感烟和光电感烟两种探测器，目前广泛使用的有：

1. 离子感烟火灾探测器

探测器是核电子的结晶和探测技术，是一种火灾探测器，其原理是烟气颗粒可以改变探测器电离室内的电离电流。

工作原理利用电离室中离子电流的变化来检测烟雾浓度，该浓度与进入电离室的烟雾量成正比。辐射源（电离室中的放射性元素 "m"）使室内的纯净空气电离，形成阳离子和阴离子。当在两个收集级之间施加电压时，在板之间形成电场：向阳极板和阴极板移动以形成离子电流。当烟雾颗粒进入电离室时，由于烟雾颗粒的直径大大超过电离的空气离子的直径，因此烟雾颗粒在电离室中具备阻挡和封闭离子的双重作用。这减少了离子电流。

优点电离烟雾火灾探测器的最大优势是它们对黑烟非常敏感，并且对早期火灾警报的响应特别快。

缺点必须在内部安装放射性元素，尤其是在制造，运输和安装过程中，这可能会造成环境污染并危及人类生命，因此该产品已被分阶段禁止使用。

2. 光电式感烟探测器

光电烟雾探测器得益于烟雾粒子散射和吸收光的原理而产生的烟雾火灾。

通常情况下，来自光源（发光二极管）的光被挡板阻挡，无法进入接收电极（感光器件），因此没有信号从接收电极输出。当烟雾颗粒进入检测器时，烟雾颗粒会散射发光二极管发出的光，从而将光信号发送到接收电极，并发出警报信号。这种传统的光电烟雾探测器的缺点是对黑烟的灵敏度低，对白烟的灵敏度高。所以，这种类型的检测器适用于火所散发的烟雾为白烟，而火所散发的大部分烟雾为黑烟的情况，因此该探测器的使用范围受到很大限制。

新型光电烟感探测器和火灾探测器主要具有足够的灵敏度来探测黑烟，并主要从光学原理上提高了探测器的灵敏度。比如，发光二极管和接收电极之间的角度已经从常规的180°改变为120°。最主要的是已安装了迷宫网格。另一方面，干扰采用高质量的放大器电路来提高灵敏度。这种新型的光电烟感探测器已经成功替代了离子烟感探测器，彻底解决了离子烟感探测器的污染问题，其外观立即受到世界环保组织和广大用户的欢迎。

为了解决误报问题，在新型光电式感烟火灾探测器中设置了一个 "大脑"——微处理器。在微处理器中，按探测器装设的不同地点输入不同的软件，这些软件是根据几十年的工程实践及几千次试验（包括实验室的试验及现场试验）所得出的适用于不同场合的软件，因此可对进入探测器的微粒进行分析判别，只要在真正火警情况下才报警。如果探测器仅装设微处理器而无丰富的软件，则不能算是真正智能型微处理器。真正的智能型探测器，应是在装设微处理器的基础上再使用类似人的大脑神经网络，对火情进行分析的人工神经网络计算技术，使探测器具有自适应性、学习能力、容错能力和并行处理等特性，从而判别真假火警。

（二）线型感烟火灾探测器

1. 红外光束火灾探测器

当前生产和使用中的线性烟雾探测器都是红外线类型，它们利用烟雾颗粒的原理吸收或散射红外线来监视火势。

在正常情况下，接收器将平稳接收发射器发出的红外辐射，万一发生火灾，烟雾将通过红外线扩散到空间中。即，它们吸收并散射红外光，进而减少到达接收器的信号并输出火灾警报信号。

①优点监控范围广，保护范围大，最长距离可达100m，适用于火灾初期的大型空间，例如大型仓库，生产厂房，有盖广场，屋顶。复杂建筑和古建筑等。

②缺点价格昂贵，由于发射器和接收器的距离较远，安装接线较复杂以及在调试时发射器和接收器对正调校较困难。

目前最新推出的一种新型的红外线型感烟火灾探测器，它的发射器与接收器都放置于保护范围的一侧，另一侧装设了反射装置。正常情况下，红外线光束射向反射装置上，再由反射装置反射至接收器上。当有火情时，反射至接收器的光信号减少，于是输出火警信号。反射装置的大小视保护范围内发射接收器至反射装置的距离而定，距离远时反射装置面积大，反之为小。

这种探测器彻底解决了调试中发射器与接收器的校正问题，且极大简化了安装接线，方便了施工。

2. 激光感烟火灾探测器

激光具有方向性强、亮度高、单色性和相干性好等优点，当前已广泛用于军事、工业、科技上。也用在激光感烟火灾探测器上。

由于激光束具有直线特性，激光感烟探测器的实际监测区域为一线状的狭窄带，故归类为线型感烟探测器。其工作原理是：激光发射器（亦称激光枪）在脉冲电源激励下发出一束脉冲激光，投射到光电接收器（亦称激光靶）上，转换成为电信号，经放大电路后，给出正常状态信号（即不报警信号）。在火灾情况下，激光束被大量烟雾粒子遮挡而能量减弱，当激光能量减弱到一定程度时光接收器信号发生极大变化，于是通过放大电路给出报警信号。

半导体激光发射器具有工作电压低、脉冲功率高、元器件体积小、耐震动、寿命长、价格低廉等优点，因此，半导体激光发射器是感烟探测器经常选用的激光源。

激光感烟探测器适用于较大的库房、易燃材料堆垛、货架等处。使用时，激光发射器与激光接收器必须成对使用，并且"枪"必须瞄准"靶"。安装时，在天花板建筑物平面内，可将激光感烟探测器的"枪"和"靶"部分分别安装在相对的两面墙上，探头要低于天花板0.25m；在尖顶建筑物内，可将探测器安装在最高点（尖顶）以下0.5～1m处的每对墙上，这样，激光束可对两侧各1m的范围内进行有效监视若保护区域横向距离较宽，则可以平行地安装多个激光探测器，每两个探测器的间距为14m。

在使用时应注意的几点事项：

①探测区域无遮断光束等障碍物存在；

②当消防员进入探测区域内对光束有遮断时，应关断激光探测器电源，以避免探测器动作而发生误报；

③确保激光发射器与接收器在安装时处于同一直线，校准定位后要避免移位或错位；

④在使用中应定期校准，以防轻微变形引起激光束偏移；

⑤保持光学部分洁净，维护其透光性能，以保证探测器的灵敏度。

三、感温火灾探测器

感温火灾探测器是对探测范围的温度进行监测。物质在燃烧过程中释放大量的热，从而使温度升高，使探测器中热敏元件发生物理变化，将温度变化转变为电信号，转输给控制机，发出火警信号。根据其敏感效果和结构形式，感温火灾探测器可分为定温式、差温式及定差温组合式三类。

（一）点型恒温火灾探测器

当环境温度在警报范围内的特定点达到或者超过预定值时触发的探测器。热元件是不同类型的双金属，热敏电阻和半导体 P–N 结。工作范围是 60 到 150。适用于环境温度或温度几乎不变的地方。

（二）差温火灾探测器

差温火灾探测器是一种当警报范围内某个点附近的温度上升率超过预定值时发送火灾警报信号的探测器。热元件是热电偶或热半导体。在使用过程中发生的一些烟雾火灾中，即使环境温度以 1℃/mm 的升温速率缓慢升高到 100℃ 以上，差温火灾探测器也不易操作。

（三）差分固定温度组合检测器

本产品结合了两种类型的检测器，即温度差和固定温度，并且具有这两种功能。即使一项功能失败，另一项功能仍旧有效，进而提高了火灾探测的可靠性。在实际应用中多采用此种探测器。差定温组合探测器有机械式和电子式两种。

（四）点型感温火灾探测器的灵敏度和响应时间

一级灵敏度：探测器的响应时间全部在表中所规定的 I 级灵敏度响应时间上、下限之内。

二级灵敏度：探测器的响应时间全部在表中所规定的 II 级灵敏度响应时间上、下限之内。

三级灵敏度：探测器的响应时间全部在表中所规定的 III 级灵敏度响应时间上、下限之内。

四、感光火灾探测器

发生火灾时，除了会产生大量的热量和烟雾之外，还有可见或不可见的射线。感光火灾探测器的功能是通过检测火焰发出的红外线和紫外线来探测火灾。光敏火灾探测器比温度火灾探测器和烟雾火灾探测器反应更快，并且传感器可以在照射光后几毫秒甚至几微秒内客观地发射信号，尤其适用于易爆场所。它是一款不受气流障碍影响的火灾探测器，可以在室外使用。一般可分为红外感光和紫外感光两种类型。

五、可燃气体探测器

在居民家庭和日常生活上使用的煤气、石油气，以及工业生产中产生的氢、氧、烷、醇、醛、苯、一氧化碳、硫化氢等气体，一旦泄漏可能会引起爆炸。可燃气体探测器主要是对其进行检测，及时发出警告或报警，以保障人民生命、财产的安全。

可燃气体探测器是由感应器、信号处理器及发送器组成。感应器多数只对某一气体起作用。当感应器接收到有害气体时，信号处理器将此信号转换成电信号并且发送至控制机，从而发出三级报警。第一级为警告信号、第二级为预报警、第三级为报警，此时有害气体已接近爆炸浓度。

目前用的一种新型可燃气体探测器，其探测浓度可以通过软件来设定，而且可显示每一个可燃气体探测器所检测地点的即时气体浓度。

六、复合型火灾探测器

复合火灾探测器是具有多个探测功能的火灾探测器。如：差分恒温复合火灾探测器可以同时满足差分温度检测和恒温检测。温度和烟雾复合探测器是普通烟雾和温度火灾探测器的组合，从而实现了火灾的初始阶段。监视和侦察：离子和光感烟雾复合探测器可以同时检测明火燃烧产生的烟雾颗粒和大烟雾颗粒。两者结合的传感特性，增强了它们的探测能力和应用的广泛性。

七、模拟量火灾探测器

模拟火灾探测器是提供指示敏感现象的输出信号的火灾探测器。模拟探头将与火灾现象成比例的测量值发送到警报控制器，然后火灾警报控制器执行评估或确定是否发生警报。例如，点型模拟火灾探测器是烟雾火灾探测器，每两秒钟将状态信息发送到警报控制器。警报控制器将这些信号与存储存储器中的预编程烟雾浓度水平进行比较。检测器报告信息，当该信息达到足以展开警报的级别时，火灾警报控制器将发送火灾警报信号。

八、火灾自动报警控制器

火灾报警控制器是用以接收、显示、传递和反馈处理火灾探测器送来的报警及其他信号，并对消防自动装置发出控制信号的报警装置。是火灾自动报警系统的有机组成部分。在火灾自动报警系统中，火灾探测器是系统的"感觉器官"，随时监视周围的环境情况，而火灾报警控制器则是该系统的"躯体"和"大脑"，是系统的核心。主要作用是供给火灾探测器稳定的直流电源，监视连接各火灾探测器的传输导线有无断线故障；接收转换和处理火灾探测器送来的火警信号，并以声光报警形式指出火灾发生的具体部位及时间，同时执行相应辅助控制等诸多任务，便于及时采取有效的灭火扑救措施：

（一）火灾报警控制器的分类

1. 按用途分类

根据目的，它分为三类。

①本地火灾警报控制器的主要功能是连接火灾探测器并处理各种警报信息。

②集中式火警控制器的主要功能是处理本地火警控制器发送的警报信号。

③通用火灾报警控制器具有本地和中央火灾报警控制器的双重特征。主要可以设置或修改它用作本地火灾报警控制器和中央火灾报警控制器。

2. 按容量分类

根据容量，它分为单个和多个火灾报警控制器。

①单通道火警控制器只在一个工作循环中处理探测器信号。通常用于某些特殊的联动控制系统。

②多通道火灾报警控制器可以同时处理来自多个电路的探测器操作信号，并且显示当今最常用的特定报警位置。

3. 按使用场所分类

按其使用场所分为陆用型和船用型两种。

4. 按结构形式分类

按其结构形式分为壁挂式、台式和柜式三种。

①壁挂式火灾报警控制器用于连接少量探测器电路和事件，控制功能相对简单。

②台式火灾报警控制器用于将探测器连接到许多电路，并且连接控制更为复杂。

③机柜火灾报警控制器与台式机报警控制器基本相同，内部电路结构大多是插入式板卡的组合，因此功能易于扩展。

5. 归类为防爆

按照防爆性能，分为防爆型和非防爆型火灾报警控制器。

6. 通过系统连接分类

根据系统的连接方式，有两种类型的火灾报警控制器：多线系统和总线系统。

①多线火灾报警控制器中控制器与探测器之间的连接，采用一一对应的方式，每个

探测器有一根或多根导线与控制器相连，因而存在更多的连接。

②总线火灾报警控制器，控制器和探测器通过总线连接：所有探测器并联或串联在总线上（通常总线数为 2 ~ 4）。

7. 通过信号处理方法进行分类

火灾报警控制器根据其处理方式分为以下几种类型。

①无阈值火灾警报控制器无阈值使用烟雾探测器来处理连续的模拟信号。该控制器主要负责报警任务，并可以具有智能化的结构，这是最新的火灾报警控制器的发展方向。

②使用阈值火灾探测器处理后的检测信号是相移信号，并且不再能够处理由火灾探测器发送的警报信号，火灾警报取决于火灾探测器。

8. 内部电路设计分类

火灾报警控制器根据其内部电路设计分为以下类别。

①常规火灾报警控制器电路设计为逻辑组合形式，成本低廉，易于使用，并且标准装置更适合通过插接板组合扩展功能，功能更简单。

②微机火灾报警控制器电路设计采取微机结构，对硬件和软件程序有相应的要求，功能扩展方便，技术要求复杂，硬件稳定性高等。

（二）火灾报警控制器的主要技术性能

1. 容量

容量表示可以接收火警信号的电路数量，并以"m"表示。若在检测位置只有一个火灾探测器，则 M 值等于控制器的数量。对于集中式警报控制器，容量是指通过将本地火警控制器的数量（用"N"表示）乘以每个本地火警控制器的最大容量，可以显示的系统零件号的数量。

2. 工作电压

一般常用 220 V 交流和直流备用电压供电。

交流供电时，当电源电压波动幅度不超过额定电压的 −15% ~ +10%，频率偏差不超过标准频率（50hz）的 ±1% 时，火灾报警控制器应能正常工作。

当备用电源的电压在 24 ~ 32V 之内时，可优先采用直流 24V。备用直流电源电压允许波动范围越大越好。

主电源和备用电源应能自动切换。主电源容量应确保火灾报警控制器在最大负载条件下，连续工作 4h。主电源还具有工作状态指示及过流保护措施。

3. 输出电压

输出电压是火灾探测器的直流工作电压，通常为 24VDC。在最大负载条件下，火灾报警控制器的输出直流电压稳定性和负载稳定性不应超过 2%。也就是说，如果输出电压为 24V DC，则容差不应超过 ±0.48V。如果输出电压为 12V DC，则容差不能大于 0.24 V。

4. 工作电流

火灾报警控制器每一报警回路的工作电流应符合下述要求：监控时，最大不超过 20mA，报警时，最大不超过 200mA。

5. 空载功耗

空载功耗是指处于监视状态的火灾报警控制器和火灾探测器的功耗，通常从几瓦到几十瓦空载功能的大小指示火灾报警系统的日常运行成本是多少，因而空载功耗越低越好。

6. 满载功耗

满载功耗也可以表示为满载。满载功耗意味着：

①除非火灾报警控制器的容量超过 10 个通道，否则所有电路都处于报警状态时消耗的功率

②当火灾报警控制器的容量超过 10 个通道时，它是报警状态下（超过 10 个通道）电路的 20% 消耗的功率。

为确保火灾报警系统的稳定运行，在报警条件下，每个电路的最大工作电流不应超过 200mA，同时应降低满载功耗。

7. 使用的环境条件

使用场所将确保火灾报警控制器在温度，湿度，风速及气压等条件下的正常运行。对使用场所的要求应与室内使用第二类电子仪器的环境条件相同。

（三）区域火灾报警控制器

1. 区域火灾报警控制器的组成

本地火灾警报控制器是多通道火灾警报控制器，能够直接从火灾探测器或中继器接收警报信号，并根据警报区域的划分安装在区域值班室或地板值班室中。输入电路基于火灾探测器发出的火灾警报信号，光警报设备传输声光警报信号，指示发生的位置，输出电路控制相关的消防设备，以及集中警报控制发送变送器发送警报信号，自动监视设备用于监视各种错误。可以手动验证测试设备，以验证整个系统是否处于正常运行状态。

2. 区域火灾报警控制器的主要功能

（1）电源功能

为火灾探测器提供稳定的直流电源（一般为 DC 24V 或 DC 12V），以使火灾探测器能够稳定可靠地工作。

（2）自动火灾报警功能

当区域警报控制器从火灾探测器接收到火灾警报信号时，它将立即从其原始监视状态更改为警报状态。当前区域警报控制器提供以下听觉和视觉警报。

①常规火灾警报灯点亮并记忆。

②警报控制器发出火警警报。

③房间号指示灯亮起，以指示特定的火灾报警位置。

④代表第一个火灾报警时间的电子时钟停止；

⑤外控触点闭合，以便与其他设备联动；

⑥送出火警信号给集中报警控制器。

（3）断线故障自动报警功能

当火灾探测器探测到区域报警控制器之间的连线断路或者任何连接处发生松动时，区域报警控制器便立即发出断线声、光报警信号，以提醒维修人员及时维修。故障报警的特征是：

①黄色故障灯亮；

②报警控制器发出不变调断线故障报警音响；

③给集中报警控制器送故障信号。

（4）火警记忆功能

在检测到火灾参数后，可以快速，准确地转换并处理由火灾探测器发送的火灾警报信号，并提供火灾和特定警报，以指示火灾的具体位置并满足以下两个条件：

①火灾报警控制器收到火灾探测器发出的火灾报警信号后，应保存信号，即使信号源消失也不消失。

②如果火灾探测器的电源线断开，则现有的火灾信息不会丢失，它能够继续接收火灾探测器的火灾报警信号或其他电路的手动按钮。

（5）自检功能

为帮助每个火灾探测器及区域报警控制器的每个单元始终处于正常工作状态而设的自检按键，以供值班人员随时对报警系统进行功能检查。

自检按键按下时报警控制器有如下反应：

①黄色灯亮（表示断线故障灯报警正常），同时发出不变调故障报警音响（表示故障报警正常）；

②接着某一个或几个房号灯亮，开始由火灾报警音响代替故障音响，总火警灯代替故障灯亮，表示火警优先功能正常；

③全部（10个部位号）房号灯亮，表示10路探测器全部正常，如果某一部位号灯不亮，则表明该回路的探测器或连线发生故障。

（6）手动检查功能

因为火灾警报控制器会自动监视火灾警报和各种错误，所以它通常处于监视状态，并且没有火灾警报错误，因此用户不会知道自动监视功能没有受到损害。因此，在火灾报警控制器中设置了手动检查测试设备（自检），以确定系统的各个部分和链路的电路和组件是否在任何时间或周期性地没有损坏，以及系统的各种自动监视功能是否正常。可以检查。保证自动火灾警报系统始终处于正常运行状态。手动检查测试后自动或手动重置。

（7）火警状态功能

当断线故障第一报警，接着发生火警（或者两者同时发生）时，区域火灾报警控制器能自动转换成火警。火警处理完后,如果断线故障尚未排除,区域报警控制器继续发出断线故障报警:表示火情报警优先于故障报警。

（8）输出控制功能

使用多于一对的输出控制触点,可以切断空调和通讯设备的电源,关闭防火门或启动消防设备,以避免发生火灾警报时进一步蔓延。

（9）其他功能

为保证设备的良好运行,区域报警控制器设有一系列自动监控报警和自动保护功能。

① 24V 过压保护和过压报警功能:

② 24V 过流保护功能。

③交、直流自动切换功能。

④备用电池自动定电压充电功能。

⑤备用电池欠压报警功能。

⑥"消音"按钮功能,是万一发生火情和故障报警音响后,值班人员按此按钮一下即可消音（暂时切断音响电路电源）。

⑦"复位"按钮功能,是火情和故障处理以后,按此按钮,机器即恢复到初始监控状态（暂时切断探测器、自检电路和总火警电路部分的电源）。

（四）集中火灾报警控制器

集中式火警控制器是可以接收多个本地火警的控制器,它是一个巡逻每个本地火警控制器以查看是否有火警信号或故障信号的系统。在故障区域的一部分发出声光警报信号,以便员工可以迅速采取有效措施迅速扑灭火灾。

1.集中火灾报警控制器的组成

集中火灾报警控制器由部位号指示、区域号指示、巡检、自检、火警、音响、时钟、充电、故障报警、稳压电路等单元组成。

2.集中火灾报警控制器的功能

（1）火灾自动报警

集中报警控制器在正常状态下以一定的巡检速度（60层人）对区域报警控制器巡回检测。当区域报警控制器有火警信号时,集中报警控制器发出声光报警信号,部位显示灯指示火警发生的部位（房号）,荧光数码管指示火警发生的区域（层数）,并做短暂的停留（约2s后继续巡检）,音响电路发出变调音响。用手动切除音响后,火警"消音"灯亮,以提示值班人员音响报警电路切除从光报警的指示动态确认火灾自动报警。

（2）故障报警

当区域火灾报警控制器有断线故障时,集中报警控制器会发出声光报警,区域故障指示灯亮,数码管显示故障所在区域（层数）约故障报警声有别于火警音响。故障音响能用手动切除,并且,切除后故障消音灯亮。

（3）火警优先

为了避免故障巡检影响火警巡检速度，万一区域火灾报警控制器出现火警信号时，它送往集中火灾报警控制器的故障信号被自动切除、此后，集中火灾报警控制器只对区域火灾报警控制器的火警信号巡检。在火警信号消失后，按动报警消除按键，报警继电器的"自锁"释放，集中火灾报警控制器恢复对区域报警控制器故障信号的巡检。

（4）联动控制

在火灾声光报警的同时，集中报警控制器的输出触点闭合，供联动其他设备使用。同时显示设备报警状态和设备运行参数等。

（5）检查功能

为提高报警系统工作的可靠性，集中报警控制器设有自检功能，用来检查它与各区域报警控制器之间连接是否正常。按下"检查"键，相连各区域报警控制器的输出电路被加上模拟火灾信号，经各层巡检信号的控制，给集中报警控制器送出火警信号。集中火警报警控制器部位指示（房号）以 10 个为一组闪亮。层号按每公变换一次。若有异常，对应层号不停，部位指示灯不亮。

（6）监控保护功能

为保证设备良好运行，集中报警控制器有以下监控保护功能：

①交流电源与直流备用电源自动切换功能；

②直流备用电源欠压故障报警功能；

③交流电源供电回路断电故障报警功能；

④ 24V 主电源过压保护、报警功能；

⑤ 24V 主电源过流保护、欠压报警功能；

⑥ 24V 辅助电源过压、欠压报警功能。

（7）其他帮助功能

①计时用于记录由火灾报警探测器发送的第一个火灾报警信号的时间，即发生火灾的时间，一般用作时钟。

②打印通常，使用微型打印机记录火灾或故障的时间，位置和特征。

③电话火警控制器收到火警信号后，可以立即连接到专用电话线上进行电话和验证，以检查火警的真实性，并迅速向消防局报告，以迅速组织消防救援队伍。采取各种有效措施降低火灾风险。

④如在广播疏散过程中发生火灾，它将被用于将人员疏散到安全区域并灭火。

3. 火灾报警器常用辅助设备

（1）手动火灾报警按钮

手动火灾报警按钮可以向火灾报警控制器发送火灾报警信号，上要安装在走廊，楼梯，人行道等人们可以看到的地方，是辅助报警装置。

（2）闹钟

警铃是一种能够中继火警信息声音的设备，与火警控制器的声音警报相同，主要安装在过道，走廊，走廊等公共场所。

（3）辅助指针设备

辅助显示器是用于火警信息的光继电器的一种设备，通常是模拟显示面板，辅助显示灯，疏散指示器等。消防室中设有模拟显示面板，以可视化火灾警报信息，方便理解。辅助显示照明设备通常安装在公共场所以帮助疏散。

（4）中继器

中继器是用于系统中各种电信号（系统中的常见附件）的长距离传输，放大或隔离的设备。

第三节　消防联动控制系统

一、概述

消防联动控制，是指火灾探测器探测到火灾信号后，能自动切除报警区域内有关的空调器，关闭管道上的防火阀，停止有关换风机，开启有关管道的排烟阀，自动关闭有关部位的电动防火门、防火卷帘门，按顺序切断非消防用电源，接通事故照明及疏散标志灯，停运除消防电梯外的全部电梯，并且通过控制中心的控制器，立即启动灭火系统，进行自动灭火。

二、消防控制室控制设备的安装

①可以将自动火灾报警系统与消防设备连接。连接零件包括防火阀，供气阀，排烟阀，防火门，防火卷帘门，水流指示器，电磁阀，消防泵，洒水泵，排烟器，鼓风机，电源切断装置，通信设备，紧急广播，应急照明等。

②应按照制造商的产品说明安装消防设备。在安装前，应开展检查和测试，对未检查的人员应进行修理或更换，安装后应正常安装。

③如果用金属水软袋保护消防设备的外电线，则应用防松螺母固定金属水软袋和消防设备的接线盒，以使天花板的内电线不会混淆和掉落，并应按照有关水暖规定接地。

④金属水软袋的长度不应超过 2m，应使用管夹固定。锚点之间的距离不应超过 1个月。

⑤消防设备的对接线的末端应清楚标记。

⑥消防控制面板和机柜中不同电压相序的端子应分开并清楚标记。

三、消防控制室设备的组成

根据需要，防火室设备可能包括以下一些或全部设备：

①中央报警控制器；

②室内消火栓系统控制单元；

③自动喷水灭火系统的控制装置；

④泡沫干粉灭火系统控制装置；

⑤用于管网灭火系统的控制设备，例如二氧化碳和卤代烷烃（逐步淘汰）；

⑥电动防火阀和电动防火门的控制装置

⑦通风，冷却和排烟设备控制单元；

⑧电梯控制装置；

⑨火灾事故广播设备控制单元；

⑩消防应急照明灯柜控制装置；

⑪消防通讯设备。

应根据每个建筑物的特征和功能设置消防室设备，建筑物中的火灾报警器和其他相关控制设备应集中在消防室中，其他控制设备可以分散在不同的位置。然而，应定期将各种设备的操作信号提供给消防部门，以均匀指挥消防救援队伍。

随着现代科学技术的发展，消防控制设备的报警控制器采用模块化结构，大容量内部储存器，强大的软件编程功能，快速扫描，网络仿真及社会智能消防网络等技术，使消防报警控制器趋于智能化。

消防控制系统按联动控制方式可划分为分散联动和集中联动两种；按结构形式可分为柜式和台式两种控制系统；按其联动线制可分为多线系统和总线系统两种。

四、消防控制室的控制功能及操作

消防员是监视和操作消防设备的中心，主要控制以下系统：

（一）室内消火栓

消防设备应具有以下用于室内消防栓系统的控制及显示功能。

①控制消防泵的启动和停止；

②显示泵启动按钮的位置。

③显示消防泵的运行状态和故障状态。

室内消火栓是建筑物中最基本的消防设备，主要由水池，泵，管道，闸阀，消火栓箱和压力泵组成。为了确保系统操作的便利性和可靠性，有必要在消防控制室的控制设备中设置启动和停止装置，并在发生火灾时指示消防员的泵启动按钮的位置和消防泵的运行状态。及时启动消火栓或消防泵，以有效扑灭消火栓，在和平时期进行维护和调试。

消防泵故障通常是指电源故障和泵电机短路。因为消防栓系统由主泵和备用泵组成，因此仅当两个泵都无法启动时才会显示错误。当启动普通按钮时，主泵第一启动，主泵发生故障后，备用泵将开启并自动启动；如果无法启动主泵和备用泵，则控制面板上会显示错误消息。

（二）自动喷水灭火系统

消防设备对自动喷水灭火系统应具有以下控制和显示功能：

①启动和停止控制系统；

②显示报警阀，闸阀和流量指示器的运行状态。

③显示消防泵的运行状态和故障状态。

（三）泡沫和干粉灭火系统

消防设备对泡沫和干粉灭火系统应具有以下控制和显示能力。

①启动和停止控制系统；

②显示系统的运行状态。

（四）气体灭火系统

消防设备应具有以下控制和显示能力，用于固定灭火系统，比如带有管网的卤代烷和二氧化碳。

①消防系统紧急启动停机装置；

②由火灾探测器连接的控制单元应具有 30 秒的可变延迟单元。

③显示系统手动和自动运行的状态；

④在报警和喷淋的每个阶段，控制室必须具有相应的声光报警信号，并且可以手动阻止声音信号。

⑤能够在延迟时间内自动关闭防火门和窗户并停止通风调节系统。

（五）消防管理设备

消防员可以在火灾发生和发展的各个阶段执行报警和控制各种消防设备系统的功能，并控制相关设备的运行状态，以保证人员安全疏散并在紧急情况下关闭是的目的是及时有效地扑灭大火。联动控制功能主要包括以下几项：

1.火灾报警后相关控制对象的消防设备控制功能

①在着火的地方停止风扇，关闭风门并接收反馈信号。

②在火灾现场启动防烟装置，排烟风扇（带静压鼓风机）和排烟阀，并接收反馈信号。

③着火时，请关闭风门并停止通风和冷却系统，以避免火势蔓延。

防烟系统是一种正压供气系统，由鼓风机，风道和出风口组成，用于楼梯和消防室。在发生事故时撤离。

排烟系统由排烟机，风道和排烟口组成，用于迫使有毒气体从火中排出，对人员安全和灭火起着重要作用。

因而，消防员应具有以下通风和冷却系统以及烟气和烟气抽出设备的控制和显示功能：机房，人行道，防烟楼梯和设备的机房内的空调和防烟排烟设施。火灾探测器（包括联合前室）之后的消防室（或区域控制面板）控制面板对通风和空调设备的防烟和排烟设备及相关部件具有以下控件：

根据通风和空调系统的分区，在相关警报区域中停止鼓风机并关闭通风管道中的消防阀。同时，在风扇和阀门启动后，它们会接收反馈信号以指示运行状态。

根据排烟保护区域，它会激活警报区域中的排风扇（包括静压鼓风机），排烟壁和排烟口，并在排烟机和排烟口工作以指示工作后同时接收反馈信号。

2.确认火灾后，火控设备对相关控制目标的控制功能

①关闭防火门和防火百叶门以接收反馈信号。

②发送控制信号，并且强制将电梯停在地面上并接收反馈信号。

③打开火警指示灯和疏散指示灯。

④关闭相关部分的非点火功能。

有两种控制电梯的方法。一种是直接从消防室启动电梯下降按钮以直接操作；第二是手动检查火灾。为了使所有的电梯井井有条，它们停在了地下。在需要高度自动化的资产智能社区中，可以使用电梯，电梯前室和烟雾探测器来控制电梯。

当火灾事故灯和疏散指示器打开时，非消防电源将关闭，以确保工人安全疏散阻止方法是手动或自动阻止选项。

3.广播火灾事故的消防设备的控制功能

确认火灾后，消防设备应打开火警警报，并按疏散顺序广播火灾事故广播，控制程序必须满足以下要求：

①如果在2楼或更高楼层发生火灾，则必须第一将消防部门与上下事故相连接。

②如果一楼发生火灾，则必须第一打开在二楼，二楼和每个地下室广播的火灾事故。

③如果地下室发生火灾，则必须第一打开地下室和二楼广播的火灾事故。

火场疏散中，应先向着火区发出火灾警报，有秩序地组织人员疏散，保证人身安全。

（六）消防通信设备

消防通信设备必须满足以下要求：

①管网消防系统（或使用对讲机）的消防控制室和总工作室，消防泵房，配电室，通风冷却室，电梯室，区域报警控制器和应急操作装置；

②对讲电话插孔应在手动报警按钮中设置；

③应在消防部门安装直接通知当地消防救援队伍的外部电话，为方便记忆，必须选择电话号码后的三位数119。

设置对内联络和对外报警电话是消防控制室的主要通信设备，有条件的可设置固定对讲电话或对讲录音电话。

五、水灭火系统的控制

消防控制室配有水火控制系统，该系统可集中控制建筑物的湿喷水灭火系统和消防栓系统。值班室工作人员可以自动报警并注水，消防泵能够手动启动。

（一）湿喷淋系统控制

湿喷淋系统由湿警报阀，液压警报钟，液压继电器（也称为压力开关），缓速器、

水流继电器以及管道和阀组成：该系统的控制单元是控制面板或控制柜，两者均安装在消防室中，用于接收信号，比如水流指示器操作信号和压力开关，以控制泵的启动和停止。

湿式自动喷水灭火系统的工作流程如下：水流指示器安装在建筑物各楼层或区域的主管或支管上，并直接独立地连接到消防室中的水，消防和消防控制柜。半该层燃烧时，地板的消防部分的温度升高，达到一定温度，该部分或相邻部分的封闭喷嘴的温度传感器爆炸，压力管网中的水从喷嘴中排出，水流过。该管网上的流量指示器正常工作。警报信号立即发送到控制柜，经过处理后，会产生警报音，以明确指示警报的位置。湿警报阀还作用于管网中的水流量和液压降，液压警报铃发出警报，液压继电器启动，向控制柜发送警报信号。

水下消防控制柜根据水流指示器和液压继电器的操作自动启动消防泵。消防泵一般配备一套主机和两组，以确保准确的供水。

（二）总线类型关联控制

湿喷淋系统总线连接控制装置具有两个水指示器控制装置（切换信号），每个水流量指示器具有一个输入模块。当交付给警报单元时，警报单元会发出声音和视觉警报信号并指示特定位置。

每层水流指示器的操作信号到达从机，压力开关的操作信号到达主机，主机逻辑对这两个信号进行编程，以指示相应的输出模块开始对消防泵加压，以在管网中保持一定压力。泵启动信号通过输入模块反馈到主机并显示。而且，总线接线柜具有手动启动功能，可让手动启动或停止消防泵，并显示消防泵的启动和停止状态。湿式自动喷水灭火系统中设置的缓速器是为了消除由于管网中的液压波动而引起的液压警铃和液压继电器的故障。

（三）消防栓系统控制

每个室内消火栓都有一个按钮来启动消防泵：防火地板着火时，按消防栓泵上的按钮，通过总线输入模块向消防栓控制器发送信号，并立即发送声光警报信号然后，该信号由主机逻辑进行编程，以指示相应的输出模块开始为消防泵提供灭火，启动信号迅速返回到每个楼层 – 所有消火栓的灯都点亮，并且每个楼层都知道泵的运行信号。

六、防火、防烟、排烟系统控制

消防员配备了防烟和排烟控制装置，可集中控制防火门和防火阀，排烟阀，排烟器，供气阀，正压鼓风机以及其他通风和空调设施。

（一）防火卷帘门控制

防火卷帘门通常作为消防隔断，位于自动扶梯周围较大的开放空间，电梯前的房间或大型购物中心的防火室内。防火门具有手动和自动功能，控制信号和工作恢复信号直接连接到每层防火室的防火门和防火帘控制器。一旦发生火灾报警或故障，消防控制室和控制单元必须知道显示信号并判断活动。

防火帘与警报系统相连，通常在每种百叶窗（或组）的每一侧都安装两种类型的烟雾和温度探测器，设置了两个输出模块和两个输入。模块：当烟雾探测器发送火灾警报信号时，主机根据预编程的软件程序指令输出模块动作，将防火卷帘门降到离地面1.5m处，当另一个温度探测器发出火灾警报信号时，主机将输出另一个指示模块使防火帘门完全掉落到地面，以隔离相关的防火区。

手动开关设置在消防室的远程控制面板和现场百叶窗上，消防员或者逃生者可以手动控制防火百叶门的上升和下降；在停电期间，防火门还应具有通过手动拉链或保险丝控制防火门下降的能力。

（二）防烟系统控制

防烟系统是正压空气供应系统，通常包括正压空气鼓风机，空气管道和正压空气供应阀。该系统通常安装在防烟楼梯以及前室或电梯前室中。每个正压鼓风机和鼓风机阀控制线都连接到位于火控室中的控制台（柜），并且不能连接至探测器，而只有鼓风机阀手动打开才能根据火灾情况驱动鼓风机。手动控制信号和行为恢复信号直接传输到每个楼层的烟雾控制系统控制单元。

烟雾控制系统由总线智能控制来控制。恒压鼓风机和空气供应阀分别设有输出控制模块和输入反馈模块。当发生火灾警报时，探测器检测到的火灾警报信号将通过两条总线发送到控制主机。主机指示相应的输出模块根据预编程的软件程序进行操作，打开防火地板以及上下楼层的阀门，并且启动正压鼓风机。正压鼓风机和阀门的位置状态（开/关）被反馈给主机，主机可以监视每个正压鼓风机和阀门的运行状态。对于每个正压鼓风机，在防火室的远程控制面板上都设置了一个手动开关，可以手动打开或关闭上述设备。

（三）排烟系统控制

排烟系统将烟雾清除并将其发送到新鲜空气中，进而稀释了建筑火灾产生的烟雾浓度，并在紧急情况下安全地疏散了员工。如果没有自然排烟条件，应采用机械排烟，并在适当的地方安装排烟口（阀门）和排烟器。如果未将设备连接到检测器，则排烟风扇和排烟设备的连接可以打开排烟口，并且排烟器可以自动启动。也就是说，当烧毁特定地板时，消防员必须手动操作相应的排烟阀，然后连接排烟机，同时关闭着火区域的通风和空调系统。

使用总线智能控制时，将为每个排烟器和排烟阀设置输出模块和输入模块。当发生火灾警报时，探测器检测到的火灾警报信号将通过两条总线发送到控制器。控制器根据预编程的软件程序操作相应的输出模块，以打开炉底和上下阀门，同时打开排烟口，关闭空调系统，并设置排烟口和阀门的位置（开/关）。对控制主机的反馈允许主机显示每个排气和每个阀门的运行状态。在消防控制室的联动控制面板中，为每个排烟器设置了一个手动开关，使能够手动打开或关闭上述设置。

（四）消防阀

防火阀由保险丝控制，以防止火势蔓延，排烟管中的保险丝温度与通风和空调管中的温度不同。在排烟管，通风和空调管上装有消防阀，万一发生火灾，执行机构会根据火灾报警电信号的作用自动打开阀门。当排气管的气流温度达到280℃时，管道消防阀保险丝熔断，消防阀关闭，关闭信号通过输入模块发送到控制器，相应的控制模块自动或手动激活以关闭排烟机。

当空调的送风管道中的空气温度达到70℃时，保险丝熔断，防火阀关闭，关闭信号通过输入模块发送给控制器，控制器按照连接关系向控制模块发送信号关掉机器。

控制室的主面板上会显示有关烟雾防护，通风和冷却设备的操作，运动和指示信号。

七、消防广播及通信系统

（一）紧急广播系统

紧急广播在结构上可以分为两种类型：多线广播和公共汽车广播。

1. 多线消防应急广播系统

多线消防系统由消防放大器，无线配电板和扬声器组成。广播放大器的声源包括指挥官的麦克风和广播电台（录音盒卡）发出的信号，并且在发生火灾时，消防员能够根据情况手动控制并确定要疏散的电台和层。

2. 公交式消防应急广播系统

总线型火灾应急广播系统由广播主机（例如，广播记录和播放磁盘，功率放大器磁盘，放大器），输出模块，交换接口和扬声器组成。如果某一层发生火灾，主机将指示紧急广播系统按照预先广播的软件程序进行操作，打开警报疏散信号源并指示相应的输出模块进行操作，以便火灾层以及上下扬声器可以自动进行紧急广播。警报声音，可让切换到总线。在消防控制室的联动控制面板中，为每个楼层的消防广播扬声器设置了一个手动开关，方便可以自动或手动播放每个楼层的消防广播扬声器 – 安装在主机上的紧急广播系统配有麦克风，消防部门指挥官指示工作人员撤离或扑灭大火。当广播公司广播未广播时，记录设备会自动记录广播内容。

（二）消防电话

在消防控制室（与消防局集成在一起，也称为无线通信柜）中安装了专用的消防电话，在发生火灾时提供必要的火灾警报和消防指挥官。使用直接呼叫模式而不拨打电话。每个分机进入时，总机将立即应答，话务员和分机可以通话；当话务员呼叫分机时，按相应的分机开关，分机将响铃，分机可以与话务员通话。拨打电话时，录音设备会自动记录通话。通过控制单元上的盒式录音和播放设备，可以查看呼叫。

第四节　自动喷水灭火系统

一、湿式自动喷水灭火系统

该系统由湿警报器，封闭的自动喷水灭火装置和管网组成。报警阀的上，下管一般装有加压水。

（一）范围

在 4℃至 70℃的建筑物中，必须使用湿式自动喷水灭火系统。

（二）技术特征

①如果由于系统管路中的增压水引发火灾，则自动喷水灭火装置立即开始洒水。该灭火系统受环境温度的严重影响，低温环境会使管道中的水冻结，高温环境会增加管道中的压力，并且在半工况下会损坏系统。

②封闭的喷淋头在系统中充当恒定温度检测器，并且在火灾和热环境中，喷淋头的热元件在升高到标称工作温度时会起作用，因此可以使用自己的系统自动检测火灾。角色。

③封闭式自动喷水灭火装置可在该系统中充当自动控制阀。激活热敏元件后，释放机构被释放，压力水在喷嘴处开启。因此，该系统可以根据其自身的组件，火源的位置和火势的蔓延，通过随机打开喷嘴来在固定点实现局部喷水。

④洒水器打开喷水口后，能够利用管道中形成的水压差使水流动并带动水流指示器，湿报警阀，液压报警铃和压力开关，实现就地和远程自动报警。

⑤仅取决于组件之间的连接，系统可以完全自动启动，但不能启动人为紧急操作。如果洒水器不移动，则系统将无法执行和执行喷水操作。

（三）系统配置及其工作方式

系统的特殊组件，例如洒水器，湿式报警阀，流量指示器，管网等。其中，湿式报警阀组为湿式报警阀，缓速器，液压警报器，压力开关与可显示打开和关闭状态的控制阀。配置为测试湿式报警阀，水流指示器和压力开关是否正常。排水测试阀和压力表。用于连接系统特殊组件的管道，包括配水支管，配水管和配水主管。

安装喷头。供水管是排水管。向排水管供水的主管是排水管。

需要在系统中设置以下其他组件：

①终端水质测试装置位于喷水头的每个消防区域和受系统保护的地板上的配水管最

不利的位置，用于检查系统和特殊组件的基本性能。末端水测试阀可以是手动阀或电磁阀。如果设施使用电磁阀来设置消防控制室，则可以直接从控制室启动测试阀，以方便检查和测试。

②排气阀设置在特定区域中管道的最低点，用于在系统打开时从通道中排出空气。

③排水阀设置在系统某些部分的管道的最低点，用于在系统维护期间排放通道中的水。

④将下水道排水管安装在碎屑堆积在系统管道上的地方。

⑤如有必要，将泄压阀设置在系统管道中最高水压的位置。

⑥减压设施包括减压孔，节流阀和减压阀。根据系统设置要求和水力计算，将系统设置在必须控制管道压力的区域。

⑦水流量指示器。水流量指示器安装在网络中，当超过一定流量的水通过管道时，可以发送电信号以指示水的流量。一般，水流指示器设置在自动喷水灭火系统的配水管上，当洒水器开启时，消防室用于标记洒水器开启的区域。有时也可以将其安装在水箱的排水管上。当系统打开时，水箱中的水被被动使用，水流指示器可以通过消防室发出电信号或直接启动供水以扑灭火灾。

⑧压力开关（压力继电器）。压力开关将水压的波动转换为电信号，并将其发送到消防室或直接发送电信号以打开泵或警报器。压力开关可以安装在警报信号管道或喷淋系统管道网络中。

该电子警报器可以在系统中用作辅助警报器，但不可代替液压警报器。

二、干式喷水灭火系统

干式自动喷水灭火系统是在湿式自动喷水灭火系统的基础上进行改进的，警报阀后面的管道中充满了压缩空气而不是压力水，而压力阀仍充满了环境压力水。温度要求。

（一）配置

干式洒水器系统包括密封式洒水器，管道系统，干式报警阀，报警装置，充气设备，排气设备和供水设备。发生火灾时，火源处的温度会升高，打开火源上方的洒水器，第一将管网中的压缩空气排出，在干式报警阀后，管网中的压力会下降。报警阀打开，水流入配水管网，水通过打开的喷头关闭。

（二）系统的范围和特征

1.覆盖

适用于环境温度低于4℃的建筑物和场所（或每年供暖期为240天或以上的未加热房间），比如未加热的地下停车场和冷藏库，且温度高于70℃。需要向上安装洒水器或使用干燥的自顶向下洒水器。

2.系统的主要功能

①由于系统警报阀后面的管网中没有水，因此可以避免结冰和水蒸气的风险，不受

环境温度的限制，可以在不能使用湿式系统的地方使用。

②比湿式喷水灭火系统昂贵，并且需要充气，因而增加了一套气球设备，从而增加了系统成本。

③干式系统的结构，维护和使用更加复杂，管道的密封性要求也更加严格。管道中的常压必须保持在一定范围内，当压力下降到一定值时，就必须膨胀。

④干燥系统的喷涂速度比湿式喷涂系统慢。由于在加热并打开喷嘴后，第一可以去除管道中的气体，然后将水排出，这会延迟灭火时间并降低灭火效率。

由于这个缺点，减少了干燥系统的应用范围。

（三）系统工作方法

干式报警阀连接到水源并充满水，干式报警阀后面的管网充满压缩空气，并且报警阀关闭。发生火灾时，关闭喷嘴的热元件移动，喷嘴释放出气体，管网中的气压逐渐降低。当它下降到恒定的气压值时，干式报警阀的低水压高于较高的气压。报警阀自动打开，压力水进入供水网络，剩余的压缩空气从打开的喷嘴排出，然后喷水灭火。干式报警阀的另一个压力数字进入信号通道，将液压报警钟和压力开关推至报警器，并启动泵以加压方式供水。干式系统的主要工作过程与湿式喷头系统之间的主要区别在于，喷头运行后会有排气过程，而干式喷头系统越大，其灭火效果和有效性就越大。因此，通常将排气加速器安装在干式报警阀的排放管上，以加快报警阀的减压过程，从而可以快速启动报警阀，使压力值迅速进入膨胀管网络，进而缩短了排气时间，并及时喷水。可以灭火。

（四）干湿喷淋系统简介

干湿自动喷水灭火系统是一种封闭的自动喷水灭火系统，具有干湿交替的系统，除修改了干式报警阀外，干湿系统的配置与干系统的配置几乎相同。干湿阀或干式报警阀和湿式报警阀的组合。干湿系统包括封闭式自动喷水灭火装置，管道系统，干式报警阀，湿式报警阀或干式和湿阀，报警装置，气球设备，供水设备等。

该系统在洒水管网中充满了加压气体，其工作原理与干式系统相同。在温暖的季节，管网被更换为充满水，其工作原理与湿式系统相同。

该系统结合了干式系统和湿式系统的优点，并交替使用它们来克服两个系统的缺点。

三、预作用自动喷水灭火系统

（一）配置

该系统由一个火灾探测系统，一个封闭的自动喷水灭火装置，一个预操作的阀门以及一个充满加压或非加压气体的管道组成。系统的管道一般没有水，并且在发生火灾时，火灾探测系统可以向管道供水。火灾探测系统由一个预操作的阀门控制，并配备一个手动打开的阀门装置。

（二）范围

适用于室温低于 4℃或高于 70℃或者不受水损坏的建筑物。

（三）技术特征

在半工作状态下，系统报警阀后面的配水管未注满水，因此干式系统不会因低温或高温环境对系统造成水损害，并且在自动喷水灭火装置发生故障时也不会损坏水。

收到警报信号时，预操作阀打开，系统排气，开始注水，转换为湿系统，并在喷嘴打开后立即喷水。报警阀后的配水管路的数量不应太大，以控制系统管路从湿态过渡到湿态的时间，并避免打开喷嘴后出现喷水延退。

在半工作状态下，系统的配水管道在报警阀后填充有加压气体，用于检查管道的密封性。

（四）工作原理

系统通常充满压缩空气或淋浴阀后面的管中有空管：一旦发生火灾，现场安装了带有自动喷水灭火装置的火灾探测器会第一检测到火灾并发送警报信号。控制器将警报信号切换到声音和灯光显示，打开雨水阀以允许水进入管道。并在短时间内完成注水的过程。原来的干燥系统可以快速自动地变成湿式系统。换句话说，在洒水器运行期间立即喷水灭火时，请完成干预过程：在操作洒水器之前，必须完成预操作时间，通常不超过三分钟。

自由作用自动喷水灭火系统主要在管网中充满低压空气，以监控管网的完整性。在正常情况下，可以通过由压力开关，控制器和小型空气压缩机组成的自动膨胀装置保持气压，若管网损坏，则小型空气压缩机的膨胀能力将不再保持其原始压力值。如果气压继续下降，压力开关会产生故障报警信号，以达到自动故障监测的目的。

四、雨淋喷水灭火系统

（一）系统的组成及分类

雨水喷淋灭火系统（或供水系统）提供了全面的保护，在运行过程中，系统中所有开放的喷淋头都可以同时喷水，立即喷出大量水以遮盖或关闭整个系统。就像雨水倾泻而下，控制着烈火的蔓延。

雨淋喷水灭火系统按其淋水管网充水与否可分为空管式雨淋喷水灭火系统和充水式雨淋喷水灭火系统两种。前者用于一般火灾危险场所，后者用于易燃易爆的特殊场所，要求快速动作，高效灭火。

（二）喷头特点

开式洒水喷头是无释放机构的洒水喷头，其喷头口是敞开的。按安装形式可分为直立式和下垂式；按结构可分为单臂和双臂两种。

（三）传动控制方式

传动控制系统有以下三种控制方式。

①手动控制方式适用于危险性小，给直径小于50mm的小干管供水时，且操作现场经常有人停留的地方，当发生火灾时，由人工及时地打开旋塞进行灭火。

②手动水力控制方式这种方式设有带动开关的传动管网和雨淋阀。适用于火灾危险性较小，保护面积较大，给水干管的直径＞70mm，失火时尚能来得及用人工开启系统的情况。

③自动控制方式适用于火灾危险性较大，保护面积较大，需要及时启动系统的情况。设置这种方式，还须同时设手动控制方式。所有严重危险的建筑物均采用雨淋喷水灭火系统。

（四）工作原理

通常，淋浴系统的传输管网络充满与进水管压力相同的水，并且淋浴阀由于传输系统的水压而紧密关闭。火灾后，火灾探测器检测到火灾，并立即向控制器发送火灾信号，将该信号转换为声光显示输出控制信号，打开水管网的传输阀并输送压力。如果补水为时已晚，则传动系统中的水压突然下降，因此雨水阀在供水阀的压力下会立即自动打开，水立即充满管网并通过打开的喷嘴喷水以防止或控制火灾。并且，压力开关和液压警报铃使用声音和光警报作为反馈准则，使消防控制室操作员可以确定是否按时启动。

五、水幕系统

是一种自动喷水灭火系统，由水幕喷嘴，管道和控制阀组成，用于停止，断开和冷却简单的防火隔断。

（一）配置和操作原理

水幕系统由水幕喷嘴，管道系统，控制阀等组成。因为水幕喷嘴喷出的水是水幕，因此通常不直接用于灭火，而是使用防火帘和防火幕。

①用于防火，火区和局部冷却保护；

②可以单独设置以保护门，窗，开口和建筑物的其他部分。

③水幕系统可以用作防火隔离物或防火隔板，以阻隔火灾。

④冷却防火隔板以提高耐火性。

⑤水膜的形成可防止火焰穿过开口，并避免火焰膨胀和扩散。

（二）范围

主要适用于舞台开口，防火帘和防火帘，例如工业车间，仓库，剧院，礼堂，礼堂，建筑物，门，窗户，开口等。消防水幕系统通常安装在以下场所：

①需要在建筑物中安装防火墙，但是由于过程要求，无法设置防火分区的打开位置。

②相邻建筑物之间的防火间隙，例如可燃飞檐，如门，窗，孔等。

③在建筑物或过程设备区域中，存在不同生产类型的零件。

④用防火帘和帘板更换防火门窗；

⑤剧院，礼堂和有超过 1500 个座位的礼堂的舞台入口，具备 800 多个座位的高层建筑物，舞台，门，窗户，开口和与室内舞台相连的其他部分

⑥需要用火隔开的地下工程隧道和铁路段；

⑦生产类型不同，火灾风险高的企业边界处的火隔离距离不能满足需求

⑧自动扶梯或螺旋楼梯穿过地板的地方。

（三）系统分类

防火帘可根据其功能分为三种类型。

①冷却帘用于冷却保护，可与简单的防火设备（例如，防火卷帘）一起使用，以增强简单防火分区的耐火性。可以将水雾直接喷射到设备，容器，建筑物和窗户表面上，以减少火焰辐射热对设备，容器和建筑物的影响。仅适用于室外设备，血液应与水滴一起使用，喷雾液滴应在室内使用。

②防火水幕用于防止火焰或热烟从火中渗透，降低火焰烟雾温度，保护水幕背面的建筑物，设备和容器并防止火势蔓延。

③应在不可能安装防火隔板的地方安装防火水帘，并可以使用防火水帘胶带分隔区域，以免火势蔓延，不可用作防火墙。

六、水喷雾灭火系统

喷水灭火系统是通过特殊结构的喷水喷嘴喷射高压水，以雾状喷洒燃烧物质，并通过冷却，窒息和稀释来灭火。喷水灭火系统是一种开放式自动喷水灭火系统。

（一）系统配置

喷水灭火系统由喷水嘴，管网，雨水阀组，给水装置，火灾自动报警控制系统等组成。淋浴阀组包括淋浴阀，电磁阀，压力开关，液压警报器，压力表和配套的通用阀。

（二）工作原理

喷水灭火系统可以设计为固定式或移动式。固定式是连接消防栓或消防泵的水管并安装喷枪，可移动式可用作固定喷雾系统的辅助系统。一般，管网充满低压水。发生火灾时，火灾探测器会检测到火灾信息。控制阀以电子方式打开着火区域中的控制阀，或者火灾探测驱动系统自动打开着火区域中的控制阀和消防泵。管网中的水压增加。当水压达到一定值时，喷水头中的压力开始从盖子上掉落，并且喷水头将水喷到一起灭火。

（三）保护目的和范围

闪点高于 60℃ 的喷水灭火系统适合扑灭固体，电气和液体火灾。它也可用于有火灾隐患的工业设备，有粉尘火灾（爆炸）隐患的车间以及具有特殊可燃材料（例如橡胶）的火灾隐患场所。

必须考虑要保护的对象的特性，可燃材料的着火特性以及周围环境。具体应用在航

空，化工，机电，炼油，制粉等工业建筑中。

喷水灭火系统不适用于以下情况：

①与水反应后会与水剧烈反应的物质和危险物质

②未打开的容器，没有足够的溢流设备和排气装置

③加热工作温度为120℃或更高的易燃液压无盖容器

④储存期间，热的物质和易于蒸发的物质在沸腾后会溢出，从而导致危险情况。

（四）系统的主要特征和功能

喷水系统的主要特点是水压高，雾滴小，分布均匀，水雾绝缘性好，在灭火过程中会产生大量蒸汽。具有以下消化作用：

①冷却和灭火效果当喷水到达可燃表面时，因为水温低于易燃着火温度，水温冷却了易燃物。

②窒息和灭火作用着火时温度持续升高，水滴在高温下迅速蒸发，产生大量蒸汽，导致着火点处的氧气浓度低，并且由于缺乏氧气而燃烧可燃物质。结束了

③灭火剂的作用由于喷水覆盖易燃液体表面层的作用，形成了乳化混合物，使可燃液体难以继续燃烧。适用于重油产品灭火。

④稀释灭火作用易燃的水溶性易燃液体可用喷水稀释。

七、循环启闭自动喷水灭火系统

该系统是基于预操作系统的新型自动喷水灭火系统。该系统不但可以自动喷水，还可以在灭火时自动关闭。

（一）系统操作

它的组成和工作原理类似于主动系统。

（二）具有定期打开和关闭的水雾灭火系统的特征

①循环伸缩式自动喷水灭火系统的功能优于所有自动喷水灭火系统，其应用范围不受限制。

②灭火后可自动切断电源，以节省灭火用水，最重要的是，将灭火所造成的水损害降至最低。

③发生火灾后，能够在运行状态下立即更换喷头，而无需关闭系统，通常，喷头或管网损坏不会损坏水。

④可以在系统电源关闭时自动切换备用电池的运行：如果在恢复供电之前电池已被锁定，则电磁阀将打开，并且系统将作为湿式系统运行。

⑤系统造价较高，通常只用在特殊场合。

八、自动喷水灭火系统的主要构件

（一）喷嘴

洒水喷头负责探测火灾，启动系统，喷射水以扑灭火灾，并且是系统的主要组件之一。

按照结构和目的，它可以分为封闭式喷嘴和开放式喷嘴。根据热敏元件的不同，封闭式洒水器分为玻璃球洒水器和易熔元素洒水器。

根据水盘的形状和安装方法，它分为立式洒水器，下托盘洒水器，侧壁洒水器和普通洒水器。开放式洒水器分为三种类型：开放式洒水器，水幕式洒水器和喷雾洒水器。

（二）报警阀

报警阀是自动喷水灭火系统的重要组成部分之一，一般仅在发生火灾时才关闭和打开。报警阀按湿式报警阀，干式报警阀和淋浴系统分为三种。

1. 湿式报警阀

主要用于湿式自动喷水灭火系统。它的作用是打开并自动打开自动喷水灭火装置，以便管网中的水流动。水流警报铃和压力开关发送以下警报信号。

2. 干燥报警阀

用于干式喷水灭火系统。

3. 雨淋花洒阀

主要用于花洒系统，自由动作自动喷水灭火系统，水幕系统及喷水系统。

（三）消防泵和水泵结合器

消防泵是自动喷水灭火系统的主要供水。它由两组主泵和备用泵组成。大多数使用自吸式离心泵来满足自动吸油的要求。消防泵的流量和过程是根据受保护建筑物的面积和高度通过计算确定的。

消防泵接头是自动喷水灭火系统的临时供水。设备在建筑物外部的位置，方便连接消防车，由系统的耗水量决定，通常为 2 个或更多，每个水泵结合器的流量为 10 ~ 15L/s。

（四）警报控制设备

警报控件具有检测火灾，发出警报，启动系统和维持系统运行的能力。它主要由流量指示器，压力开关，液压警铃，延时器和消防紧急按钮组成。

1. 水流量指示器

能够将水流信号转换为电信号的设备，通常安装在系统每个分区的供水主管中。当消防喷淋头开启水喷雾或管道泄漏时，水流过装有水流指示器的管道，水流指示器将水流信号转换为电信号，并将其发送到警报控制器或消防控制室。显示喷头区域以支持电子警报。

2. 压力开关

压力开关是自动喷水灭火系统中重要的液压传感器继电器，被称为警报器和水警铃。压力开关可用于湿式，开放式和预作用喷水灭火系统，通常安装在缓速器的顶部。当系统喷水灭火时，若管网中的水压在 5 到 90 秒内下降到一定值，压力开关动作会将管道的水压变化转换为电信号，并与水流指示器配合以实现防火可以自动控制水泵或反馈信号控制喷水灭火，以提高电铃的警铃警报。

3. 液压警铃

液压警铃是在水流的影响下发出声音的警报设备，通常安装在延迟设备的后面。如果管网中的水不断流动并且缓速器中充满水，水将流入液压警报器和压力开关，在电流的影响下，液压警报器将发出警报。

4. 延时器

延迟器主要用于湿式灭火系统，其作用是防止误报。一旦发生火灾，洒水器会不断喷水，湿警报阀完全打开，水继续通过湿警报阀流入缓速器，缓速器在 30 至 60 秒内充满。要使其响亮，请敲响闹钟。并且，启动压力开关以将电信号发送到消防室。

5. 消防紧急按钮

紧急按钮是自动喷水灭火系统的手动报警和启动消防水泵的装置。它通常安装在建筑物的人行道，服务台和值班室中，并直接连接到自动喷水灭火系统的警报控制器或消防泵。

九、自动喷水灭火系统的设计

自动喷水灭火系统的设计应基于其他特性的火灾隐患特性，然后根据建筑物的重要性，环境因素和装饰要求选择自动喷水灭火系统的类型。用于设计安全，可靠，经济，合理，科学和标准化的系统的组件。

（一）建筑物火灾危险等级的划分

任何要安装自动喷水灭火系统的建筑物或建筑物的一部分应基于建筑物内生产或储存的可燃物的特性，数量和装载条件，着火时的灭火便利性以及建筑物本身的耐火性。另一个因素是，建筑物分为多个危险等级。当为具有不同火灾危险等级的建筑物设计自动喷水灭火系统时，所需的喷水温度，有效区域，着火持续时间和洒水压力是不同的，按火灾危险程度对建筑物开展分类主要考虑以下因素：

①由建筑物内储存或生产的可燃物的性质，数量，燃烧率和放热决定。不同类型的易燃材料具有不同的着火危险，不同的燃烧特性，不同的热量和燃烧释放的燃烧温度。

根据易燃材料的数量，会产生不同数量的热量，这将改变火灾的持续时间 c 除了影响系统类型的选择之外，可燃材料的燃烧速率和发热速率还影响建筑物火灾危险等级的分类。

②建筑物的形状，建筑物的高度和易燃材料的松动是对建筑物中火灾隐患等级进行

分类的另一个重要因素。

a. 当松散地堆叠时，暴露于空气的比表面积大，燃烧期间的氧气供应高，燃烧速度快，并且热值自然地增加。设计自动喷水灭火系统时，所需的喷雾强度会增加。

b. 高装载高度和高数量从喷嘴喷出的水难以快速有效地扑灭火焰，由于难以扑灭点燃下部的可燃物。为了有效控制和熄火，需要增加喷水强度，操作中的喷嘴数量和浇水时间。

c. 如果将不同类型的层压材料用于不同类型的包装，不同的火灾危险等级和相应的设计基本数据要求。

③建筑物本身各组成部分的耐火性和建筑物的耐火等级是影响自动喷水灭火系统设计的其他因素。建筑物的高耐火性可以有效防止火灾蔓延到周围的建筑物，不受其他建筑物火灾的影响。该组件具有出色的防火性，可降低水的喷射强度并扩大防火面积。在高层建筑中，可以增加自动喷水灭火装置的运行，以防止洒水喷嘴在非火灾区域启动。必须设置挡块或隔板，以便及时启动着火区的洒水喷头。

④外部环境水平和工业化程度也影响建筑物火灾危险等级的分类。

在设计消防自动喷水灭火系统时，按照影响建筑物火灾危险性的上述因素，将其分类如下：

a. 具有轻微火灾隐患的建筑物的易燃性较低，且燃烧速率和发热量较低。如展览馆，体育馆，观众室，储藏室，贵宾室等公共场所。

b. 中度火灾危险级别的建筑物的特征是燃烧速度中等，易燃材料产生热量，在火灾初期不会引起严重的燃烧。木材工厂加工室，服装工厂加工车间，百货公司营业厅等。

c. 严重的火灾隐患等级建筑物有发生火灾的高风险，高度易燃，燃烧率高和产生热量，会导致强烈的燃烧，从而在火灾中迅速蔓延。剧院舞台，演播室，电视演播室，液化石油气储罐和储藏室等。

（二）基本设计数据的确定

基本设计数据一般包括喷雾强度，有效面积，喷嘴操作次数，每个喷嘴的保护面积，最不利点的喷嘴压力以及理论给水。

1. 喷水强度

喷水强度是喷水灭火系统设计中最重要的控制数据。具有不同火灾风险的建筑物必须具有足够的喷水强度，以在发生火灾时实现防火和灭火效果。具体要求是依据中国的《自动喷水灭火系统设计规范》法规设计的。

2. 操作区域

喷水灭火系统可达到的最大有效喷水面积，可确保喷水强度和均匀的喷水性能。活动区的大小主要取决于建筑物的燃烧特性（包括存储在建筑物中的易燃物），易燃物质的数量和燃烧时间。

3. 喷嘴移动

喷嘴运动数与运动区域密切相关，在选择喷嘴并确定运动区域时，可以确定喷嘴的最大运动数。

4. 最坏点的喷嘴压力

通常为 0.1MPa，最小值应至少为 0.05MPa，这取决于喷头的特性和喷水强度的要求。在设计时，要确定最不利点的喷嘴压力，并且必须按照每个喷嘴在此压力下的保护区域（取决于喷射强度）来计算要在整个有效区域中配置的喷嘴数量。

5. 理论和设计用水量

理论耗水量，即喷水强度乘以有效面积，然后乘以消化时间，该乘积的值即为理论值。实际上，每个洒水喷头的注水不能完全相同，并且由于偏差范围和其他失水因素，理论用水量通常应乘以 1.15 至 1.3 的系数，即设计用水量。理论上是耗水量的 1.15 至 1.3 倍。

（三）选定给水源

自动喷水灭火系统的水源可划分为有限源和无限源。受限水是指受限水，无限水是无限水。

1. 来源有限

表示压力浴，硬化剂和其他定量来源。受限制的水源通常用于轻度火灾隐患的建筑物，允许的自动喷水灭火装置的数量不超过 1.000，每个保护区的自动喷水灭火装置的数量不超过 100。

2. 无限来源

一次性自动喷水灭火系统的消防用水，具有足够能力为消防泵供水的城市供水网络（包括城市逃生水，加压供水设备，中型水箱），高位水箱和水池着火危险等级在这座低矮或中等的建筑中，可以使用无限量的水。轻度火灾危险等级在建筑物中使用时，允许的喷嘴数量为 2000 个或更少，并且每个备用区域中的喷嘴数量为 500 个或更少。当用于中等火灾危险等级的建筑物中时，允许的喷嘴数量为 1000，每个保护区内的喷嘴数量不超过 500。

若将两个有限且无限的水源结合起来用于供水，则可以在任何火灾隐患级别的建筑物中使用它，但允许的自动喷水灭火装置总数不超过 5000。使用两个无限水源和一个受限水源进行联合供水的自动喷水灭火系统允许的自动喷水灭火装置总数不超过 10000；使用两个无限的水源和两个有限的水源，自动喷水灭火系统总共可以喷水 20000 次。

①压力水箱应位于自动喷水灭火装置的中央或洒水受到保护的建筑物的无障碍室内，该室内应无可燃材料，并且结构部件必须符合规定的耐火性要求是的提供其他房间的防火措施。另外，压力水箱安装室应采取措施防止水箱冻结和机械损坏。有关特定要求，请参见《火灾自动喷水灭火系统设计规范》。

②高位水箱（或水池）高位水箱是通过专用水管连接到自动喷水灭火系统的水桶。先进水箱的测量高度必须满足自动喷水灭火系统的工作压力，并且可以保证始终提供自动喷水灭火系统所需的水量。

③消防泵的供水应位于自动喷水灭火系统的中央或自动喷水灭火系统建筑物的房间内。消防泵的建筑结构，建筑和装饰材料必须符合《火灾自动喷水灭火系统设计规范》。

④中间储罐（储罐）需要用于自动喷水灭火系统的中间储罐（通常用于高层区域的供水），该中间储罐可以是钢结构或钢筋混凝土结构，并且能够在空中或地下类型池有六个要求。

a. 水库的水量可满足自动喷水灭火系统所需的全部水量。

b. 如果将水库的水容量用作有限的水源，则应将其用于火灾隐患较低的建筑物中，池容量应至少为 5m；严重火灾隐患在建筑物中，泳池容量超过 70 立方米。

c. 应保护池塘免受腐蚀和霜冻。

d. 池中的自动注水应通过两个或多个供水系统完成，而不是使用外部电源。在游泳池的供水管线中，应根据水流方向设置止回阀和污泥固液分离器，并在分离器之前及之后安装压力表以确认分离工作。

e. 池塘应有易于阅读的水流指示，必要时应安装溢流管。

f. 游泳池必须配备清洁和排水管以清洁游泳池。

第八章 电气防火

第一节 电气防火安全基础知识

一、电气火灾原因分析与防护措施

（一）电气火灾与爆炸的原因

1. 电气火灾

因为电气方面原因产生的火源而引起的火灾称为电气火灾。

2. 电气火灾与爆炸的原因

（1）电气设备短路

凡电流未经一定的用电负载、阻抗或未按规定路径而就近自成通路的状态，称为短路。如几条相线直接碰触在一起，或者中性点接地系统的相线与零线或大地相碰等。此时导线的发热量剧增，不但能使绝缘燃烧，而且还会使金属熔化或者引起邻近的易燃、可燃物质燃烧酿成火灾。发生短路的原因主要有：

①导体的绝缘由于磨损、受潮、腐蚀、鼠咬，以及老化等原因而失去绝缘能力。

②设备长年失修，导体支持绝缘物损坏或包裹的绝缘材料脱落。

③绝缘导线受外力作用损坏，比如导线被重物压轧或被工具等损坏。

④架空裸导线弛度过大，风吹造成混线；线路架设过低，搬运长、大物件时不慎碰到导线，以及导线与树枝相碰等，都会造成短路事故。

⑤检修不慎或错误造成人为短路。

（2）电气设备过负荷

当电流通过导线时，由于导线有电阻存在，便会引发导线发热。导线允许连续通过而不致使其过热的电流量，称为导线的安

全载流量。如果实际电流超过了安全载流量，就称作过负荷。这时，导线温度就会超过最高允许温度，其绝缘层老化将加速。若是严重过负荷或长期过负荷，则绝缘层就将变质损坏而引起短路着火。发生设备过负荷的原因主要有：

①电气设备规格选择过小，容量小于负荷的实际容量。

②导线截面选得过细，与负荷电流值不相适应。

③负荷突然增大，如电机拖动的设备缺少润滑油、磨损严重传动机构卡死等。

④乱拉电线，过多地接入用电负载。

（3）电气设备绝缘损坏或老化

绝缘损坏或老化会使绝缘性能降低乃至丧失，从而造成短路引发火灾。引起绝缘老化的原因主要有：

①电气因素。绝缘物局部放电；操作过电压或雷击过电压；事故或过负荷的过电流等。

②机械因素。旋转部分、滑动部分、接触部分的摩擦损耗；结构材料的屈曲、扭曲、拉伸等运动或异常振动、冲击等的反复作用等。

③热因素。温升过高使绝缘物热分解、氧化等的化学变化、气化、硬化、龟裂、脆化；设备反复起动、停止、温升、温降的热循环，使结构材料间因热膨胀系数不同产生应力等。

④环境因素。周围有害物质（煤气、油、药品等）的腐蚀；阳光、紫外线长期照射和氧化作用；老鼠、白蚁等咬坏电线、电缆，以及水浸等。

⑤人为因素。施工不良、维护保养不善或者设备选型不当等。

（4）电气连接点接触电阻过大

在电气回路中有许多连接点，这些电气连接点不可避免地产生一定的电阻，这个电阻叫做接触电阻。正常时接触电阻是很小的，可以忽略不计。但不正常时，接触电阻显著增大，使这些部位局部过热，金属变色甚至熔化，并能引起绝缘材料、可燃物质的燃烧。电气连接点接触电阻过大的原因主要有：

①铜、铝相接并处理不好。如对铜、铝导线用简单的机械方法连接，尤其在潮湿并含盐环境中，铜铝接头就相当于浸泡在电解液中的一对电极，铝会很快丧失电子而被腐蚀掉，使电气接头慢慢松弛，导致接触电阻过大。

②接点连接松弛。螺栓或螺母未拧紧，使两导体间接触不紧密，尤其在有尘埃的环境中，接触电阻显著增大。当电流流过时，接头发热，甚至产生火花。

（5）电火花与电弧

电火花是电极间放电的结果，大量密集的电火花构成了电弧心电弧温度可达3000℃～5000℃，因此它们能引起周围可燃物质燃烧，使金属熔化或飞溅，构成危险的火源，引发火灾。电火花可划分为工作火花和事故火花两类。工作火花是指电气设备正常工作或操作时产生的火花（如通断开关、插拔插头时产生的火花）；事故火花是指电气设备发生故障时产生的火花（如导线短路时产生的火花、熔丝熔断时产生的火花），以及由外来原因产生的火花（如雷电、静电、高频感应等产生的火花）。产生电火花和电弧的原因主要有：

①导线绝缘损坏或导线断裂引起短路，从而在故障点会产生强烈的电弧。

②导体接头松动，引起接触电阻过大，当有大电流通过时便会产生火花与电弧。

③架空裸导线弧垂过大，遇大风时混线而产生强烈电弧。

④误操作或违反安全规程，如带负荷拉开关、在短路故障未消除前合闸等。

⑤检修不当，如带电作业时因检修不当而人为地造成了短路等。

⑥正常操作开关或熔丝熔断时产生的火花。

（二）电气防火与防爆的一般措施

防止电气火灾与爆炸，必须采取严密的综合措施。它包括组织措施（如严格执行规程、规章制度及有关政策法令等）和众多相配套的技术措施两大方面。

按照电气火灾与爆炸的成因，预防的根本性技术措施可概括为三类：现场空气中排除各种可燃易爆物质；避免电气装置产生引起火灾和爆炸的火源；改善环境条件（主要包括土建等方面，从这方面预先使用适当措施，可减少火灾与爆炸事故发生的可能性及发生后造成的损失）。

1. 排除可燃易爆物质

①保持良好通风和加速空气流通与交换，能有效地排除现场可燃易爆的气体、蒸汽、粉尘和纤维，或把它们的浓度降低到不致引起火灾和爆炸的限度之内。这样还有利于降低环境温度，这对可燃易爆物质的生产、储存、使用及对电气装置的正常运行都十分重要。采用机械通风时，供气中不应含有可燃易爆或其他有害物质。事故排风用的电动机控制设备，应安装在事故情况下便于操作的地方。

②加强密封，减少可燃易爆物质的来源。可燃易爆物质的生产设备、储存容器、管道接头和阀门等均应严密封闭并经常巡视检测，以避免可燃易爆物质发生跑、冒、滴、漏等现象。

2. 排除各种电气电源

①对正常运行时会产生火花、电弧和危险高温的电气装置，不应设置在有爆炸和火灾危险的场所。

②爆炸和火灾危险场所内的电气设备，应根据危险场所的等级合理选用防爆电气设备的类型，以适应使用场所的条件和要求。

③电力设备和线路在布置上应使其免受机械损伤，并应防尘、防腐、防潮和防日晒雨雪。安装验收应符合规范，要定期检修试验，加强运行管理，确保安全运行。

④所有突然停电有可能引起电气火灾和爆炸的场所，要有两路及两路以上的电源供电，且两路电源之间应能自动切换。

⑤在爆炸和火灾危险场所内，各电气设备的金属外壳应有可靠接地或接零，以便碰壳接地短路时能迅速切断电源，防止短路电流产生高温高热引发爆炸与火灾。

3.改善环境条件

变、配电装置及有爆炸性危险场所的设置、建筑、防火间距等应符合国家相关的规范。

4.保证电器设备的防火间距及通风

（1）保持防火间距

选择合理的安装位置，保持必要的安全间距，是防火防爆的一项重要措施。为了避免电火花或危险温度引起火灾，各种电器用具或设备的设置都应避开易燃易爆物品。对电气开关及正常运行时产生火花的电气设备，离开可燃物存放地点的距离不应少于3m。变配电所内由于电气设备多且有些在工作时温度较高或会产生电火花，因此其防火防爆要求更严。

（2）对设备实施密封

在有爆炸危险场所装设电气设备时，对其实施密封是局部防爆的一项重要措施。密封是指将产生电弧、电火花的电气设备与易燃易爆的物质隔离开来而达到防爆目的。此外，在发生局部燃烧爆炸时，密封还可以防止事故的进一步扩大。

（3）保持通风良好

①变压器室一般采用自然通风。若采用机械通风，送风系统不应与爆炸危险场所的送风系统相连，且供给的空气不应含有爆炸性混合物或其他有害物质。

②蓄电池室可能有氢气排出，故更应注意良好的通风。

③爆炸危险场所内事故排风用的控制开关应设在便于操作的地方，并妥善管理。

④通风系统的电源必须可靠，应使用双回路供电方式。

5.正确选用和安排电气设备

（1）电气设备的选用

电气设备所产生的火花、电弧或危险温度，都能引起危险场所的火灾或爆炸事故。因此，电气设备根据产生火花、电弧或危险温度的特点采取多种防护措施，同时按防护措施的不同，它们可分多种类型。实践中，应根据使用环境的危险程度来正确地选择：

①火灾危险场所电气设备的选型。正常运行时有火花的和外壳表面温度较高的电气设备，应尽量远离可燃物质。在有火灾危险的场所选用电气设备时，应根据场所等级、电气设备的种类和使用条件进行选择。

②爆炸危险场所电气设备的选型。选用时应根据爆炸危险场所的类别、等级和电火花形成的条件，并结合爆炸性混合物的危险性进行选择。

③危险场所线路导线的选择。对用于火灾爆炸危险场所的线路导线除应满足通常安全要求外，还应符合防火防爆要求：应有足够的机械强度，绝缘导线都要穿钢管敷设，耐热等。

（2）设备安装时的注意事项

①安装施工中不能损伤导体的绝缘；电缆沟敷设必须考虑防积水与鼠害的措施；在不需拆卸检修的母线连接处，要采用熔焊或钎焊；在螺栓连接处应防止自动松脱。

②危险场所不准装设插座或敷设临时线路，同时严禁使用电热器具。

③露天安装时应有防雨、防雪措施；在高温场所应采用瓷管、石棉、耐热绝缘的耐热线；在有腐蚀介质的场所，应采用铅皮线或耐腐的穿管线。

④有爆炸危险的场所，应将所有设备的金属部分、金属管道以及建筑物的金属结构全部接地（或接零）。

⑤有爆炸或火灾危险的场所，安装人员不应穿戴腈纶、尼龙及涤纶织物的服装和袜子、手套、围巾。同时，所使用的工具也应尽量不采用塑料或尼龙制品。

6. 防止设备故障及过负荷

保持电气设备的正常运行，避免产生过大的工作火花及出现事故火花与危险温度，对于防火防爆有着重要意义。运行中由于种种原因，有时会出现设备故障或过负荷，并进而引发电气火灾或爆炸事故。对此，实践中应分类采取相关措施。

（1）防止电气设备发生短路的措施

①电气设备的安装应严格按要求施工。对于不同的场合应选用不同类型的电气设备和安装方式。如在潮湿和有腐蚀介质的场所，应采用有保护的绝缘导线如铅包线、塑线，或者用普通绝缘线敷设在钢管内或塑料管内。

②导线绝缘强度必须符合电源电压的要求。即用于220V电压的绝缘导线应选用250V级，用于380V电压的绝缘导线应选用500V级。

③应定期用绝缘电阻表检测设备的绝缘情况，发现问题要及时处理。

④敷设线路时，导线之间、导线对地及对建筑物的距离应符合规定的安全距离要求。

⑤穿墙或穿越楼板的导线，应用瓷管或硬塑管保护，以免导线绝缘遭到损坏。

⑥应安装符合规定的熔断器及保护装置，使线路发生短路时能迅速切断电源。

（2）防止电气设备过负荷的措施

①通过导线的电流不得超过其安全载流量。不能在原线路上擅自增加用电设备。

②电气设备的容量要与实际负载功率相匹配，也不要"大马拉小车"造成浪费。

7. 防止电气设备绝缘老化

根据不同环境选择安装位置，尽最大程度避开热源、阳光直射处以及含腐蚀介质场所，平时要防止设备超负荷运行。

8. 防止接触电阻过大

导线与导线或导线与电气设备接线端子的连接，应接触良好，在易发生接触电阻过大的部位，可涂上变色漆或安放示温片，便于监督。

（三）电气防火检查

电气防火检查的目的是发现和消除电气火灾隐患。电气防火检查的主要内容如下：

1. 电能生产、输配和使用中的电气火灾隐患

比如发电机、变压器、用电设备、开关保护装置、导线电缆等的安装敷设位置、耐火等级、防火间距、运行状况（过负荷、异常现象、故障史等）、绝缘老化情况、保护装置完好状况等。

2. 电气防火工程是否完整有效

如消防电源系统的电源数量、电源种类、配电方式、电源切换点、配线耐火性能与措施、火灾应急照明与疏散指示标志的位置、照度、亮度装置耐火性、火灾自动报警装置与联动系统。

二、电气安全基础

电力系统是由发电厂、电力网和用户组成的统一整体。由于目前电能还不能大规模地储存，发电、供电和用电是同时进行的，因此，用电事故发生后，除可能造成电厂停电，引起设备损坏、人身伤亡事故外，还可能影响电力系统的稳定，进而造成系统大面积停电，给工农业生产和人民生活造成很大的影响。对有些重要的负荷如冶金企业、采矿企业、医院等，可能会产生更严重的后果。同时，电能是由一次能源转换而得的二次能源，在应用这种能源时，若处理不当即可能发生事故，危及生命安全和造成财产损失。如：电能直接作用于人体，将造成电击；电能转化为热能作用于人体，将造成烧伤和烫伤；电能离开预定的通道，将构成漏电或短路，从而造成人身伤害、火灾、财产损失。

因此，人们只有掌握了用电的基本规律，懂得用电的基本知识，按操作规程办事，切实防止各种用电设备事故和人身触电事故的发生。

（一）电气安全基础知识

1. 电对人体伤害的种类

当人体发生触电时，电流会对人体造成程度不同的伤害，一般可分为两种类型：一种称为电击；另一种称为电伤。

（1）电击及其分类

电击是指电流通过人体时所造成的内部伤害，它会破坏人的心脏、呼吸及神经系统的正常工作，甚至危及生命。

绝大部分触电死亡事故都是由电击造成的。电击还常会给人体留下较显著的特征：电标、电纹、电流斑。电标是在电流出入口处所产生的革状或炭化标记。电纹是电流通过皮肤表面，在其出入口间产生的树枝状不规则发红线条。电流斑则是指电流在皮肤表面出入口处所产生的大小溃疡。

电击又可分为直接电击和间接电击两种：直接电击是指人体直接触及正常运行的带电体所发生的电击。间接电击则是指电气设备发生故障后，人体触及意外带电部分所发

生的电击。因此，直接电击也称为正常情况下的电击，间接电击也称为故障情况下的电击。

直接电击多发生在误触相线、闸刀或其他设备带电部分。间接电击大都发生在大风刮断架空线或接户线后，断线搭落到金属物上，相线和电杆拉线搭连，电动机等用电设备的线圈绝缘损坏而引起外壳带电等情况下，在触电事故中，直接电击和间接电击都占有相当比例，因此，采取安全措施时要全面考虑。

（2）电伤及其分类

电伤是指由电流的热效应、化学效应或机械效应对人体造成的伤害。电伤多见于人体外部（特殊情况下可伤及人体内部），并且常会在人体上留下伤痕。它一般可分为如下三种：

①电弧烧伤，也叫电灼伤，是最常见也最严重的一种电伤。多是由电流的热效应引起，但与一般的水、火烫伤性质不同。具体症状是皮肤发红、起泡，甚至皮肉组织破坏或被烧焦。通常发生在：低压系统带负荷，拉开裸露的闸刀开关时电弧烧伤人的手和面部；线路发生短路或误操作引起短路；开启式熔断器熔断时炽热的金属颗粒飞溅出来造成电灼伤等。高压系统因错误操作产生强烈电弧导致严重烧伤；人体过分接近带电体（间距小于安全距离或放电距离），一旦产生强烈电弧时便很可能造成严重电弧烧伤而致死。

②电烙印。当载流导体较长时间接触人体时，因电流的化学效应和机械效应作用，接触部分的皮肤会变硬并形成圆形或椭圆形的肿块痕迹，如同烙印一样，故称电烙印。

③皮肤金属化。由于电弧或电流作用产生的金属微粒渗入了人体皮肤表层而引起，使皮肤变得粗糙坚硬并呈特殊颜色（多为青黑色或褐红色），因此称为皮肤金属化。它与电烙印一样都是对人体的局部伤害，且多数情况下会逐渐自然褪色。

2. 电对人体伤害程度的影响因素

由于电对人体的伤害是多方面的，如前所述的电灼伤、电烙印和皮肤金属化。还有电磁场能量对人体的辐射作用，会导致头晕、乏力和神经衰弱等症状。但主要指电流通过人体内部时对人体的伤害即电击。因为电流通过人体，会引起针刺感、压迫感、打击感、痉挛、疼痛乃至血压升高、昏迷、心率不齐、心室颤动等症状，严重时会导致人死亡。

电对人体的伤害程度与通过人体电流的大小、电流通过人体的持续时间、电流通过人体的途径、电流的频率、作用于人体的电压以及人体的状况等多种因素有关，并且各因素之间，特别是电流大小与作用时间之间有着密切的关系。

（1）伤害程度与电流大小的关系

通过人体的电流越大，人体的生理反应越明显、感觉越强烈，引起心室颤动所需的时间越短，致命的危害就越大。

①感知电流。引起人的感觉（如麻、刺、痛）的最小电流称为感知电流。对于不同的人，感知电流也不相同，成年男性对于工频电的平均感知电流的有效值约为1.1mA（直流5mA），成年女性的平均感知电流有效值约为0.7mA。感知电流通常不会造成伤害。

②摆脱电流。电流增大超过感知电流时，发热、刺痛的感觉增强。当电流增大到一

定程度，触电者将因肌肉收缩、发生痉挛而紧抓带电体，将不能自行摆脱电源。

触电后能自主摆脱电源的最大电流称为摆脱电流。对一般男性平均值为 16mA；女性约为 10mA；儿童的摆脱电流值较成人小。摆脱电源的能力将随着触电时间的延长而减弱，一旦触电后不能及时摆脱电源，后果将极其严重。

③致命电流。在较短时间内会危及生命的电流称为致命电流。电击致死的主要原因，大都是由于电流引起了心室颤动而造成的。因此，通常将引起心室颤动的电流称为致命电流。

（2）伤害程度与电流作用于人体时间的关系

引起心室颤动的电流即致命电流，其大小与电流作用于人体时间的长短有关。作用时间越长，便越容易引起心室颤动，危险性也就越大。这是因为：电流作用时间越长，能量积累增加，室颤电流便减小。电流通过脊髓时，很可能会使人截瘫；若通过中枢神经，会引起中枢神经系统强烈失调，造成窒息，致使死亡；若作用时间短促，只有在心脏波动周期的特定相位上才可能引起室颤。作用的时间愈长，与该特定相位重合的可能性便愈大，室颤的可能性也就愈大，危险性越大；作用时间越长，人体电阻就会因皮肤角质层遭破坏或是出汗等原因而降低，导致通过人体的电流进一步增大，显然受电击的危险性也随之增加。

（3）伤害程度与电流途径的关系

电流通过大脑是最危险的，它会立即引起死亡（但这种触电事故极为罕见）。绝大多数场合是由于电流刺激人体心脏引起心室纤维性颤动致死。因而大多数情况下，触电的危险程度取决于通过心脏的电流大小。当电流从手到脚及从一只手到另一只手（其中尤以从右手到脚）时，触电的伤害最为严重。

（4）伤害程度与电流频率的关系

触电的伤害程度还与电流的频率有关。由试验得知，频率在 30Hz ~ 300Hz 的交流电最易引起人体室颤。而工频交流电频率为 50Hz，正属于这一频率范围，故触电时也最危险。所以，同样电压的交流电，其危险性就比直流电更大一些。在此范围外，频率越高或越低，对人体的危害程度反而会相对地小一些，但并不是说就没有危险性，高压高频依然是十分危险的。

（5）伤害程度与电压的关系

当人体电阻一定时，作用于人体的电压越高，通过人体的电流就越大。实际上，通过人体的电流大小并不与作用于人体上的电压成正比，这是由于，随着电压的升高，人体电阻因皮肤受损破裂而下降，致使通过人体的电流迅速增加，从而对人产生严重的伤害。

（6）伤害程度与人体电阻的关系

①人体电阻。当人体触电时，流过人体的电流（当接触电压一定时）由人体的电阻值决定，人体电阻越小，流过人体的电流越大，危险也就越大。

影响人体电阻的因素很多，除皮肤厚薄外，皮肤潮湿、多汗、有损伤、带有导电性粉尘等都会降低人体电阻。清洁、干燥、完好的皮肤电阻值就较高。触电面积大、电流作用时间长会增加发热出汗，从而降低人体电阻值；触电电压高，会击穿角质层增加肌体电解，人体电阻也会降低；另外，人体电阻也会随电源频率的增大而降低。

②人体允许电流。由实验得知，在摆脱电流范围内，人若被电击后一般能自主地摆脱带电体，从而解除生命危险。因此，一般把摆脱电流看作是人体允许电流。当线路及设备装有防止触电的速断保护装置时，人体允许电流可按 30mA 考虑，在空中、水面等可能因电击导致摔死、淹死的场合，则应按不引起痉挛的 5mA 考虑。

如果发生人手碰触带电导线而触电时，常会出现紧握导线丢不开的现象。这并不是因为电有"吸力"，而是由于电流的刺激作用，使该部分肌体发生了痉挛而使肌肉收缩的缘故，是电流通过人手时所产生的生理作用引起的。显然，这就增大了摆脱电源的困难，往往需要借助外部条件使触电者摆脱电源，否则就会加重触电的后果。

3. 人体触电的方式

发生触电事故的情况是多种多样的，经长期研究和对触电事故的大量分析，确认发生触电的情况划分为三种方式：单相触电；两相触电；跨步电压、接触电压和雷击触电。

4. 触电事故的成因及其规律

（1）造成触电事故的原因

①缺乏电气安全知识。高压方面有：架空线附近放风筝等；攀爬高压线杆及高压设备等。低压方面有：不明导线用手误抓误碰；夜间缺少应有的照明就带电作业；带电体任意裸露；随意摆弄电器等。

②违反操作规程。高压方面有：带电拉隔离开关或跌落式熔断器；在高低压同杆架设的线路上检修时带电作业；在高压线路下违章建筑等。低压方面有：带电维修电动工具、搬动用电设备带电拉临时线路；火线与地线反接；湿手带电作业等。

③设备不合格。高压方面有：与高压线间的安全距离不够；高低压线交叉处，高压线架设在低压线下方；电力线与广播线同杆近距离架设；"一线一地"制系统缺乏安全措施等。低压方面有：用电设备进出线绝缘破损或没有进行绝缘处理，导致设备金属外壳带电；设备超期使用因老化致使泄漏电流增大等。

④维修管理不善。架空线断线不能及时处理；设备破损不能及时更换；线路不按规定装设漏电保护器等。

（二）发生触电事故的一般规律

①具有明显的季节性。一般每年以第二、第四季度事故发生较多，6～9月最集中；因为夏秋两季天气潮湿、多雨，降低了电气设备的绝缘性能；人体多汗，容易导电；天气炎热，负荷量和临时线路增多；操作人员常不穿戴工作服和绝缘护具；农村用电量和用电场所增加，触电事故增多。

②低压触电多于高压触电。据资料统计，1000V 以下的低压触电事故远高于高压触电事故。主要是因为低压设备多，低压电网广，与人接触机会多；低压设备简陋且管理不严，思想麻痹；多数群众缺乏电气安全知识。

③因为农村用电条件差，设备简陋，技术水平低，管理不严，电气安全知识缺乏。

④青年和中年触电事故多。一方面是因为中青年多数是主要操作者，且大都接触电气设备；另一方面因这些人多数已有几年工龄，不再如初学时那么小心谨慎，但电气安全知识仍较欠缺。

⑤单相触电事故多。据统计，各类触电方式中，单相触电占触电事故的70%。

⑥事故点多在电气联结部位。电气"事故点"多数发生在分支线、接户线等的接线端或电线接头，以及接触器、开关、熔断器、灯头、插座等处出现短路、电弧或漏电等情况。

⑦事故多由两个以上因素构成。统计表明90%以上的事故是由于两个以上原因引起的。构成事故的四个主要因素是：缺乏电气安全知识；违反操作规程；设备不合格；维修不善。其中，仅一个原因的不到7%，两个原因的占35%，三个原因的占38%；四个原因的占20%。应当指出，由操作者本人过失所引发的触电事故是较多的。

⑧事故与生产部门性质有关。冶金、矿业、建筑、机械等行业，由于潮湿、高温、生产现场较混杂、移动式与便携式设备多、现场金属设备多等不利因素，相对发生触电事故的次数也较多。

第二节　电气防火技术

一、低压供配电系统防火

（一）供配电系统概述

由发电、输电、变电、配电、用电设备及相应的辅助系统组成的电能生产、输送、分配、使用的统一整体称为电力系统。由输电、变电、配电设备及相应的辅助系统组成的联系发电与用电的统一整体称为电力网。也可描述为电力系统是由电源、电力网以及用户组成的整体。从发电厂生产出来的电能除满足自用电和直配给附近用户之外，通常都要经过升压变电所转变成高压电能传输出去，然后再降压供用户使用。

发电厂是生产电能的工厂，它把一定形态的能源（例如，煤炭、石油、天然气、水能、原子能、太阳能、地热、潮汐能，等等）通过发电设备转换为电能。按其所利用的能源不同，分为水力发电厂、火力发电厂、核能发电厂以及风力发电厂、地热发电厂、太阳能发电厂等类型。

变电所是变换电压和交换电能的场所，主要由变压器、母线和开关控制设备等组成。按照变电所的性质和作用，又分为升压及降压变电所两类。升压变电所建在发电厂内，降压变电所按其在电力系统中所处的地位和作用，又可分为区域性降压变电所、企业总降压变电所及车间变电所。对于只有受电、配电开关控制设备而没有变压器的均称为配电所。凡是担任把交流电能经过整流装置转换成直流电能的，称为变流所。

电力网是电力系统的一部分，它包括所有的变、配电所的电气设备以及各种不同电压等级的线路组成的统一整体。它的作用是将电能转送和分配给各用电单位。所有的用电单位（含消防用电设备在内）都称为电能用户。

（二）变配电所防火

变电所是电力系统的一个重要组成部分，是变换电压和接受分配电能的场所。只有受电、配电开关控制设备，而没有变压器的场所称为配电所。配电所只对电能起着分配的作用，通过开关进行控制。变电所主要由变压器、高低压配电装置、母线和开关控制设备等组成。变配电所按所处位置可划分为室外变电所、室内配电所、地下变配电所和移动式变配电所。变配电所内变压器、配电装置以及断路器和电容器等都能引发火灾，并威胁建筑防火安全，因此必须采取相应的防火措施。

1. 变配电所的位置

（1）考虑风向

为防止火灾蔓延或易燃易爆物侵入变、配电所，生产或贮存易燃易爆物的建筑宜布置在变、配电所常年盛行风向的下风侧或最小风频的上风侧。

（2）考虑与民用建筑的贴邻

燃煤锅炉、燃油或燃气锅炉、油浸电力变压器、充有可燃油的高压电容器和多油开关等用房宜独立建造。当确有困难时可贴邻民用建筑布置，并使用防火墙隔开，且不应贴邻人员密集场所，与高层建筑贴邻时，还应设置在耐火等级不低于二级的建筑内。燃油或燃气锅炉、油浸电力变压器、充有可燃油的高压电容器和多油开关等用房受条件限制必须布置在民用建筑内时，不应布置在人员密集场所的上一层、下一层或贴邻。在高层民用主体建筑中，设置在首层或地下层的变压器不宜选用油浸变压器，设置在其他层的变压器严禁选用油浸变压器。布置在高层民用主体建筑中的配电装置，亦不宜选用具有可燃性能的断路器。

柴油发电机房布置在高层建筑和裙房内时，柴油的闪点不应小于552，机房可布置在建筑物的首层或地下一、二层，不应布置在地下三层及以下，并应采用耐火极限不低于2.00h的隔墙和1.50h的楼板与其他部位隔开，门应采用甲级防火门。此外，机房内应设置储油间，其总储存量不应超过8.00h的需要量，且储油间应采用防火墙与发电机间隔开；当必须在防火墙上开门时，应设置能自动关闭的甲级防火门。

（3）考虑与爆炸危险环境的毗连

变、配电所不应设置在甲、乙类厂房内或贴邻建造，且不应设置在爆炸性气体、粉尘环境的危险区域内。供甲、乙类厂房专用的山牌及以下的变、配电所，当采用无门窗洞口的防火墙隔开时，可一面贴邻建造。并且变压器室的进风口，尽可能通向屋外，若设在屋内时，不允许与尘埃多、温度高或者其他有可能引起火灾、爆炸的车间连通。

（4）其他

变配电所的位置还应接近负荷中心，靠近电源侧，进出线方便，设备的吊装运输方便。并且不应设在有剧烈振动的场所；不应设在多尘、多雾或有腐蚀性气体的场所，如无法远离时，不应设在污染源的下风侧；变配电所为独立建筑时，不宜设在地势低洼和可能积水的场所；不应设在厕所、浴室或其他经常积水场所的正下方或贴邻。高层建筑地下层的变配电所的位置，宜挑选在通风、散热条件较好的场所，不宜设在最底层。当地下仅有一层时应采取适当抬高该场所地面等防火措施，不应设在耐火等级为三、四级的建筑中。

2. 变配电站的耐火等级

一般电压等级为 35kV 以上的油断路器都是安装在具有防爆隔墙的防爆间内，以防止电气设备故障时扩大事故范围，影响相邻电路；同时也避免检修电路电器时，与邻近电路接触。

油浸电力变压器、充有可燃油的高压电容器和多油开关等用房受条件限制必须布置在民用建筑内时，变压器室之间、变压器室与配电室之间，应采用耐火极限不低于 2.00h 的不燃烧体墙隔开，蓄电池必须放在专用不燃房间内，并分别用耐火极限不低于 2.50h 的非燃烧体墙和极限不小于 1.50h 非燃烧体楼板与其他部位隔开。为防止室内形成通风不良的死角，顶棚宜作成平顶，不宜使用折板屋盖和槽形天花板。室内地坪要能耐酸。墙壁、天花板和台架应涂以耐酸油漆。门窗应向外开并涂耐酸漆。入口处宜经过套间，大蓄电池室应设有储藏酸及配制电解液的专门套间。

3. 变配电所的防火间距

为确保变配电所的安全运行，变配电所与建筑物的防火间距，应根据建筑物在生产或储存物品过程中的火灾危险性类别，及建筑物应达到的最低耐火等级来进行设计。

屋外变、配电所中的变压器、配电装置及其所有电器和载流量导体都是装在露天的。屋外配电装置除了满足最小安全间距，即不同相载流导体间或载流部分与接地结构间的空间净距离外，还应该满足防火间距的要求。防火间距是按照建筑物的火灾危险性类别及最低耐火等级确定的。屋外变、配电所与建筑物、堆场、储罐的防火间距，发电厂内各建筑的防火间距见规范要求。

4. 贮油池

为了防止充油设备发生喷油、爆裂漏油故障时，因燃油流失，使火灾蔓延扩大，对个屋外单台油量大于 1000kg 或室内大于 100kg 的油浸电力变压器，屋内单台断路器，电流互感器总油量在 60kg 以上及 10kV 以上的油浸式电压互感器，应设置贮油或挡油设施。挡油设施可按 20% 的油量设计，并能将事故油排向安全处，排油管内径不得小于 100mm，事故排油一律不考虑回收，当不能满足上述要求且变压器未设置水喷雾灭火系统时，应设计能容纳 100% 油量的贮油设施。当设置有油水分离措施的总事故贮油池时，其容量宜按最大一个油箱容量的 60% 确定。不可用电缆沟道排油。地下变电站的变压器应设置能贮存最大一台变压器油量的事故贮油池。

贮油设施应用非燃材料做成。油量的挡油槛，其长宽尺寸应比设备外形尺寸每边相应大 1m，贮油池内一般铺设厚度不小于 250mm 的卵石层，卵石直径为 50 ~ 80mm。

为防止下雨使泥水流入贮油池，贮油池墙宜高出地面对 50 ～ 100mm，并用水泥抹面。

5.变配电室的安全疏散

当变配电所位于高层主体建筑（或裙房）内，通向其他相邻房间的门应为甲级防火门，通向过道的门应为乙级防火门；当变配电所位于多层建筑物的二层或更高层，通向其他相邻房间的门，应为甲级防火门，通向走道的门应为乙级防火门；当变配电所位于多层建筑物一层内，通向相邻房间或过道的门应为乙级防火门；当变配电所位于地下层或下面有地下层时，通向相邻房间或过道的门应为甲级防火门；当变配电所附近堆有易燃物品或通向汽车库的门应为甲级防火门。另外，可燃性油浸变压器室通向配电装置室或变压器室之间的门应为甲级防火门，变配电所直接通向室外的门，应为丙级防火门。配变电所的通风窗，应使用非燃烧材料。乙类厂房的配电所必须在防火墙上开窗时，应设置密封固定的甲级防火窗。

6.消防通道

为满足消防安全需要，考虑到火灾时能使消防车顺利出入，方便扑救工作，应在主要设备近旁铺设行车道路。大、中型变电所内消防车道的净宽度不应小于 4.0m。当变电站内建筑的火灾危险性为丙类且建筑的占地面积超过 3000m^2 时，变电站内的消防车道宜布置成环形；当为尽端式车道时，应设回车场或回车道。

7.火灾自动报警系统

在火力发电厂及变配电所的下列场所和设备应当采用火灾自动报警系统，并且火灾自动报警系统的设计，户内、外变电站的消防控制室应与主控制室合并设置，地下变电站的消防控制室宜与主控制室合并设置。变电站主要设备用房和设备选用火灾自动报警系统应符合表 8-1 的规定。

表 8-1　变电站主要建（构）筑物和设备选用火灾自动报警系统

建筑物和设备	火灾探测器类型	备注
主控通信室	感烟或吸气式感烟	
电缆层和电缆竖井	线型感温、感烟或吸气式感烟	
继电器室	感烟或吸气式感烟	
电抗器室	感烟或吸气式感烟	如选用含油设备时，采用感温
可燃介质电容器室	感烟或吸气式感烟	
配电装置室	感烟、线型感烟或吸气式感烟	
主变压器	线型感温或听气式感烟（室内变压器）	

8.灭火设施

高层建筑内的燃油、燃气的锅炉房、柴油发电机房宜设自动喷水灭火系统；单台容量为 125MVA 及以上的主变压器应设置水喷雾灭火系统、合成型泡沫喷雾系统或其他固定灭火系统；可燃油油浸电力变压器、充可燃油的高压电容器应设置水喷雾或排油注氮灭火系统；多油开关室适宜设水喷雾或气体灭火系统，其他带油电气设备，宜采用干粉灭火器。地下变电站的油浸变压器，宜采用固定式灭火系统。

变电站的规划和设计，应同时设计消防给水系统。消防水源应有可靠的保障。但当变电站内建筑满足耐火等级不低于二级，体积不超过 3000m³，且火灾危险性为戊类时，可不设消防给水。

（三）电气线路防火

1. 电缆敷设的防火要求

电缆火灾通常由电缆绝缘损坏、电缆头故障使绝缘物自燃、堆积在电缆上的粉尘自燃起火、电焊火花引燃易燃品、充油电气设备故障时喷油起火和电缆遇高温起火并蔓延等原因引起。此外，锅炉防爆门爆破，或锅炉焦块也可引燃电缆。电缆着火延燃的同时，往往伴随产生大量有毒烟雾，使扑救困难，造成事故的扩大，损失严重，因此电缆的敷设应满足一定的安全要求。

（1）远离热源和火源

电缆道沟尽可能远离蒸汽及油管道，其最小允许距离见表 8-2。当现场实际距离小于表中数值时，应在接近蒸汽及油管道处或交叉段前后 1m 处采取措施。可燃气体或可燃液体管沟，不应敷设电缆。如果敷设在热力管沟中，应采取隔热措施。在具有爆炸和火灾危险的环境不应明敷电缆。

表 8-2　电缆与管道最小允许距离（mm）

名称	电力电缆		控制电缆	
	平行	垂直	平行	垂直
蒸汽管道	1000	500	500	250
一般管道	500	300	500	250

（2）隔离易燃易爆物

在容易受到外界着火影响的电缆区段，架空电缆应采用防火槽盒，涂刷阻燃材料等，以防止火灾蔓延；或埋地、穿管敷设电缆。对处于充油电气设备（如高压电流、电压互感器）附近的电缆沟，应密封好。

（3）封堵电缆孔洞

对通向控制室电缆夹层的孔洞，沟道、竖井的所有墙孔，楼板处电缆穿孔，控制柜、箱、表盘下部的电缆孔洞等，都必须用耐火材料（如防火堵料、防火包和防火网）严密封堵，其中防火包和防火网主要应用于既要求防火又要求通风的地方。决不允许用木板等易燃物品承托或封堵，以避免电缆火灾向非火灾区蔓延。

（4）防火分隔

设置防火隔墙、阻火夹层及阻火段，将火灾控制在一定电缆区段，以缩小火灾范围。在电缆隧道、沟及托架的下列部位：不同厂房或车间交界处，进入室内处，不同电压配电装置交界处，不同机组及主变压器的电缆连接处，隧道与主控、集控、网控室接连处，以及长距离缆道每隔 100m 处等，均应设置防火隔墙或带门的防火隔墙。

防火隔墙由矿渣充填密实而成，其两侧 1.5m 长的电缆涂有防火涂料，一般需涂刷 4～6 次，隔墙两侧还装有 2mm×800mm 宽的防火隔板（厚 2mm 的钢板）用螺栓固定在电缆支架上，电缆沟阻火墙与隧道隔墙的做法相同，且都要考虑排水问题，但阻火墙两侧无须设置隔板和涂刷防火涂料。在电缆竖井中可用阻火夹层分隔，阻火夹层上下用耐火板，中间一层用矿棉半硬板，耐火板在穿过电缆处按电缆外径锯成条状孔，铺好后用散装泡沫矿棉充填缝隙，夹层上下 1m 处用防火涂料刷电缆及支架 3 次，人孔可用可移动防火板被链带及活动盖板予以密封。为避免架空电缆着火延燃，沿架空电缆线路可设置阻火段，对电缆中间接头应设置防火段。

（5）防止电缆因故障自燃

对电缆建筑物要防止积灰、积水；确保电缆头的工艺质量，对集中的电缆头要用耐火板隔开，并对电缆头附近电缆刷防火涂料；高温处选用耐热电缆，对消防用电缆作耐火处理；加强通风，控制隧道温度，明敷电缆不可带麻被层。

（6）设置自动报警与灭火装置

可在电缆夹层、电缆隧道的适当位置设置自动报警与灭火装置。

2. 导线电缆阻燃措施

应用防火材料组成各种防火阻燃措施，是国内外防止电缆着火延燃的主要方法。它可提高电缆绝缘的引燃温度，降低引燃敏感性，降低火焰沿表面燃烧速率，提高阻止火焰传播的能力。

（1）防火涂料

为保证发生火灾时消防电源及控制回路能够正常供电和控制操作，如消防水泵和事故照明线路、高层建筑内的消防联动系统的控制回路等的电缆线路是沿电缆全线涂膨胀型防火涂料。局部涂覆是为增大隔火距离，防止窜燃，在阻火墙一侧或两侧，根据电缆的数量、型号的不同，分别涂 0.5～1.5m 长的涂料。局部长距离大面积涂覆是指对邻近易着火电缆部位涂覆。膨胀型防火涂料的涂覆厚度，根据不同场所、不同环境、电缆数量及其重要性，可适当增减，通常以 1.0mm 左右为宜，最少 0.7mm，多则 111.2mm。涂覆比为 1～2kg/m²。

（2）电缆用难燃槽盒

当负荷密度达 70W/m² 时，20 层及以上的高层与超高层民用建筑配电线路，宜选用密集型母线槽。密集型母线槽体积小，结构紧凑，传输电流大，并能很方便地通过母线槽插接式开关箱引出电源分支线，具有较高的电气及机械性能，外壳接地好，安全可靠，防火性能好。普通多层民用建筑的大负荷机电设备的配电干线可选用普通型或阻燃型密集型母线槽；消防泵、消防电梯、应急发电机等低压配电干线应选用耐火型密集型母线槽，确保在火灾时电源的供应，以利于火灾的扑救。

（3）耐火隔板

耐火隔板由难燃玻璃纤维增强塑料制成，隔板两面涂覆防火涂料，具有耐火隔热性能。隔板可用来对敷设电缆的层间作防火分隔，防止电缆群中，因部分电缆着火而波及其他层，缩小着火范围，减缓燃烧强度，防止火灾蔓延。

（4）防火堵料

防火堵料主要用来对建筑物的电缆贯穿孔洞进行封堵，从而抑制火势向邻室蔓延。

（5）防火包

防火包形似枕头状，内部填充无机物纤维、不燃及不溶于水的扩张成分，以及特殊耐热添加剂，外部由玻璃纤维编织物包装而成。防火包主要应用在电缆或管道穿越墙体或楼板贯穿孔洞的封堵，阻止电缆着火后向邻室蔓延。用防火包构成的封堵层，耐火极限可达 3.00h 以上。

（6）防火网

防火网是以钢丝网为基材，表面涂刷防火涂料而成，防火网遇明火时，网上的防火涂料即刻膨胀发泡，网孔被致密泡沫炭化层封闭，从而可阻止火焰穿透和蔓延。防火网适用于既要求通风，又要求防火的地方。

（7）阻燃电线电缆

具有阻燃性能的 PVC 绝缘和护套电线、电缆，耐温有 70℃、90℃、105℃，氧指数大于 32。阻燃型电线、电缆不易着火或着火后不延燃，离开火源可以自熄。但阻燃材料作导体的绝缘有一定的局限性，它只适用于有阻燃要求的场所。常见有铜芯铜套氧化镁绝缘电缆，适用于特别重要的一级负荷，如消防控制室、消防电梯、消防泵、应急发电机等电源线。

（四）低压接地系统防火

1. 低压配电系统接地形式及火灾危险性

按照国际电工委员会（IEC）和国家标准的规定，低压配电系统常见的接地形式有三种，TT 系统、IT 系统和 TN 系统。

2. 接地故障火灾种类

接地故障是指相线和电气装置的外露导电部分、装置的外导电部分以及大地之间的短路，它属于单相短路，这种短路故障与相线和中性线间的单相短路故障，与相线之间产生的相间短路故障相比，不论在危害后果，还是在保护措施上都不相同。与一般短路相比，接地故障引起的电气火灾具有更大的复杂性和危险性。一般短路起火主要是短路电流作用在线路上的高温或电弧火花引起火灾，而接地故障则有以下三个原因引起火灾，且危险性更大，其防范工作也十分复杂。

（1）故障电流起火

接地故障回路的环节较多，除 PE 线、PEN 线外，还有金属设备外壳、敷设管槽以及电气装置外的导电部分，而 TT 系统还以大地为通路；接地回路中大地的接地电阻大，PE 线、PEN 线连接端子的电阻由于疏于检验，其阻值也较大，所以接地故障电流比一般短路电流小得多，常常不能使过电流保护电器及时切断故障，且故障点多不熔焊而出现电弧、电火花。电弧作为一个大阻抗，它限制故障电流流过，使过电流保护电器难以动作，不能保护故障线路。电弧的局部温度很高，2A 的电弧温度可以超过 2000℃，0.5A 的电弧能量即可引燃近旁可燃物质起火，因此不大的接地故障电流往往能导致一场大火灾。另外，由于不重视 TN 系统中 PE 线、PEN 线在故障条件下的热稳定，在设计安装时往往将 PE 线、PEN 线错误地选用过小的截面，一旦发生接地故障，系统中有较大的接地故障电流通过，易导致线路高温起火。因此，接地故障具有很大的火灾危险性。

（2）PE（PEN）线接线端子连接接触不良起火

设备接地的 PE 线、PEN 线平时不通过负荷电流或通过较小电流，只有在发生接地故障时才通过故障电流。因受震动、腐蚀等原因，导致连接松动、接触电阻增大，但设备仍照常运转而问题不易觉察。万一发生接地故障，接地故障电流需通过 PE 线返回电源时，大接触电阻限制了故障电流，使保护电器不能及时动作切断电源，连接端子处因接触电阻大而产生的高温或电弧、电火花却能导致火灾的发生。

（3）故障电压起火

接地故障除产生故障电流外，还能使电气装置的外露导电部分带对地故障电压。此电压沿 PE 线、PEN 线传导，使电气装置的所有外露导电部分带对地电压。发生接地故障后四处传导的故障电压是危险的起火源，如果不及时切断，除发生常见的电击事故外，还会造成与带地电位的各种金属管道、金属构件之间的打火、拉弧而成为火源或引爆源。实验表明：十几伏的维持电压就可以使电弧连续，周围若有可燃物，很容易引起火灾。

故障电压可来自电气装置的内部，也可来自电气装置的外部。例如，来自发生接地故障的其他电气装置、电源线路以及变电所。

发生接地故障时，接地短路电流一般较小，不足以使一般的低压断路器动作跳闸。这种故障电流会一直存在，对设备周围人身安全造成很大的威胁。通常情况下，这种泄漏电流的发热功率约为 60 ~ 100W，该功率如果释放在几个平方毫米上，就会引燃绝缘，此时只要周围有可燃材料就会引起电气火灾。

3. 接地故障火灾预防

接地是通过接地装置来实现的，接地装置是由埋在地下的接地体和连接接地体与电气设备的接地线组成。接地体又称为接地极。接地体分为自然接地体和人工接地体。电气设备的接地应尽量利用自然接地体，以便节约钢材和节省接地安装费用。

（1）接地线要安全可靠

为了提高接地的可靠性，电气设备的接地支线应单独与接地干线或接地体相连，不得经设备本身串联，即不得将用电设备本身作为接地线的一部分，而必须并排分别接向接地干线或接地体。接地干线应有两处同接地体直接相连，以提高可靠性。输配电系统工作接地线的横截面积应该符合相关规定，以确保以其有足够的机械强度、有足够的载流量和热稳定性能。接地线应尽量安装在人不易接触到的地方，以免意外损坏；但是又必须安装在明显处，以便检查维护。接地线穿过墙壁时，应敷设在明孔、管道或其他保护管中，与建筑物伸缩缝交叉时，应弯成弧状或增设补偿装置；当与铁路交叉时，应加钢管或角钢保护或略加弯曲并向上拱起，以便在振动时有伸缩的余地，避免断裂。

通常工矿企业的变电所接地，既是变压器低压边的中性点工作接地，又是高压设备的保护接地，还是低压配电装置的重复接地，各部分应单独与接地体相连，不得串联。变配电装置最好也有两条接地线与接地体相连以提高可靠性。

（2）接地电阻要符合相关规定，越小越好

为保证接地系统安全，接地电阻越小越好，因此规定了各接地系统最大允许接地电阻值。交流中性点接地的工作接地、低压电力设备的保护接地以及常用低压电力设备的共同接地的接地电阻不大于 4Ω，PE 或 PEN 线的重复接地电阻不大于 10Ω，防静电接地电阻不应大于 100Ω。接地装置应保持导电的连续性、连接可靠，有足够的机械强度、足够的载流量、热稳定性能与耐腐蚀性能。

（3）接地体与其他物体之间的距离要符合要求，并且埋设深度要适当

接地体与建筑物的距离不应小于 1.5m，与独立避雷针的接地体之间的地下距离不应小于 3m。接地装置的地上部分与独立避雷针的接地线之间的空间距离不应小于 3 ~ 5m。

为了减少季节及其他自然因素对接地电阻的影响，接地体最高点离地面深度一般不应小于 0.6m（农田地带不应小于 1m），也不宜太深，太深了施工困难，但应在大地冰土层以下。

（4）实施等电位联结

低压配电系统实行等电位联结对防止触电和电气火灾事故的发生具有重要作用，等电位联结可降低接地故障的接触电压，进而减轻由于保护电器动作失误带来的危险。

等电位联结有总等电位联结和辅助等电位联结两种。所谓总等电位联结是在建筑物的电源进户处将 RE 干线、接地干线、总水管、总煤气管、采暖和空调立管相连，建筑物的钢筋和金属构件等也与上述部分相连，从而使以上部分处于同一电位。总等电位联结是一个建筑物或电气装置在采用切断故障电路防人身触电和火灾事故措施中必须设置的。所谓辅助等电位联结则是在某一局部范围内将上述管道构件作再次相同联结，它作为总等电位联结的补充，用以进一步提高用电安全水平。

（5）对接地系统进行漏电保护

对接地故障发生可以通过对泄漏电流进行检测，实现及时报警并将故障消除，以确保人员和设备的安全。剩余电流保护装置即漏电保护装置就是这样一种专用的保护装置，可以切除很小的接地故障电流，可以防止由漏电引起的火灾，还可以用于检测和切断各种一相接地故障。装设漏电电流保护装置，可进一步提高用电安全水平；可以极大提高 TN 系统和 TT 系统单相接地故障保护灵敏度；可以解决环境恶劣场所的安全供电问题；可以解决手握式、移动式电器的安全供电问题；可以避免相线接地故障时设备带危险的高电位以及避免人体直接接触相线所造成的伤亡事故。

此外，近些年，具有温度探测和剩余电流探测功能的电气火灾监控系统也逐渐应用于接地故障火灾的预防。

二、消防供配电系统

(一)消防供配电系统组成

高层建筑、地下工程、核电站、石油化工厂、油品贮罐群和堆场等处,通常都设有一个向消防用电设备供给电能的独立系统,即消防用电设备供配电系统,对此系统的供电可靠性要求特别高。一般,这些方面的消防用电设备正常时由电力网供电,只有在火灾时,消防供配电系统才投入工作,以维持消防用电设备的用电连续性;如在火灾时仍依靠电力网供电,势必要按照火灾特殊要求处理,这样会使电源及其配电系统的造价提高,另一方面电力网易因雷击、鸟害、用户误操作等而发生跳闸事故,所以只靠电力网供电既不经济也不可靠。消防供配电系统由电源、配电部分和用电设备三部分组成。

(二)消防负荷分级及供电要求

消防电源是保证工业与民用建筑平时和火灾情况下消防设备正常工作用电的电源。为了保证消防电源能连续可靠地供电,按照负荷要求,还应包括应急电源,即当正常电源故障时,应急电源应能连续供电给消防设备。消防电源中工作电源取自电力系统,然后通过输电、变压和分配,将其送到220V/380V低压消防用电设备。在消防电源中设置应急电源是确保消防电源向消防用电负荷可靠供电的关键措施之

1. 消防负荷分级

为了使消防设备供配电系统做到经济、合理,在确定供配电方案之前,须按照消防供电的负荷特点正确地划分消防负荷等级,合理地选择电源和设计配电系统。

(1)负荷分级原则

电力网上用电设备所消耗的功率称为电力负荷。工业与民用建筑电力负荷,根据其重要性以及中断供电在政治、经济上所造成的损失或影响的大小,将其可靠性分为三级,即:一级负荷、二级负荷和三级负荷。

①符合下列情况之一者,应为一级负荷:

a.中断供电将造成人身伤亡者。

b.中断供电将在政治、经济上造成重大影响或损失者。

c.中断供电将影响有重大政治、经济意义的用电单位的正常工作,或造成公共场所秩序严重混乱者。例如,重要通信枢纽、重要交通枢纽、重要的经济信息中心、特级或甲级体育建筑、国宾馆、承担重大国事活动的国家级会堂、经常用于重要国际活动的大量人员集中的公共场所等用电单位中的重要电力负荷。

在一级负荷中,当中断供电后将影响实时处理重要的计算机及计算机网络正常工作以及特别重要场所中不允许中断供电的负荷,为非常重要的负荷。

②符合下列情况之一者,应为二级负荷:

a.中断供电将造成较大政治影响及较大经济损失者。

b.中断供电将影响重要用电单位的正常工作,或造成公共场所秩序混乱者。

③不属于一级和二级的用电负荷应为三级负荷。

（2）消防负荷分级原则

电力网上消防用电设备消耗的功率为消防负荷，消防负荷分级是参照了电力负荷的分级方法来划分等级的。

消防负荷级别的确定，应按照消防用电设备所处的环境、位置、使用情况等因素来确定。为了达到消防法规对负荷等级的规定，又能做到技术、经济合理，必须对消防用电设备做周密的调查研究。

2. 供电要求

各级消防负荷的供电方式，应根据负荷点的供电条件，按照下列原则考虑决定：一级负荷应由两个电源供电；当一个电源发生故障时，另一个电源不应同时受到损坏。两个电源通常分常用电源（即工作电源）和备用电源两种。常用电源一般是直接取自城市低压三相四线制输电网，备用电源根据负荷要求一种是取自35kV区域变电站或城市一路高压（10kV级）供电，另一种取自自备柴油发电机等。结合目前我国经济、技术条件和供电情况，凡符合下列条件之一的，都可视为一级负荷供电：

一是电源来自两个不同发电厂；

二是电源来自两个区域变电站（电压在35kV及35kV以上）；

三是电源来自一个区域变电站，另一个设有自备发电设备。

一级负荷容量较大或有10kV用电设备时，应采用两路10kV或35kV电源。如一级负荷容量不大时，应优先采用从电力系统或临近单位取得第二低压电源，亦可采用应急发电机组。如一级负荷仅为照明或电信负荷时，宜采用不间断电源UPS或EPS作为备用电源。一级负荷中特别重要的负荷，除由两个电源供电外，尚应增设应急电源，并严禁将其他负荷接入应急供电系统。消防用电负荷与其他动力负荷相比都比较小，但其可靠性却要求很高，因此可以根据负荷要求设立柴油发电机等作为应急电源。可作为应急电源的有：独立于正常电源的发电机组；供电网络中独立于正常电源的专用馈电线路；蓄电池；干电池。

通常，可根据允许中断供电的时间分别选择下列应急电源：一是快速自动启动的应急发电机组，适用于允许中断供电时间为15s以内的供电；二是带有自动投入装置的独立于正常电源的专用馈电线路，适用于允许中断时间为1.5s以内的供电；三是静止型不间断电源装置，适用于允许中断供电时间为毫秒级的供电。

二级负荷应由二回路线路供电，二级负荷的供电系统应做到当发生电力变压器故障或线路常见故障时不致中断供电（或中断后能迅速恢复），二回路线路应尽可能引自不同的变压器或母线段，并在最末一级配电箱处自动切换。在负荷较小或地区供电条件困难时，二级负荷可由一回路6kV及以上专用的架空线路或电缆供电。当采用架空线时，可为一回路架空线供电；当采用电缆线路时，应使用两根电缆组成的线路供电，其每根电缆应能承受100%的二级负荷。然后以低压侧引两条回路，到最末一级配电箱自动切换。

符合下列条件之一时，用电单位宜设置自备电源：一是一级负荷中含有特别重要负荷时；二是设置自备电源较从电力系统取得第二电源经济合理或者第二电源不能满足一级负荷要求的条件时；三是所在地区偏僻，远离电力系统，经与供电部门共同规划，设置自备电源作为主电源经济合理时。

（三）消防主电源与应急电源

1. 主电源

主电源是保证工业与民用建筑平时和火灾情况下正常工作用电的电源，为保证主电源能连续有效地供电，主电源电能取自电力系统。按照负荷等级的要求还应包括备用电源，即当正常电源故障停电时，备用电源应继续供电。

2. 应急电源

当工业与民用建筑处于火灾应急状态时，为了保证火灾扑救工作的成功，担负向消防用电设备供电的独立电源称为应急电源。应急电源有三种类型：即电力系统电源、自备柴油发电机组和蓄电池组。如果负荷允许，消防负荷可采用 EPS 消防应急电源，对供电时间要求特别严格的地方，还可使用不停电电源（UPS）。

在特定的防火对象中，应急电源种类并不是单一的，多采用几个电源的组合方案。其供电范围和容量的确定，一般是根据建筑的负荷级别、供电质量、应急负荷数量和分布、负荷特性等因素决定的。

应急电源供电时间要满足消防负荷火灾时的最少持续供电时间要求。例如，火灾自动报警装置为10min；火灾疏散指示标志照明为30min；消火栓泵及水幕泵为180min；自动喷水系统为60min。

3. 主电源与应急电源的连接

消防用电设备除正常时由主电源供电外，火灾时主电源失电应由应急电源供电。当主电源不论何因在火灾中停电时，备用电源应能自动投入，以保证消防用电的可靠性。

备用电源与主电源之间应有一定的电气联锁关系。当主电源运行时，备用电源不允许工作；一旦主电源失电，备用电源必须立即在规定时间内投入运行。在采用自备发电机组作为备用电源的情况下，若启动时间不能满足应急设备对停电间隙要求的话，可以在主电源失电而自备发电机组尚待启动之间，使蓄电池迅速自动地投入运行，直到自备发电机组向配电线路供电时才自动退出工作。此外，亦可采用不停电电源来达到目的。如银行大厦、计算机中心、气象预报等部门业务用的电子计算机、高层建筑中的管理用电脑及信息处理系统等就可用不停电电源作为第四电源。

当主电源恢复时可采用手动或自动复归。但当电源复归会引起电动机重新启动，危及人身和设备安全时，只能手动切换。电源之间的切换方式有首端切换和末端切换两种方式。

（四）消防负荷供配方式及要求

工业与民用建筑在接受与分配取自电力系统电源电能时，需要有一个内部的供配电系统，该系统由两部分组成：一是外部供电系统（或称电源系统），它是从电力系统电源到总降压变电所（或配电所）的供电系统；二是内部配电系统（或称配电系统），它是从总降压变电所（或配电所）至各车间（或建筑物）的配电系统，包含高低压线路和高低压用电设备等。配电系统是内部供电系统的重要组成部分，对于消防供配电系统，从可靠安全角度出发，我们主要研究消防设备供配线措施。

1. 消防设备供配电系统接线

有了可靠电源，如果消防设备的配电线路不可靠，则仍不能保证消防用电设备的安全供电。如果消防用电设备的配电线路与一般配电线路合在一起，当整个建筑用电拉闸后，电源被切断，消防设备供电仍不能得到保障，因此，消防用电设备均应采用专用的（即单独的）供电回路。消防设备的配电接线方式，一般也有放射式、树干式和环式之分，不过实际使用时多为混合式。

放射式干线从变电所低压侧，低压配电盘引出，接至容量较大的用电设备，如消防泵或主配电箱，再以支线引到分配电箱后经分支线接到用电设备上。树干式虽然可靠性差，但从变电所低压侧引出的回路少，这样可节约配电盘（屏），若只有一回出线时，变电所低压侧只要设空气开关或隔离开关就可以了，进而使低压侧结构简化，导线或电缆数减少，电缆井道截面减小，进而使敷设工程量减小，节约投资。为了提高供电的可靠性，在放射式或树干式接线方式中常常需从变电所引出一条公共的备用干线，切换开关装设在配电箱内；在建筑变电所有两台变压器时，还可将变压器低压侧通过联络线接成环式，从而构成有备用的配电接线系统。为了提高消防电源供电系统的可靠性，除了对电源种类、供配方式使用一定的可靠性措施外，还要考虑火灾高温对配电线路的影响，采取措施防止发生短路、接地故障，从而保证消防设备的安全运行，使安全疏散和扑救火灾的工作顺利进行。

2. 消防负荷配线

消防设备配电线路的可靠性用以确保向消防设备正常供电和有效实施人员疏散路可能处于火场之中时能持续供电。在消防工程中，一般是结合建筑电气设计和施工对消防设备配电线路采用耐火耐热配线措施，达到其可靠性、耐火性等要求。要提高消防用电设备配电线路的供电可靠性，主要从两方面入手：一是选择可靠的电缆；二是选择可靠的敷设方式及敷设路径。

（1）专用的供配电回路

消防用电设备应采用专用的供电回路，当生产、生活用电被切断时，应仍能保证消防用电。其配电设备应有明显标志。

专用的供电回路指的是从低压总配电室（包括分配电室）至最末一级配电箱供配电线路中不允许接入非消防电气设备。如果消防用电设备的配电线路与一般配电线路合在一起，火灾发生时，整个建筑拉闸断电就会影响消防设备的正常运转。若火灾发生时不断电会造成电气线路短路和其他设备事故，电气线路使火灾蔓延，还可能在救火中因触及带电设备或线路等漏电，造成人员伤亡。

此外，如果高层建筑配电设计不区分火灾时哪些用电设备可以停电，哪些不能停电，一旦发生火灾只能切断全部非消防设备电源，停电面积有些过大。

因而，消防用电设备的配电线路不能与其他动力、照明共用回路，并且还应设有紧急情况下方便操作的明显标志，否则容易引起误操作，影响灭火战斗。

消防线路的选择及其敷设，应满足火灾时连续供电或传输信号的需要，所有消防线路应为铜芯阻燃或耐火的电线电缆。

（2）消防设备配线措施

配电线路的敷设应符合场所环境、建筑物或构筑物的特征，符合人与布线可接近的程度，有足够的机械强度能承受短路可能出现的电动力及在安装期间或运行中布线可能遭受其他应力和导线自重；并能承受热效应，避免外部热源产生热效应的影响；避免由于强烈日光辐射而带来的损害；此外还应防止在使用过程中因水的侵入或因进入固体物而带来的损害等。我国根据耐火耐热电线电缆生产和发展现状，以及工程实践经验，消防用电设备配电线路一般采用下列几种配线措施：

①暗敷设时，应穿管并应敷设在不燃烧体结构内且保护层厚度不应小于30mm；明敷设时，应穿有防火保护的金属管或有防火保护的封闭式金属线槽。

②当使用阻燃或耐火电缆时，敷设在电缆井、电缆沟内可不采取防火保护措施；但应采取分隔措施与非消防用电电缆隔离。

③当采用矿物绝缘类不燃性电缆时，可直接敷设。

④宜与其他配电线路分开敷设；当敷设在同一井沟内时，宜分别布置在井沟的两侧。

消防用电设备耐火耐热配线范围，应该包括从应急母线或主电源低压母线到消防用电设备最末一级配电箱或设备处的所有配电线路。为保证整个配线全程能达到防用电设备最末一级配电箱或设备处的所有配电线路。为确保整个配线全程能达到耐火、耐热，要求在金属管端头的接线要留有一定的余度，因为在金属管受热时，电线会产生收缩现象。中途的接线盒不应埋设在易被火烧的部位，盒盖也应加套石棉布等隔热材料，加强保护。

第三节 防雷防静电

一、防雷

（一）雷电种类及危害

雷电是自然界的一种大气放电现象。当地面上的建筑物和电力系统内的电气设备遭受直接雷击或雷电感应时，其放电电压可达数百万伏至数千万伏，电流达几十万安培，远远大于发、供电系统的正常值。所以，其破坏性极大，不仅能击毙人畜，劈裂树木，击毁电气设备，破坏建筑物及各种工农业设施，还能引起火灾和爆炸事故。我国每年由于雷击引发的火灾、设备损毁等带来的财产损失约 70 亿人民币。

1. 雷电种类

（1）直击雷

有时雷云较低，周围又没有带异性电荷的云层，而在地面上突出物（树木或建筑物）感应出异性电荷，雷云就会通过这些物体与大地之间放电，这就是通常所说的雷击。这种直接击在建筑物或其他物体上的雷电称为直击雷。由于受直接雷击，被击物产生很高的电位，而引起过电压，流过的雷电流又很大（达几十千安甚至几百千安），这样极易使设备或建筑物损坏，并引起火灾或爆炸事故。当雷击于对地绝缘的架空导线上时，会产生很高的电压（可高达几千千伏），不但会常常引起线路的闪络放电，造成线路发生短路事故，而且这种过电还会以波动的形式迅速地向变电所、发电厂或建筑物内传播，使沿线安装的电气设备绝缘受到严重威胁，往往引起绝缘击穿起火等严重后果。

（2）感应雷（雷电感应）

雷电感应是由于雷电流的强大电场和磁场变化产生的静电感应和电磁感应造成的。它能造成金属部件之间产生火花放电，引起建筑物内的爆炸危险物品爆炸或易燃物品燃烧。

（3）雷电波侵入

由于雷电对架空线路或金属导体的作用，所产生的雷电波就可能沿着这些导体侵入屋内危及人身安全或损坏设备。雷电波侵入造成的事故在雷害事故中占相当大的比重，所以引起的雷电火灾和人身伤亡的损失也是很大的。

（4）球雷

关于球雷的研究，还没有完整的理论。通常认为它是一个炽热的等离子体，温度极高并发出紫色或红色的发光球体，直径一般在几厘米～几十厘米。球雷一般沿水平方向以 1～2m/s 的速度上下滚动，有时距地面 0.5～1m，有时升起 2～3m。它在空中飘游的时间可由几秒到几分钟。球雷常由建筑物的孔洞、烟囱或开着的门窗进入室内，有时也通过不接地的门窗铁丝网进入室内。球雷有时自然爆炸，有时遇到金属管线而爆炸。球雷遇到易燃物质（如木材、纸张、衣物、被褥等）则造成燃烧，遇到可爆炸的气体或液体则造成更大的爆炸。

2. 雷电危害

雷电有很大的破坏力，有多方面的破坏作用。雷电可使电气设备的绝缘击穿，造成大规模停电；可击毁建筑物，引起爆炸或燃烧，导致重大损失。就其破坏因素来看，雷电有以下五方面的破坏作用：

（1）电效应

数十万至数百万伏的冲击电压可击毁电气设备的绝缘，烧断电线或劈裂电杆，造成大规模的停电；绝缘损坏还可能引起短路，导致火灾或爆炸事故，巨大的雷电流流经防雷装置时会造成防雷装置的电位升高，这样的高电位同样可以作用在电气线路、电气设备或其他金属管道上，它们之间产生放电。这种接地导体由于电位升高，而向带电导体或与地绝缘的其他金属物放电的现象，叫做反击。反击能引起电气设备绝缘破坏、造成高压窜入低压系统，可能直接导致接触电压和跨步电压引发的严重事故，可使金属管道烧穿，甚至造成易燃易爆物品着火和爆炸。

（2）热效应

巨大的雷电流（几十千安至几百千安）通过导体，在极短的时间内转换成大量的热能。雷击点的发热量约为 500 ~ 2000J，造成易爆品燃烧或造成金属熔化、飞溅而引起火灾或爆炸事故。

（3）机械效应

被击物遭到严重破坏，这是由于巨大的雷电流通过被击物时，使被击物缝隙中的气体剧烈膨胀，缝隙中的水分也急剧蒸发为大量气体，因而在被击物体内部出现强大的机械压力，致使被击物体遭受严重破坏或发生爆炸。

（4）电磁效应

由于雷电流的迅速变化（极大的幅值和陡度），在它周围的空间里，会产生强大的变化的电磁场。处于这一电磁场中的导体会感应产生强大的电动势，发生电磁感应。电磁感应现象可以使构成回路的金属物体上产生感应电流。若回路中有些地方接触不良，就会产生局部发热，这对存放的易燃、易爆物是极其危险的。

（二）建筑物防雷

1. 建筑物防雷分类

建筑物根据其重要性、使用性质、发生雷电事故的可能性和后果，按防雷要求分为三类：第一类防雷建筑物；第二类防雷建筑物；第三类防雷建筑物。

2. 建筑物防雷措施

建筑物的防雷就是针对防雷装置的三部分 —— 接闪器、引下线和接地装置，根据不同的保护对象，对于直击雷、雷电感应、雷电波侵入应使用不同的保护措施。

根据建筑物的结构构造和生产性质，考虑采取哪一种接闪装置。对引下线，重点考虑反击因素，即引下线系统和接地系统对其他金属物体或金属管线之间的空间距离和地下距离；对接地装置，要研究接地技术，是独立接地方式，还是共同接地方式。除此之外，由于架空线路引来的事故较多，要着重考虑由于架空线及屋顶突出物侵入雷电波的措施。同时，还要防止雷电电磁辐射引起的危害。

建筑物防雷的总要求：

①各类防雷建筑物应采取防直击雷及防雷电波侵入的措施。

②第一类防雷建筑物和第二类防雷建筑物中的5、6、7建筑物，应采取防雷电感应的措施。

③装有防雷装置的建筑物，在防雷装置与其他设施和建筑物内人员无法隔离的情况下，应采取等电位连接。

④不属于第一、二、三类防雷的建筑物，可不装设防直击雷装置，但应采取防止雷

电波沿低压架空线侵入的措施。

具体各类防雷建筑物的防雷措施参考现行《建筑物防雷设计规范》。

（三）防雷保护装置

避雷针、避雷线、避雷网和避雷带，都是经常使用的防止直接雷击的防雷装置。

避雷针主要用来保护露天发电、变配电装置和建筑物，避雷线对电力线路等较长的保护物最为适用；避雷网和避雷带主要用保护建筑物；避雷器是一种专用的防雷设备，主要用来保护电力设备。

1. 防雷装置

完整的一套防雷装置都是由接闪器、引下线和接地装置三部分组成的。

（1）接闪器

避雷针、避雷线、架空避雷网和避雷带实际上都是接闪器。

接闪器就是专门直接接受雷击的金属导体。接闪器利用其高出被保护物的突出地位，把雷电引向自身，然后，通过引下线和接地装置，把雷电流泄入大地，使被保护物免受雷击。

避雷针一般用圆钢或焊接钢管制成。避雷线通常采用截面积不小于 $35mm^2$ 的镀锌钢绞线。避雷网和避雷带可以采用圆钢或扁钢，优先采用圆钢。

除第一类防雷建筑物和突出屋面排放爆炸危险气体、蒸气或粉尘的放散管、呼吸阀、排风管等管道应符合规定外，屋顶上永久性金属物，如旗杆、栏杆、装饰物等宜作为接闪器，其各部件之间均应连成电气通路。但不得利用广播电视共用天线杆顶做接闪器保护。

（2）引下线

引下线是连接闪器与接地装置的金属导体，应满足机械强度、耐腐蚀和热稳定性的要求。

引下线一般采用圆钢或扁钢，其尺寸和防腐蚀要求与避雷网和避雷带相同，如用钢绞线作引下线，其截面不应小于 $25mm^2$。

引下线应沿建、构筑物外墙敷设，并经最短途径接地，建筑艺术要求高者，可暗设，但截面应加大一级，建筑物的消防梯、钢柱等金属构件，可用作引下线，但所有金属构件之间都应连成电气通路。

互相连接的避雷针、避雷带、避雷网或金属是屋面的接地引下线，通常不应小于两根。

（3）接地装置

接地装置包括接地线和接地体，是防雷装置的重要组成部分。接地装置向大地均匀泄放雷电流，使防雷装置对地电压不至于过高。

人工接地体一般分两种埋设方式，一种是垂直埋设，称为人工垂直接地体；另一种是水平埋设，称为人工水平接地体。

接地装置可用扁钢、圆钢、角钢、钢管等钢材制成。人工垂直接地体宜采用角钢、钢管或圆钢，人工水平接地体宜采用扁钢或圆钢。

防雷装置的接闪器、引下线、接地装置，所用金属材料应用足够的截面，因为它一要承受雷电流通过，二要有足够的机械强度和耐腐蚀性，并且有足够的热稳定性，以承受雷电流的破坏作用。

2. 接闪器保护范围确定

人们与雷害事故斗争过程中发现，在装有一定高度的避雷针下有一个一定范围的安全区域。在这区域内的设备和建筑物，基本上不遭雷击，这个安全区域叫做接闪器的保护范围。保护范围是根据雷电理论、模拟实验及运行经验确定的。由于雷电放电受很多因素的影响，保护范围不是绝对的。但运行经验证明，处于保护范围内的设备和建筑物受到雷击的可能性很小。

滚球法是一种防直击雷用接闪器保护范围的确定方法。国际电工委员会（IEC）标准和我国现行《建筑物防雷设计规范》规定均要求采用滚球法。

应用滚球法的理论出发点是，雷云形成初期在空间的运动方位是不确定的，当雷云运动到距地面被击目标的距离等于空气击穿距离时，才受到地面被击目标的影响而开始定位。据此理论，滚球法是以如为半径的一个球体，沿需要防直击雷的部位滚动，当球体只触及接闪器（包括被利用作为接闪器的金属物），或只触及接闪器和地面（包括与大地接触并能承受雷击的金属物），而不触及需要保护的部位时，则该部分就得到接闪器的保护。

滚球半径 h_r 是地面目标的雷击距离，可按照建筑物防雷类别确定不同的值：第一类防雷建筑物滚球半径为 30m，第二类防雷建筑物滚球半径为 45m，第三类防雷建筑物滚球半径为 60m。

二、防静电危害

（一）静电火灾和爆炸事故及其发生的条件

静电的危险主要体现在以下几个方面：一是呈现静电力作用或高压击穿作用主要是使产品质量下降或者造成生产故障；二是呈现高压静电对人体生理机能作用的是所谓"人体电击"；三是静电放电过程是将电场能转换成声、光、热能的形式，热能可作为火源使易燃气体、可燃液体或爆炸性粉尘发生火灾或爆炸事故；四是静电放电过程所产生的电磁场是射频辐射源，对无线电通讯是干扰源，对电子计算机会产生误动作。

1. 静电火灾和爆炸事故

在工业生产中，不安装相应的静电防护设备对产生的静电及时消散，就有可能导致火灾和爆炸事故的发生。

2. 静电火灾和爆炸事故发生的条件

①周围和空间必须有可燃物存在（即包括可燃气体、易燃液体或可燃粉尘等）。
②具有产生和累积静电的条件，其中包括物体自身或其周围与它相接触物体的静电

起电能力和存在累积静电的环境条件。

③当静电累积起足够高的静电电位后，必将周围的空气介质击穿而产生放电，构成放电的条件。

④静电放电的能量，当大于或等于可燃物的最小点火能量，即成为可燃物的引火源，才是构成静电火灾和爆炸事故的真正原因。

（二）防静电危害基本措施

1. 减少静电荷的产生

静电荷大量产生并能积累起事故电量，这是静电事故的基础条件。所以，就要控制和减少静电荷的产生。

（1）正确地选择材料

①选择不容易起电的材料。

②根据带电序列选用不同材料。

③选用吸湿性材料。

（2）工艺的改进

①改革工艺中的操作方法，可以减少静电的产生。

②改变工艺操作程序，可降低静电的危险性。

③湿法生产也是防静电的有力措施。

（3）降低摩擦速度和流速

①降低摩擦速度；

②为了限制在管道中静电荷的产生，必须降低流速，按推荐值执行。

（4）减少特殊操作中的静电

①控制注油和调油的方式。调和方式以采用泵循环、机械搅拌和管道调和为好。注油方式以底部进油为宜。

②采用密闭装车。密闭装车是将金属鹤管伸到车底，用金属鹤管保持良好的导电性。选择较好的分装配头，使油流平稳上升，进而减少摩擦和油流在罐体内翻腾。

2. 减少静电荷的积累

（1）静电接地

关于接地对象和接地要求参考现行《建筑物防雷设计规范》中有关规定。

（2）增加空气的相对湿度

对于吸湿性材料，若增大空气中的相对湿度，使物体表面形成良好的导电层，将所积累的静电荷从表面泄漏掉。

（3）采用抗静电添加剂

在绝缘材料中如果加入少量的抗静电添加剂就会增大该种材料的导电性和亲水性，使导电性增加，绝缘性能受到破坏，体表电阻率下降，促进绝缘材料上的静电荷被导走。

（4）采用静电消除器防止带电

它是利用正、负电荷互相中和的方法，达到消除静电的目的。因此静电荷中和需借助于空气电离或电晕放电使带电体上的静电荷被中和。

（5）其他方法

①静电缓和。任何一种绝缘材料自身总有一定的对地泄漏电阻存在。这种将自身的静电荷导走的方法称为静电缓和。在油品利用这种自身放电所需要的时间称为"静置时间"。为了将不同容量油罐内的静电导走就需要不等的"静置时间"。

②屏蔽方法。所谓屏蔽是用接地导体将带电体包围起来，利用屏蔽效应能使带电体的静电作用不向外扩散。同时，利用屏蔽使参与降低带电电位及放电的面积和体积减小。

3. 控制静电场合的危险程度

控制静电场合的危险程度主要通过抑制静电放电和控制放电能量、控制或排除放电场合的可燃物来实现，是一项防静电灾害的重要措施。

（1）抑制静电放电

静电事故是由于静电放电造成的。而产生静电放电的条件是，带电物体与接地导体或其他不接地体之间的电场强度，达到或超过空间的击穿场强时，则会发生放电。对空气而言其被击穿的均匀场强是33kV/cm。非均匀场强可降至均匀电场的1/3。于是可以采取及时导走静电电荷、控制减少接触物之间的电位差来抑制静电放电，以预防静电事故的发生。

（2）控制放电能量

若发生静电火灾或爆炸事故，一是存在放电；二是放电能量必须大于或等于可燃物的最小点火能量。于是可根据第二条引发静电事故的条件，采用控制放电能量的方法，来避免产生静电事故。例如，甲烷气体的最小点火能是0.47mJ，则控制静电放电能量应该小于0.47mJ，则就有引燃可能。

（3）控制或排除可燃物

为了降低静电场合的危险程度，可以使用非可燃物取代易燃介质，降低爆炸混合物在空气中的浓度，减少氧含量或采取强制通风措施等方式来实现。

4. 防止人体静电

（1）人体静电产生的原因

①鞋子与地面之间的摩擦带电。

②人体和衣服间的摩擦静电。

③与带电物之间的感应带电和接触带电。

④吸附带电。

（2）人体带电的消除方法

①人体接地。

②防止穿衣和佩带物带电。

③回避危险动作。

④构成一个全面的接地系统。

（3）防止人体静电的基本要求

①对泄漏电阻的要求。为泄放人体静电，通常选择人体泄漏电阻是在 10^8。范围以下，同时考虑特别敏感的爆炸危险的场合，避免通过人体直接放电所造成的引燃性，泄漏电阻要选在 $10^7\Omega$。以上。在低压工频线路的场合还要考虑人身误触电的安全防护，泄漏电阻选择在 $10^6\Omega$ 以上为宜。

②对导电工作服和导电地面等的要求。导电工作服要求在摩擦过程中，其带电电荷密度不得大于 $7.0\mu C/m^2$。导电地面，一般消电场合的电阻为 $10^{10}\Omega$，在对爆炸危险场所选择在 $10^6 \sim 10^7\Omega$ 上下为宜；导电工作鞋以 $10^8\Omega$ 以下为标准。

③对静电电位的要求。在操作对静电非常敏感的化工产品时，按照规定人体电位不能超过 10 V。因而，人们可依据这个具体要求控制操作速度和操作方法。

参考文献

[1] 张富荣 . 建筑防火 [M]. 天津：天津科学技术出版社 ,2022.07.

[2] 王小辉，朱爱玲，肖丹 . 防火与防爆安全技术 [M]. 广州：广东教育出版社 ,2022.07.

[3] 姜琴，施鹏飞 . 防火防爆技术与应用 [M]. 南京：南京大学出版社 ,2022.08.

[4] 蒋慧灵，张茜 . 电气防火 [M]. 北京：应急管理出版社 ,2022.11.

[5] 迟玉娟 . 消防管理与火灾预防 [M]. 北京：中国建材工业出版社 ,2022.03.

[6] 林震，施佳颖，杜彪 . 高层建筑消防安全 [M]. 长春：吉林科学技术出版社 ,2022.08.

[7] 徐晶，顾作为，李广龙 . 消防安全管理与监督 [M]. 延吉：延边大学出版社 ,2022.01.

[8] 张慧，李星颀 . 消防安全管理与监督检查 [M]. 长春：吉林科学技术出版社 ,2022.08.

[9] 葛婧雯，宋萌萌，王晋 . 现代建筑消防安全管理研究 [M]. 长春：吉林科学技术出版社 ,2022.08.

[10] 孙建军，王杰，金业 . 消防监督检查与管理工作思考 [M]. 汕头：汕头大学出版社 ,2022.06.

[11] 杨秸，毕春秀，赵丽娜 . 民用建筑消防安全管理研究 [M]. 北京：北京燕山出版社 ,2022.

[12] 张学魁，闫胜利 . 建筑灭火设施 [M]. 北京：应急管理出版社 ,2022.08.

[13] 孙震 . 高层建筑消防安全自主管理工作方法 [M]. 东营：中国石油大学出版社 ,2022.07.

[14] 陈铎淇，李莉，田宝新 . 消防监督管理理论与实务研究 [M]. 天津：天津科学技术出版社 ,2022.06.

[15] 贾旭宏 . 机场消防工程 [M]. 北京：清华大学出版社 ,2022.12.

[16] 李思佳 . 消防安全知识 [M]. 北京：中国劳动社会保障出版社 ,2022.12.

[17] 刘露 . 消防技术装备 [M]. 合肥：合肥工业大学出版社 ,2021.12.

[18] 蔡芸 . 建筑防火 [M]. 北京：中国人民公安大学出版社 ,2021.12.

[19] 潘荣锟 . 防火防爆 [M]. 徐州：中国矿业大学出版社 ,2021.12.

[20] 颜峻 . 电气防火技术 [M]. 北京：气象出版社 ,2021.06.

[21] 刘景良，董菲菲 . 防火防爆技术 [M]. 北京：化学工业出版社 ,2021.10.

[22] 毛占利 . 危险化学品防火 [M]. 北京：中国人民公安大学出版社 ,2021.03.

[23] 肖磊 . 消防救援科技发展战略研究 [M]. 北京：中国计划出版社 ,2021.04.

[24] 刘峘亚，周宁，宋贤生 . 石油化工企业火灾风险与消防应对策略 [M]. 天津：天津大学出版社 ,2021.05.

[25] 高素美，鞠全勇 . 消防系统工程与应用 [M]. 北京：中国水利水电出版社 ,2021.01.

[26] 李莹滢 . 消防器材装备 [M]. 北京：化学工业出版社 ,2021.05.

[27] 李作强，田艳荷，陈立鹏 . 消防安全技术实务 [M]. 北京：中国纺织出版社 ,2021.02.

[28] 韩海云，郑兰芳 . 社区居民消防安全手册 [M]. 北京：中国人事出版社 ,2021.04.

[29] 宋浩，郭士会 . 消防基层管理 [M]. 北京：应急管理出版社 ,2021.02.

[30] 周详 . 消防无人机应用 [M]. 镇江：江苏大学出版社 ,2021.09.

[31] 陈曙东 . 消防物联网理论与实战 [M]. 重庆：重庆大学出版社 ,2020.03.

[32] 徐志胜，孔杰 . 高等消防工程学 [M]. 北京：机械工业出版社 ,2020.05.

[33] 王英 . 新编消防安全知识普及读本 [M]. 北京：中国言实出版社 ,2020.07.

[34] 李明君，董娟，陈德明 . 智能建筑电气消防工程 [M]. 重庆：重庆大学出版社 ,2020.08.

[35] 朱红伟 . 消防应急通信技术与应用 [M]. 北京：中国石化出版社 ,2020.12.

[36] 王文利，杨顺清 . 智慧消防实践 [M]. 北京：人民邮电出版社 ,2020.07.

[37] 刘应明 . 城市消防工程规划方法创新与实践 [M]. 北京：中国建筑工业出版社 ,2020.04.

[38] 张培红，尚融雪 . 防火防爆 [M]. 北京：冶金工业出版社 ,2020.12.

[39] 康青春，贾立军，任松发 . 防火防爆技术 [M]. 北京：化学工业出版社 ,2020.09.

[40] 殷乾亮，李明，周早弘 . 建筑防火与逃生 [M]. 上海：复旦大学出版社 ,2020.08.

[41] 杨峰峰，张巨峰 . 防火防爆技术 [M]. 北京：冶金工业出版社 ,2020.05.